Catastrophe and Simulation Modeling for
Employee Psychological Activity

员工心理活动的突变与模拟模型

胡斌　朱侯　赵旭 ◎著

清華大学出版社

北京

内 容 简 介

本书第一部分分析人的心理活动的特点，介绍个体人心理活动的 BDI 模型、认知模型和情绪模型，分析已有心理计算模型的不足。针对个体人的心理活动的突变与模拟模型，第二部分介绍建模的基本原理，包括多 Agent 模拟、定性模拟和突变论。第三部分介绍多模型建模原理，包括多模型建模模式、集成定性模拟和模糊数学方法的尖点突变模型建模原理。第四部分介绍个体人的心理活动的尖点突变模型的建模方法及其应用，包括心理契约、反生产行为、压力等心理活动。第五部分介绍个体人的心理活动的 Agent 建模方法（即将心理学理论或模型嵌入 Agent 的方法）、从个体人的心理到群体人的行为的多 Agent 模拟建模方法及其应用，包括满意度、合作与冲突、文化规范等方面。第六部分介绍心理计算模型与企业业务流运作模型之间的嵌入方法，以及其在人－业务交互规律分析上的应用。

本书可作为管理、心理、社会、人工智能等学科研究者的参考书，各章的模拟分析结论可供社会实践者阅读和参考。

图书在版编目（CIP）数据

员工心理活动的突变与模拟模型/胡斌，朱侯，赵旭著．—北京：清华大学出版社，2014

ISBN 978-7-302-37330-8

Ⅰ.①员…　Ⅱ.①胡…　②朱…　③赵…　Ⅲ.①计算机模拟—应用—职工—心理活动—研究 Ⅳ.①B842

中国版本图书馆 CIP 数据核字（2014）第 161125 号

责任编辑：朱敏悦
封面设计：汉风唐韵
责任校对：王荣静
责任印制：刘海龙

出版发行：清华大学出版社
　　　　　网　　址：http://www.tup.com.cn，http://www.wqbook.com
　　　　　地　　址：北京清华大学学研大厦 A 座　　　邮　　编：100084
　　　　　社总机：010-62770175　　　　　　　　　　邮　　购：010-62786544
　　　　　投稿与读者服务：010-62776969，c-service@tup.tsinghua.edu.cn
　　　　　质　量　反　馈：010-62772015，zhiliang@tup.tsinghua.edu.cn
印　装　者：三河市金元印装有限公司
经　　销：全国新华书店
开　　本：170mm×240mm　　印　张：15.75　　字　数：316 千字
版　　次：2014 年 9 月第 1 版　　　　　　　印　次：2014 年 9 月第 1 次印刷
印　　数：1～2000
定　　价：55.00 元

产品编号：057098-01

前　言

人的心理计算模型，可视为在网络环境下管理学、社会学和经济学等领域一切理论与应用研究的基础，其原因有以下几点。

（1）不同于自科、工程等领域所面向的物理系统，管理、社会和经济系统是人物混合的，对这些系统做研究，如果不考虑人的因素，那么这些研究就是理想化的、脱离现实的。

（2）目前在这些领域，人们已经开始重视人因素的研究了，但多数都停留在人的行为层面上，如行为运作管理、群体行为模拟等，缺乏从心理学底层入手来研究人的行为，是漂浮在面上的研究，难以得到深层次的发现。

（3）随着网络在人们日常工作生活中的普及和深化，人的心理活动比传统环境下更具有节奏快、极化、突变、非线性等复杂特征，具有线性、静态、线下等特性的传统统计学研究方法，显然无力揭示网络环境下人的内心心理的复杂性发生和演化机制。

（4）互联网、物联网的普及和深化，导致人们今后工作生活在人工智能型的环境之中，传统管理理论与方法终将被颠覆，新的管理理论方法的开发与运用，要依赖于人的心理－行为规律的快速计算与把握。

为此，欧美已有大量学者致力于人的心理活动计算的研究，除了人格（Personality）、智商（IQ）等测量以外，在认知（Cognition）、情绪（Emotion）等的计算模型上，早已有丰硕的成果，这些成果在人－机对话的电脑界面上运用，甚至对机器人进行拟人化运用。但是，由于人类心理活动的复杂性，这些心理计算模型面临着两方面难处。

（1）要想用已知的数学、图形等符号模型穷尽对心理活动细节的描述，这是不可能的。

（2）同一个心理计算模型，在一个环境下适用，换了另一个环境往往就会失效。因此，欧美已有的心理计算模型表现出如下三方面特点。

（1）用描述性的框架来表达心理计算模型，为后来的学者留下发挥的空间，即基于这些基本的框架，面向不同的研究对象建立不同的模型。

（2）用简单的算数运算方法来建立心理计算模型，以避免用复杂方法建立的模型太离谱，以及复杂模型不易验证的问题。

（3）用人工神经网络来建立心理计算模型，这是因为人类心理活动太复杂，只能将之视为黑箱。

显然，这些模型和方法停留在对心理活动的观察层面，没有从心理活动的内部机制入手。

人的心理活动是人的内部和外部各种要素的综合作用过程，这些要素又是分层次的，因此人类的心理活动是一种非线性动力过程，突变论是这种非线性动力学的典型代表。根据已有的实验发现，人类和动物的认知、情绪、员工的工作倾向等心理活动，都具有突变性，但这些研究都没有建立突变数学模型。

同时，人的心理活动又是随时间、环境而变化的，而已有的从观察层面建立起来的心理计算模型，是不考虑时间维度的静态模型。

为了解决上述不足，本书研究人的心理活动的突变模型和模拟模型的建立方法及其应用，形成了如下四个方面的特色。

（1）对个体人的心理活动建立尖点突变模型。已有心理学领域的突变论应用的做法是，要么实验证明人的心理活动具有突变现象，要么将突变论作为理论依据或概念模型，来指导实证研究（如指导调查问卷的设计）。本书则是直接建立尖点突变模型（即数学模型），包括两个连续变化的控制变量的选择和数学模型中的参数的拟合。

（2）尖点突变建模中其他方法的集成应用。由于心理活动的要素属于人文社科和自然科学交叉范畴中的概念，难以用定量的值来表达，因此，本书运用定性模拟、模糊数学及其他方法来处理这些要素，并参与到尖点突变模型的建模过程中。尖点突变模型的推演也利用了定性模拟方法。

（3）将定性的心理学理论转化为定量的模拟模型。传统的心理学理论或模型，多为文字描述或简单的图形说明，这显然是静态的概念模型，本书则将它们转化为 Agent 模型和多 Agent 模拟模型，使心理学理论成为随时间推演的动态理论、或参与到其他心理活动的计算模型建模。

（4）将心理计算模型嵌入其他运作模型。为使心理计算模型在其他计算环境中推广，本书以业务流离散事件模拟过程为例，介绍了心理计算模型与其他运作模型之间的嵌入方法，这为进一步实现心理计算模型嵌入运筹优化模型、嵌入动态网络分析软件、嵌入游戏软件、嵌入军事作战仿真体系、甚至嵌入机器人等打下基础。

总之，本书对网络环境下以及将来人工智能环境下，管理、心理、社会、人工智能等学科的建设与发展，以及各类社会组织（包括权利组织、营利组织、非营利组织等）的管理、各类行业的管理以及军事领域的培训和仿真等实践活动，具有广泛的理论意义和现实意义。

本书受国家自然科学基金项目"基于系统模拟、心理学和突变论的企业管理组织性能测试研究"（No. 71071065）的资助。第 1.1.3 节、第 9、第 10、第 12、第 14 章由朱侯博士完成，第 8 章由赵旭博士完成，其余各章的撰写以及全书的统稿都由胡斌完成。其中，第 4、第 7 章由徐岩博士提供材料，第 1.2.2、1.2.4 节分别由硕士研究生田蒋博宁、黄传超提供了翻译支持。

在本书的撰写过程中，我们也得到了南京师范大学心理学院余嘉元教授在心理学理论上的指导、美国卡耐基梅隆大学社会与组织系统计算分析中心（CASOS）主任 Kathleen M Carley 教授在计算组织理论、方法与工具上的支持。清华大学出版社为本书的出版做了大量工作。在此，我们对所有帮助过我们的组织和人士致以衷心的感谢。

由于我们的水平有限，不妥甚至有争议之处在所难免，为了我国计算组织学事业的发展，恳请广大读者不吝赐教。

胡斌

2014 年 4 月于华中科技大学

目　录

Part 1　绪　　论 ……………………………………………………… (1)

第 1 章　绪论 …………………………………………………………… (2)

　1.1　个体心理活动模型 ……………………………………………… (2)

　1.2　个体心理活动的计算模型 …………………………………… (5)

　1.3　计算模型的缺陷分析 …………………………………………… (13)

　参考文献 …………………………………………………………… (14)

Part 2　基本建模原理 ………………………………………… (17)

第 2 章　多 Agent 建模与模拟 …………………………………… (18)

　2.1　多 Agent 建模与模拟 ………………………………………… (18)

　2.2　元胞自动机模拟 ………………………………………………… (22)

　参考文献 …………………………………………………………… (28)

第 3 章　定性模拟 …………………………………………………… (30)

　3.1　QSIM ……………………………………………………………… (30)

　3.2　Q2：基于数字区间的定性模拟方法 ………………………… (41)

　参考文献 …………………………………………………………… (45)

第 4 章　突变模型 …………………………………………………… (47)

　4.1　基本突变理论 …………………………………………………… (47)

　4.2　随机突变理论 …………………………………………………… (52)

　4.3　突变模型的建模步骤 …………………………………………… (53)

　4.4　对突变论的评价 ………………………………………………… (56)

　参考文献 …………………………………………………………… (57)

Part 3　多模型建模原理 ……………………………………… (61)

第 5 章　多模型的集成模式 ……………………………………… (62)

　5.1　常见集成模式 …………………………………………………… (62)

　5.2　其他集成模式 …………………………………………………… (65)

5.3 心理学与其他计算模型之间的集成模式 ……………………… (67)

5.4 多领域模型的确认方法 …………………………………………… (70)

参考文献 …………………………………………………………………… (72)

第6章 尖点突变模型的定性模拟化建模 ………………………… (73)

6.1 前言 ………………………………………………………………… (73)

6.2 个体行为的尖点突变模型 ……………………………………… (74)

6.3 个体行为的定性-定量混合尖点突变模型 …………………… (76)

6.4 参数 α 和 β 的拟合方法 ………………………………………… (78)

6.5 建模示例 …………………………………………………………… (83)

6.6 讨论及应用 ………………………………………………………… (87)

6.7 本章小结 …………………………………………………………… (92)

参考文献 …………………………………………………………………… (93)

Part 4 突变模型建模与应用 ………………………………………… **(99)**

第7章 个体员工心理契约的建模与分析 ……………………… (100)

7.1 前言 ………………………………………………………………… (100)

7.2 员工心理契约的尖点突变模型 ……………………………… (100)

7.3 尖点突变模型的拟合 …………………………………………… (102)

7.4 突变分析 …………………………………………………………… (104)

7.5 本章小结 …………………………………………………………… (112)

参考文献 …………………………………………………………………… (113)

第8章 个体员工反生产心理的建模与分析 …………………… (115)

8.1 前言 ………………………………………………………………… (115)

8.2 企业员工 CWB 模型 …………………………………………… (116)

8.3 员工 CWB 尖点突变模型构建 ……………………………… (118)

8.4 避免机制和控制策略分析 ……………………………………… (122)

8.5 本章小结 …………………………………………………………… (127)

参考文献 …………………………………………………………………… (127)

第9章 个体员工压力心理的建模与分析 ……………………… (130)

9.1 前言 ………………………………………………………………… (130)

9.2 挑战-阻断性压力的特征分析 ………………………………… (131)

9.3 突变模型参数求解 ……………………………………………… (132)

9.4 挑战-阻断压力的定性突变模拟模型 ………………………… (134)

9.5 定性突变模拟模型的验证与应用 …………………………… (137)

9.6　本章小结 ……………………………………………………………… (143)

参考文献 …………………………………………………………………… (143)

Part 5　模拟模型建模与应用：从个体模拟建模到群体模拟分析………… **(145)**

第 10 章　员工满意度的建模与分析 ……………………………………… (146)

10.1　前言 …………………………………………………………………… (146)

10.2　个体满意度建模 ……………………………………………………… (147)

10.3　群体满意度模拟模型建模 …………………………………………… (151)

10.4　群体满意度模拟分析 ………………………………………………… (154)

10.5　本章小结 ……………………………………………………………… (159)

参考文献 …………………………………………………………………… (159)

第 11 章　员工合作与冲突的建模与分析 ………………………………… (162)

11.1　前言 …………………………………………………………………… (162)

11.2　系统模型 ……………………………………………………………… (163)

11.3　模拟模型建模与验证 ………………………………………………… (167)

11.4　模拟实验 ……………………………………………………………… (171)

11.5　本章小结 ……………………………………………………………… (176)

参考文献 …………………………………………………………………… (178)

第 12 章　员工文化规范融合的建模与分析 ……………………………… (180)

12.1　前言 …………………………………………………………………… (180)

12.2　文化融合中的公开不合作现象 ……………………………………… (181)

12.3　基于异质相对协议模型的文化规范融合建模 ……………………… (182)

12.4　模拟实验及分析 ……………………………………………………… (185)

12.5　本章小结 ……………………………………………………………… (194)

参考文献 …………………………………………………………………… (195)

Part 6　心理计算模型的嵌入与应用 …………………………………… **(197)**

第 13 章　自我效能感模型嵌入的业务流模拟系统 ……………………… (198)

13.1　前言 …………………………………………………………………… (198)

13.2　心理和行为变化的模拟模型 ………………………………………… (199)

13.3　嵌入方法 ……………………………………………………………… (204)

13.4　模拟系统及其确认 …………………………………………………… (207)

13.5　应用示例 ……………………………………………………………… (211)

13.6　本章小结 ……………………………………………………………… (218)

参考文献 ……………………………………………………………………… （219）

第 14 章　拖延心理模型嵌入的业务处理模拟系统 …………………………… （226）

14.1　前言 …………………………………………………………………… （226）

14.2　知识型员工－信息系统合作过程的拖延心理 ……………………… （227）

14.3　知识型员工－信息系统合作的模拟模型与模拟系统 ……………… （229）

14.4　模拟实验 ……………………………………………………………… （235）

14.5　本章小结 ……………………………………………………………… （241）

参考文献 ……………………………………………………………………… （242）

Part 1

绪　论

介体心理活动是内部心理、外部环境因素之间交互的过程，为了建立该过程的突变和模拟模型，本部分先分析各因素及其交互过程的特征，并建立概念模型，然后介绍常见心理活动的计算模型及其特征，最后分析现有计算模型的不足。

第1章 绪 论

1.1 个体心理活动模型

1.1.1 心理活动的特点

管理系统或社会系统中的个体人可以从两个层面进行分析，即处于上层的行为表现和处于底层的心理活动。个体的行为表现来源于其心理活动，而心理活动是个体的各类心理因素、个体所处外部环境因素等相互交互的过程。如图 1.1 所示，大方框代表个体人，上面的小方框代表其行为表现，其中的椭圆代表该人的某项具体行为表现；下面的大方框代表其心理活动，其中的小方框代表子心理活动，圆形代表心理因素或环境因素。

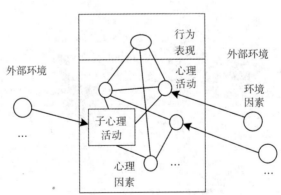

图 1.1 个体心理活动-行为表现示意

具体的行为表现，在管理系统或社会系统中就是各种特定任务及环境下的决策选择，相应涉及的心理因素、环境因素也不同。

心理活动，就是各项心理因素、环境因素之间的交互过程，如图 1.2 所示，该过程有三个层次。

底层是人格特质，用椭圆表示为相对恒定的值，即它不随环境而变化，是人一生

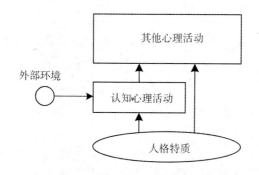

图 1.2　个体心理活动的层次

中基本固定的东西，是任何心理活动的基础。中层和上层用长方形表示心理活动。

中层是认知心理活动，它是所有其他心理活动的起始，即人的任何心理活动，基本上都是先经过认知心理活动以后才开始的。认知心理活动直接受外部环境的影响，但其活动结果取决于该人的人格特质。

上层是所有其他心理活动，如情绪、需求、动机、风险偏好等，它们都是基于认知心理活动的结果的，但更基于人格特质。在相同的外部环境下，不同人格特质的人会表现出不同的心理活动。

而心理活动（即图 1.2 中长方形表示的认知心理、其他心理）的发生机制，又包括两种类型：快速响应机制和精细计算机制。快速响应机制是人对外部刺激的本能反应，是不假思索的快速反应。在管理或社会系统中，也指人在如下三种条件下的随大溜行为选择。

（1）信息收集不全；

（2）需短时间内做出决策；

（3）周围大部分邻居都有明确的行为表现。

与之相反，精细计算机制是在信息收集全面、时间充裕条件下由相应的心理学理论驱动的过程，如情绪理论、需求理论、动机理论等。

但不管哪种机制，为了研究心理活动规律，都要先建立起心理活动的模型。可以通过如下步骤来建立心理活动的概念模型。

1.1.2　心理活动的概念模型

1. 确定研究对象

研究对象有两种情形，一是行为表现，如图 1.1 所示上面的小方框，比如群体中个体的跟从行为、经济系统中个体的购买行为或采纳行为等；二是某个心理因素，如图 1.1 所示下面大方框中的小方框即某项子心理活动，比如个体的自我效能感、情绪等。

2. 分析组成要素

一旦确定了研究对象，就对影响该对象的要素、或者该对象的组成要素进行分析。如果研究对象是行为表现，就要分析它受哪些子心理活动、心理因素、环境因素影响；如果研究对象是某项子心理活动，就要分析它有哪些心理因素、环境因素参与。比如人格模型，西方学者将人格的组成要素分为五类，并阐述各类要素的含义、衡量尺度等，而我国学者将其分为七类。

3. 建立定性模型

对于研究对象与影响因素之间的关系，任何心理学理论都是难以建立起确定的、定量的数学模型的，这是由于人与人之间的差异、环境、情景的不同等造成的。因而，心理学的模型多以因果关系的定性模型的形式表达出来。

4. 测量心理与行为

定性模型是一般性的模型，如果针对某个特定个体人、环境、情景，则可以采用心理与行为测量方法（主要是实验和统计方法），测量变量（即各个因素）的取值刻度（scale），测量各因素之间因果关系的强弱。

从管理系统的运行特点、计算方法的要求等角度来看，上述概念模型的建立过程，有两个特点，即定性的和静态的。

（1）定性特点。

心理活动的概念模型主要是用定性的方法来描述，如因果关系图；甚至用一个概念、观点这种文字性的描述，如前景理论的五个核心概念。

而管理领域的计算方法都是定量化的数理模型方法，如何在定量模型或方法中表述定性的描述性的东西？

心理与行为测量将它们定量化，但这种定量是特例，是对特定的人在特定的情景下某一个时点的测量所得。它突显了心理学理论或模型的静态性。

（2）静态特点。

在现实社会中，人的心理属性是随时间和环境波动的，随着时间的推移、环境的变化，原先测量的结果可能会失去意义，需要重新测量。

因果关系图以及实证研究方法中的结构方程，只表达了要素之间的静态关系，无法揭示要素之间动态化的动力机制。在现实场景，要素之间很难说清谁为因、谁为果，而是互为因果关系的，这就是反馈的本质含义。反馈的存在，使得管理和社会系统成为一个非线性系统，而结构方程的路径图没有反馈回路的表达，结构方程是一种线性方程的表达。

1.2　个体心理活动的计算模型

1.2.1　计算模型及其类型

心理学领域的计算模型，指运用符号方式表达人的心理活动或行为表现等基本机理的方法。可以将其分为如下四大类。

（1）描述性模型。主要指基于逻辑规则的模型，最常见的逻辑规则表达方式为IF-THEN产生式规则，从这一点也可看出，描述性模型离"计算"的本意较远。它对心理活动计算建模的贡献主要在于提供建模框架。心理计算模型中最著名的框架为BDI建模框架，用以描述从人对内外环境感知到的信息（Belief），以及人的期望（Desire），到某种意向（Intention）形成的逻辑关系。

（2）算术运算模型。这是指加减乘除式的算术运算、或算法程序式的伪代码。这种方法在心理学和管理学、社会学等领域的软计算方法中大量存在，但要求变量之间的量纲保持一致。

（3）网络模型。即运用结点加连线的网络模型，如联结主义模型和贝叶斯网络模型。前者主要是运用人工神经网络来表达人的心理活动过程，这些神经网络模型模仿人脑的计算和存储方式。后者是运用贝叶斯定理的推理定理来模仿人的心理活动过程，它假设人们的学习与推理大致遵循贝叶斯定理的推理原理[1,2]。

（4）动态系统模型。该类理论和方法认为，人的心理过程形成了一个动态系统（Dynamical System），具有反馈、双向因果关系、迟滞、分叉、多态等动态系统特征，所以，能表达动力学机制的数学模型、系统模拟方法等是其主要建模工具。

下面介绍比较成熟的计算模型，包括 BDI 框架、认知模型和情绪模型。

1.2.2　BDI 模型

BDI 分别为信念（Belief）、期望（Desire）和意向（Intention）的含义。这些概念源于亚里士多德关于人类（和动物）如何选择行动的分析，即生物体内部（心理）属性的变化如何导致其外部行动的发生：有三件事情控制着行动，即感觉（Sensation）、推理（Reason）和期望（Desire）[3]。

其中感觉是生物体对环境的感应，用现代术语来说就是信念。推理指理性地选择一个行动，以实现既定的期望。这就是亚里士多解释行动选择的三段论：

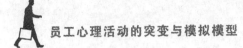

如果 A 有一种期望 D，并且 A 有一种信念，认为选择行动 AC 是实现期望 D 的一种（或最好的）方法，那么，A 就会选择行动 AC。

BDI 模型运用了这样的推理模式，以解释行为发生的原因，即先是从信念和期望产生出意向，再从意向产生出行动。这就是如图 1.3 所示的两阶段 BDI 模型框架。

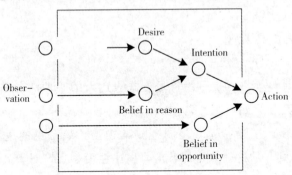

图 1.3　BDI 模型示意

图 1.3 中，方框表示 Agent（即个体人的代理体）的边界，圆圈表示 Agent 的属性状态，箭头表示属性状态的产生过程，即一种属性状态导致另一种属性状态的产生。在这个模型中，当 Agent 有意向（Intention）选择这个行动（Action），并且 Agent 从外部观察中获得了如下信念（Belief in Reason）：在外部环境中存在选择该行动的机会，那么，这个行动才会被 Agent 选择。信念是从对外部的观察中获得的。当 Agent 持有某个期望（Desire），并且从外部观察中获得了如下信念：选择了该行动才能实现这个期望，那么，意向就会形成。

上述过程，可以用如下规范形式的规则表达：

Desire（D）^belief（B1）→intention（AC）

intention（AC）^belief（B2）→performs（AC）

其中，"^"代表操作符"and"。在具体应用中，该规范形式多以如下半规范形式表达：

At any point in time

　　If desire D is present

　　and the belief B1 is present

　　then the intention for action AC will occur

At any point in time

　　If the intention for action AC is present

　　and the belief B2 is present

　　then the action AC will be performed

1.2.3 认知模型

针对个体人的认知过程，Ron Sun 等开发了 CLARION 模型[4,5]，其主要目标是建立一个具有与认知各个方面对应的参数可调的模型。过去的认知模型纯粹依赖于数学表达或技术因素，往往不能体现认知的机制。CLARION 模型则较好地反映了认知活动的过程，CLARION 通过调整模型参数来观察认知参数的变化对认知活动表现的影响。

CLARION 模型是一个具有双重表达结构的认知模型，包括两个层次：显性学习的顶层和隐性学习的底层（图 1.4）。而其中每一层都有专门的表达和运行机制，且都分为两个子系统：行动中心系统和非行动中心系统。行动中心系统可以直接影响行动，即认知系统能直接从人的行动中获得经验，也能直接指导人的行动。而非行动中心系统只能间接影响行动。学习可以是自底向上的，在这种情况下，知识最开始是被隐性学习获得的，然后成为显性学习的基础；学习也可以自顶而下，在这种情况下，知识是被显性学习先获得，然后作为隐性学习的基础。

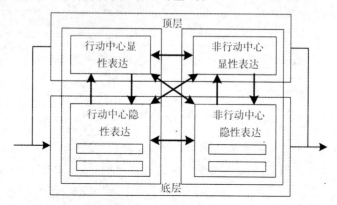

图 1.4　CLARION 构架

在 CLARION 两大层次的学习机制方面，底层通过亚符号（物理信号，而非数据符号，比如通过神经网络对人脸进行识别，计算机程序并没有对"脸"的长宽和每个部位进行严格定义，而网络自己演化出了对脸的抽象定义，使机器能够像人一样对"脸"进行抽象识别），以分布式表达的方式来进行隐性学习，通过强化学习（即 Q-learning)和反向传播的组合，来提高有关状态/动作组合 (x, a) 的评估值。强化学习作为一种模仿人类学习过程的算法，实现了人类思维过程中大脑神经网络的反向传播机制，这使得底层的学习以试错方式进行[6]。除此以外，其他的认知表达和学习方法还包括贝叶斯网络[7]、隐藏式马尔科夫模型[8]和模拟退火模型等。

在顶层，显性学习可以通过符号表达来获得，其中每个符号元素是离散的并且都

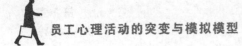

有一个明确的含义。顶层的学习首先将底层的成功的行动经验视为一个规则，然后精炼该规则或者将该规则普遍化，主要就是利用"信息增益"方法。

依据上述 CLARION 模型的结构及其学习机制，CLARION 模型的基本运行过程见图 1.5。

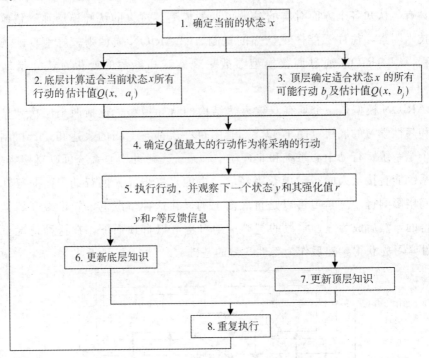

图 1.5　CLARION 模型的基本流程

（1）观察当前状态 x，即系统所面临的情景。

（2）底层计算适合当前状态 x 的所有可能行动（a_i，$i=1$，2，$\cdots$，n）的效果的估计值 $Q(x, a_i)$。

（3）顶层根据当前状态 x 和规则，找出所有符合顶层规则的行动（b_j，$j=1$，2，$\cdots$，m）。

（4）把可能的行动 a_i 和顶层所有可能行动 b_j 的 Q 值进行比较，选择 Q 值最大的行动作为将采取的行动，假定为 a_i。

（5）执行行动 a_i，并观察该行动的结果，即系统在行动 a_i 作用下由状态 x 变成的新状态 y 和强化值 r。

（6）基于反馈信息（状态 y 和其强化值 r 等），更新底层的知识，具体方法见 Q-learning-Backpropagation 算法基本原理的解释部分。

（7）利用 Rule-Extaction-Reinforcement 算法更新顶层的知识，对规则进行普遍化或特殊化，具体方法见 Rule-Extaction-Reinforcement 算法的原理部分。

（8）回到第一步。

底层的 Q-learning-Backpropagation 算法基本原理如下。一个 Q 值是在给定的状态 x 时一个行动"效果"的估值：$Q(x, a)$，该值表明在状态 x 时行动 a 的效果，行动基于 Q 值进行选择。Q 值计算使用加强学习的算法[9]：

$$\Delta Q(x,a) = \alpha[r + \gamma \max_b Q(y,b) - Q(x,a)]$$

这个式子中 x 是当前状态，a 是一种行动，r 是及时的回馈（强化），y 是下一个状态，γ 是折扣因子。$\Delta Q(x, a)$ 提供了强化学习中反向传播机制需要的误差信号，也就是说在每一步最小化错误：

$$\text{err}_i = \begin{cases} r + \gamma \max_b Q(y,b) - Q(x,a) & \text{if } a_i = a \\ 0, & \text{otherwise} \end{cases}$$

顶层的 Rule-Extaction-Reinforcement 算法的基本原理如下：顶层是以一个简单的前置规则进行显性学习。如果由底层决定的行动成功，系统会根据成功的行动提取出一种规则，并且添加该规则到顶层；然后，系统多次应用该规则，如果应用结果成功，系统试着泛化规则的条件使之更普遍化，否则系统就缩小条件范围来把规则特殊化。下面具体从系统如何普遍化或特殊化该底层规则的角度阐述。

在决定普遍化还是特殊化底层提取的规则之前，系统需要在多种不同的状态下应用该规则多次，进而在每一阶段所得的 Q 值基础上计算信息增益（IG）。不等式

$$\gamma \max_b Q(y,b) + r - Q(x,a) > \text{threshold}_{\text{RER}}$$

决定了每阶段行动的极性（积极或消极）和该规则是否适合当前阶段的状态。当前行动的极性大于临界值 $\text{threshold}_{\text{RER}}$ 时，相当于一个行动成功，即该规则适合当前状态。然后，对多次应用该规则的结果进行统计，对 PM（规则适合该状态）和 NM（规则不适合该状态）的次数进行更新，并计算 IG，见下式：

$$IG(A,B) = \log_2 \frac{PM_a(A) + c_1}{PM_a(A) + NM_a(A) + c_2} - \log_2 \frac{PM_a(B) + c_1}{PM_a(B) + NM_a(B) + c_2}$$

这个式子中 A 和 B 是两种不同的状态，但导致了同样的行动 a。IG 的值代表了对 A 和 B 两种输入状态下该规则成功应用的概率的一种比较。

是否进行普遍化操作是基于 IG 测量的。普遍化意味着增加一个输入值给规则的条件，使得规则在更多的情景中适用。为了使规则普遍化，必须满足以下条件：

$$IG(C,all) > \text{threshold}_{\text{GEN}} \quad \text{and} \quad \max_{C'} IG(C',C) \geqslant 0$$

其中，C 是这个规则当前的条件，"all"是指匹配全部规则的条件，C' 是修正条件，即向 C 加上一个输入值。此时，C' 是该规则的输入条件，相对于 C 变得更加宽泛。

如果从底层提取的规则不能满足上述条件，则对该规则进行特殊化处理，即对该规则的输入条件进一步具体化。特殊化操作会用一个与普遍化操作类似的方式工作，不过会舍弃输入值，而不是增加。

1.2.4 情绪模型

1. 情绪的概念

人的情绪分三种类型：情绪（emotion）、心情（mood）和人格（personality），分别对应短期、中期和长期情绪[10]。

短期情绪（emotion）指人的情绪持续几秒钟或几分钟，这类情绪通常与引起它的原因有关，原因一般是一个特定的事件、行为和对象等。而且这些情绪在产生之后通常会衰退，不再为个体人所关注。

中期心情（mood）指持续几个小时或几天，这类情绪通常与具体的事件、行为或者对象无关，比较持续稳定，它对人们的认知能力有着很大的影响。

而长期人格（personality）指该人的某种行为倾向保持长期的稳定[11]，反映了心理特征上的个体差异。大五人格模型用来表达长期情绪，它通过开朗、责任、外向、亲和与神经质这五个维度的特征来定义人的人格。

因而，情绪通常会消失退化[12]，心情会有一个稍持续的状态，并对人的认知过程产生很大影响[13]。而人格反映的是人与人之间在精神（mental characteristics）上的差异。情绪可以分为两类：一是显现的行为表达（包括人的面部表情、人的运动及姿势，以及机器人的行为选择等），二是不显现的影响力，该影响力作用于人的注意力、感觉、认知与决策。情绪效果的计算模型可嵌入到其他软件或硬件系统，以表达用户的情绪信息[14]。下面我们只介绍情绪（emotion）的计算模型。

Damasio 根据神经生理的发现，认为有两种情绪，即 primary 和 Second 情绪。Primary情绪是对外部刺激的即刻反应，而 Second 情绪则是认知过程的结果[15]。Goleman 将 primary 情绪分为 8 个类，即愤怒、悲伤、害怕、喜悦、爱、惊讶、厌恶和羞耻[16]，并认为所有的情绪属于这些类别中的子类。

2. 情绪计算的基础理论

情绪计算模型的建模基础为空间情绪理论和评价理论。

（1）空间情绪理论

任何情绪都可以用一个连续的、具有内涵意义的三维空间来表示：总体效价信息的 Pleasure/Valence（P）、情绪的主观积极性程度的 Arousal（A）和描述情绪操控能力的 Dominance/Power（D）。这三个维度表示的抽象空间称为 PAD 空间[17]。

（2）评价理论

在情绪计算领域，最成功的评价模型是 Ortony 和他的同事们提出的 OCC 模型[18]。该模型具有三种触发机制、及其相应的响应即情绪表现，包括：事件（基于事件的情绪，例如愿望、希望、害怕）、他人的动作（归因情绪，例如愤怒）和物理对象的特征

（吸引情绪，如喜欢、不喜欢）。

一个基于 OCC 的评价模型的运行过程，就是个体人对其所处当前环境做出认知评价的过程：该人根据别人或物理对象的事件、动作和特征，表达出相应的情绪，情绪以效价（Valence）的值的大小来表示。例如，该人对一个事件的发生会开心或者不开心，对于一个物理对象会喜欢或不喜欢，对于他人会赞成或者不赞成。

3. 情绪的计算模型

最早对情绪和情绪动力过程建模是设计具有情绪的虚拟人[19]。在这项工作中，情绪建模包括评价（appraisal）、复制（coping）两个过程，前者就是评价该人所面向的环境：事件、动作和对象，后者则根据评价的结果从案例库中提取对应的情绪，这种表达框架多采用 if-then 的形式。

基于评价模型，人们已经在很多领域建立了情绪的计算模型。下面从应用领域、理论、方法论这三个方面，介绍 ALMA 模型和 PE 模型。

4. ALMA 模型

即情感的分层模型，用于拟人对话过程，如虚拟训练、便携式个人指导、交互式小说、叙事系统，还有电子商务应用、电子产品的人机界面等。该模型的设计是基于 OCC 评价模型与大五人格模型[20]。

ALMA 模型有三个层次的情绪：短期情绪（emotion）、中期情绪（mood）和长期情绪（personality）。

ALMA 运用了空间情绪理论来计算这三种情绪在三维空间中所处的位置，计算过程采用 OCC 模式，并将大五人格模型中的人格信息参与到情绪的计算中，并认为计算所得的情绪值是逐渐退化的，退化过程用退化函数来描述。

具体说来，三维空间由 pleasure（P）、arousal（A）和 dominance（D）所搭建，该 PAD 情绪空间对于每个坐标轴的范围是从 -1 到 1。

在三维情绪空间的每个坐标轴上，情绪由以下分类来描述：+P 和 -P 表示愉快与不愉快，A 与 -A 表示激励与不激励，+D 与 -D 表示支配与服从。通过这种分类法的划分，PAD 情绪空间的八个卦限可用表 1.1 来描述。

表 1.1　PAD 情绪空间的情绪卦限

+P+A+D 高兴的	-P-A-D 无聊的
+P+A-D 依赖的	-P-A+D 轻蔑的
+P-A+D 轻松的	-P+A-D 焦急的
+P-A-D 温顺的	-P+A+D 敌对的

大五人格因子模型参与情绪计算的公式为

$$愉快 = 0.21×外向 + 0.59×亲和力 + 0.19×神经质$$

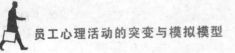

$$激励 = 0.15×开朗 + 0.30×亲和力 - 0.57×神经质$$
$$支配 = 0.25×开朗 + 0.17×责任 + 0.60×外向 - 0.32×亲和力$$

例如，某个人的大五性格特征值为：开朗=0.4、责任=0.8、外向=0.6、亲和力=0.3、神经质=0.4，那么通过计算，该人的情绪值为：愉快=0.38、激励=-0.08、支配=0.50，表明该人具有比较温和的情绪。

5. PE 模型

PE 模型即 Personality and Emotion Model。该模型在计算情绪时，也要将人的人格值考虑进去，由于人格是一种长期的情绪，在该模型中，人格是不变的，并且在 $t=0$ 时被一组数集初始化。情绪状态是动态的，它在 $t=0$ 时被初始化为 0。因此用 p 代表人格，e_t 代表 t 时刻的情绪状态。

对于人格的表达，仍采用大五模型，因此人格有 5 个维度（开朗、责任、外向、随和与神经质），每一个维度都用区间 $[0，1]$ 中的值来表示，数值 1 相当于人格中的维度的最大的存在。因此个体的人格可以用如下向量来表示：

$$p^T = [a_1，\cdots，a_n]，\forall i \in [1，n]：a_i \in [0，1]$$

对于情绪的表达，仍采用 OCC 模型定义的情绪，情绪状态和人格有着相似的表示结构，但是它随着时间的变化而变化。因此，定义情绪状态 e_t 为一个 m 维的向量，这里所有向量的 m 个取值都用区间 $[0，1]$ 中的值来表示。取值为 0 的维度相当于一种情绪的缺乏，而取值为 1 的维度相当于一个情绪表达最强烈。这个向量用如下公式表示：

$$e_t^T = \begin{cases} [\beta_1，\cdots，\beta_m]，\forall i \in [1，m]：\beta_i \in [0，1] & \text{if } t>0 \\ 0， & \text{if } t=0 \end{cases}$$

随着评价信息的输入（即运用评价模型 OCC 来获得评价信息，记为向量 a），这个信息随即被用来更新情绪状态。其值域为区间 $[0，1]$，它包含了 m 个情绪中每一个情绪的预期改变的强度：

$$\alpha^T = [\delta_1，\cdots，\delta_m]，\forall i \in [1，m]：\delta_i \in [0，1]$$

基于此，情绪状态可以用一个函数 $\Psi(p，\omega_t，\alpha)$ 来进行更新，这个函数基于人格 p、此时的情绪状态历史记录和评价信息 a。

情绪更新也用另一个函数 $\Omega_e(p，\omega_t)$ 来进行，$\Omega_e(p，\omega_t)$ 表示该个体的内部变化，比如情绪状态的衰退。考虑到这两部分的更新，新的情绪状态 e_{t+1} 的计算模型为

$$e_{t+1} = e_t + \Psi(p，\omega_t，\alpha) + \Omega_e(p，\omega_t)$$

1.3　计算模型的缺陷分析

针对上述 BDI、认知和情绪等计算模型的特征，分析它们的不足之处如下。

1. 心理因素的取值及其值域

心理因素的取值都是连续的数值，但在现实社会，人的心理和行为表现得更多的是离散状态，用太详细的自然数值来表达人的心理和行为是没必要的，比如，某个人的幸福（happiness）取值 0.5 或 0.55，当我们说该人的幸福大小处在中等水平时，0.5 和 0.55 是没有区别的，因此，模糊量词如"高"、"中"或"小"更适合于描述心理因素的取值。

同时，自然数值包含信息的能力也远不如多元组变量。比如，QSIM 中的定性变量由三个成员组成，即变量的水平、变量的变化方向和时间[21]。当这样的变量描述人的心理因素时，显然比自然数值所能表达的信息要多许多。

2. 心理因素的状态

如上所述，心理因素是有状态的，在现实社会中，人们更关注的心理因素的状态为：稳定状态或非稳定状态。比如，对大多数人而言，中等水平的情绪是稳定的，高或低水平的情绪是不稳定的，也就是说，心理因素多为多态的。描述一个人的心理因素时说从一个状态转移到另一个状态，远比说其值从 0.3 变为 0.6 要有意义得多。

同时，在目前已知的心理计算模型中，没有涉及心理因素在不同状态之间转移的机制。在社会心理领域，一个人的心理因素或行为表现从一个状态向另一个状态的转移，是服从阶梯函数规律的。比如，在一个人的行为发生突变前，要经历预警、警戒和突变这三个状态，这样的规律难以用数值来表达。

3. 算术运算

心理因素之间的因果关系，被表达为算术公式。比如，在 ALMA 模型中，

Pleasure $= 0.21 \cdot$ Extraversion $+ 0.59 \cdot$ Agreeableness $+0.19 \cdot$ Neuroticism

在 PE 中，情绪的更新被表达为

$$e_{t+1} = e_t + \Psi_e\ (p,\ \omega_t,\ \alpha) + \Omega_e\ (p,\ \omega_t)$$

但是现实社会中有两种现象，其一，心理因素之间的因果关系是随时间而变化的，这取决于该人所处的情景，当他是一个人并处于一个朴素的环境中时，算术公式可以表达心理因素之间的因果关系。而当他处于一个群体中时，其心理因素变化的轨迹就无法用算术公式来计算。其二，心理因素之间的因果关系是一个动态系统，即其中包含有回路和时间延迟。回路意味着心理因素之间是交互影响的，时间延迟意味着当一个要素影响另一个要素时，另一个要素不会当即发生响应，而是过一段时

间才响应。

4. 时间

物理系统中的自然时间是均匀运行的，但在管理系统与社会系统中，时间的推移不是均匀向前的，因为社会时间是人们感知到的东西。在很多情况下，时间过得比自然时间快，这是因为某些心理因素在快速变化。有时，人们感到时间不存在了，这是因为某些心理因素发生了突变。但在另外一些场合，时间又过得特别慢，不管时间过得多久，心理因素基本没有变化，这也意味着心理因素处于稳定状态。

因此，在心理活动计算模型中，应该有一个部件，即时间管理器，就像离散时间模拟方法中的下次事件推移法则，模拟时钟的推移遵循下次事件的发生，这个规则推动了整个模拟模型的运行。

5. 动态性

心理活动中各心理因素之间的交互，是双向的因果关系，这也是社会心理学现象的一个根本特征，即变量之间存在多重反馈回路[22]，这导致心理活动呈现出动态系统特征：

（1）某个心理因素发生变化时，可能不是外部环境因素造成的，而是自己内部其他心理因素造成的；

（2）当外部环境因素发生一个轻微的变化，可能会引起内部某个心理因素的显著变化；

（3）当外部环境因素发生一个较大变化时，也可能对内部心理因素没有任何影响[23]。但从已有的计算方法中，还看不出来有什么办法能够表达这些动态性特征。

本书通过突变论和系统模拟两种方法来解决上述不足，建立心理活动的突变模型，可以表达心理活动中的心理因素的多态性、动态性，避免采用简单的算术计算方法。建立心理活动的系统模拟模型，可以表达心理因素在内部和外部不确定条件下随时间推移的动态性特征。

参考文献

[1] Gigerenzer G，Swijtink Z，Porter T，etal. The empire of chance [M]. Cambridge，UK：Cambridge University Press，1989.

[2] Hacking I. The emergence of probability [M]. Cambridge，UK：Cambridge University Press，1975.

[3] Bosse T，Memon Z A，Treur J. A recursive BDI agent model for theory of mind and its applications [J]. Applied Artificial Intelligence，2011，25：1-44.

[4] Sun R, Cognitive science meets multi-agent systems：A prolegomenon [J].

Philosophical Psychology, 2001, 14 (1): 5-28.

[5] Sun R, Slusarz P, Terry C. The interaction of the explicit and the implicit in skill learning: A dual-process approach [J]. Psychological Review, 2005, 112 (1): 159-192.

[6] Sun R, Peterson T. Autonomous learning of sequential tasks: Experiments and analyses [J]. IEEE Trans Neural Networks, 1998, 9 (6): 1217-1234.

[7] Jensen F V. An introduction to bayesian networks [M]. NY: Springer-Verlag, 1996.

[8] Rabiner L. A tutorial on hidden markov models and selected applications in speech recognition [C]. Proceedings of the IEEE, 1989, 77 (2): 257-286.

[9] Watkins C. Learning with delayed rewards, PhD Thesis [M]. Cambridge University, Cambridge, UK, 1989.

[10] Gebhard P, Kipp K H. Are computer-generated emotions and moods plausible to humans [C]. The 6th International Conference on Intelligent Virtual Agents, California, USA, 2006.

[11] Gratch J, Marsella S. A domain-independent framework for modeling emotion [J]. Journal of Cognitive Systems Research, 2004, 5 (4): 269-306.

[12] Ruttkay Z, Pelachaud C. From brows to trust, evaluating embodied conversational agents [M]. Kluwer Academic Publishers, 2004.

[13] Morris W N. Mood: The frame of mind [M]. New York: Springer-Verlag, 1989.

[14] Hudlicka E. What are we modeling when we model emotion [C]. The 2008 American Association for Artificial Intelligence (AAAI) Spring Symposium, 2008, January.

[15] Damasio A R. Descartes' error: Emotion reason and the human brain [M]. Putnam Berkley Group, Inc, 1994.

[16] Goleman D. Emotional intelligence [M]. New York: Bantam Books, 1995.

[17] Gehm T L, Scherer K R. Factors determining the dimensions of subjective emotional space [M]. In Scherer K R (Eds.), Facets of Emotion Recent Research, Lawrence Erlbaum Associates, 1988.

[18] Ortony A, Clore G L, Collins A. The cognitive structure of emotions [M]. NY: Cambridge, 1988.

[19] Arnold M. Emotion and Personality [M]. NY: Columbia University Press, 1960.

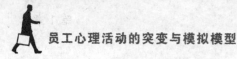

[20] McCrae R R, John O P. An introduction to the five factor model and its implications [J]. Journal of Personality, 1992, 60: 171-215.

[21] Kuipers B J. Qualitative simulation [J]. Artificial Intelligence, 1986, 29: 289-338.

[22] Bandura A. The self system in reciprocal determinism [J]. American Psychologist, 1978, 33: 344-358.

[23] Brehm S S, Brehm J W. Psychological reactance: A theory of freedom and control [M]. New York: Academic, 1981.

Part 2

基本建模原理

诸多系统模拟方法中，针对非线性涌现现象的多 Agent 模拟，以及能够处理不完备信息的定性模拟，更适于个体人的心理活动建模。

在数学模型（含算术运算）方法中，突变论模型更能表达个体人心理活动的诸多非线性特征。

本部分介绍多 Agent 模拟、定性模拟和突变模型的原理，它们是本书心理活动建模的基本方法。

第 2 章　多 Agent 建模与模拟

2.1　多 Agent 建模与模拟

2.1.1　基本原理

基于多 Agent 的建模与模拟在社会科学领域最早应用，是从一系列经典的论文发表开始的，如《Models of Segregation》[1]、《On the Ecology of Micromotives》（微观动机的生态学)[2]以及《Dynamic Models of Segregation》（种族隔离动态模型)[3]。还有在后来的《Micromotives and Macrobehavior》（微观动机与微观行为）一书中，认为当代文化中的很多主题都涉及基于 Agent 建模、社会复杂性、以及经济与社会进化等的问题[4]。

随后，多 Agent 的建模与模拟被冠以很多不同种类的名称，如社会仿真、人工社会、生态学中基于个体的建模、基于智能体的计量经济学（ACE）、基于智能体的计量人口统计学（ABCD）等。

多 Agent 的建模与模拟的特点是面向"涌现"的，即系统宏观现象是由其底层微观对象的相互作用引起的，所以对于群体行为，它是最好的建模与模拟方法之一[5,6]。在一个研究对象中，所有的 Agent 可以是相同类型（同质）的、或者每个 Agent 的类型可以是不同（异质）的。

元胞自动机（Cellular Automata，CA）是多 Agent 建模与模拟中最经典和成熟的方法[7,8,9]。

不管哪种多 Agent 的建模与模拟方法，设计这样的计算实验，要包含四个基本要素：智能体、一个环境或者空间、规则以及面向对象的实现。下面介绍其建模步骤，具体说来，要从系统的底层入手，即从分析系统的基本要素入手建立多 Agent 模型。

1. 确定 Agent 类型及数目

分析被模拟对象的基本组成。例如社会系统中的社会组织有权利组织、营利组织等不同类型，那么，就可以分别用不同类型的 Agent 来代表；权利组织、营利组织有几个，那么相应的不同类型的 Agent 就有几个对象。又如，管理系统中"人"大致分为管理者和普通员工两类，那么，就可以分别用两类 Agent 来代表，并根据管理者和普通员工的人数来设置相应的对象的个数。

2. 确定 Agent 的属性

Agent 的属性，如员工的工作倾向是社会型、还是经济型；工作态度是积极还是消极；等等。又如营利组织的组织文化、生命周期阶段、市场竞争力等。一般来说，有些 Agent 的属性，就是模拟输出要得到的东西。我们模拟的目的，就是要得到这些属性值随时间的变化，或者在模拟终止时，根据这些 Agent 的属性值计算我们要得到的评价指标。

3. 分析 Agent 的行为

分析现实系统中每个 Agent 的行为，这要从两两 Agent 之间的相互作用来分析，包括不同类型 Agent 之间，以及同类型 Agent 之间。例如我国的经济系统中，政府 Agent 调整银行 Agent 的贷款利率，那么这个"调整"就是银行 Agent 的行为，即政府对象发给银行对象的消息。居民 Agent 之间针对是否购买房产商 Agent 的商品房，而相互传播观念，那么，"观念"就是居民对象的属性，"更改观念"是居民对象的方法。

4. 分析 Agent 行为发生的原因

Agent 行为发生的原因，即 Agent 采取行动的条件，包括两个方面：一是 Agent 之间互动的规则。例如管理系统中，企业 Agent 根据经济效益，决定是否裁减员工 Agent；员工 Agent 根据员工群体之间的行为规范要求（即社会场的影响），以及管理者 Agent 在物质上的激励措施，权衡自己是否为企业卖力（即提高员工 Agent 的工作努力度）。二是 Agent 采取行动要具备什么样的外部环境。例如股票市场中，每个投资者的行为（买、卖、持有）发生，除了受相互之间的影响，还受外部环境的影响，这个外部环境就是政府的宏观政策。

然后，将上述分析结果用符号模型表述出来，即成为多 Agent 模型。统一建模语言（Unified Modelling Language，UML）可以胜任该项工作，具体为以下步骤。

5. 描述多 Agent 模型的静态结构

对于 Agent 类型及数目，可以运用 UML 中的类图和对象图来描述，一个类对应一种类型的 Agent，而对象则为同种类型 Agent 中的各个 Agent。

6. 描述多 Agent 模型的动态行为

对于 Agent 之间的相互作用，表现为对象之间互发消息，可以运用 UML 中的顺序图来描述对象之间的这种行为。

而对于行为原因，即对象之间发送消息的条件，那就要运用实际系统所属的领域问题所特有的模型了，例如经济系统的经济增长模型，企业管理系统的效益分析模型等，其中具有随机特征的变量，则要用到概率分布函数来描述。

最后，运用计算机语言，建立多 Agent 模拟模型，即运用专用的多 Agent 建模与模拟软件、或者运用一般计算机语言，编程实现多 Agent 模型。这里面要着重解决如下关键问题。

7. 搭建一个平台

建立一个模仿现实系统中 Agent 相互影响、相互作用的一个平台，类似于沙盘模型的一个台面。模拟运行时，Agent 就在该台面上活动。

8. 确定 Agent 的空间特性

确定每个 Agent 的空间位置是移动的还是静止的。如果是移动的，那么每个 Agent 就可以在平台上到处移动，与相遇的 Agent 或资源发生行为互动；Agent 如果是静止的，那么每个 Agent 在平台上的各自的位置都相对固定，只与其周边的 Agent 发生行为互动，元胞自动机就是按这种方式运行的。

9. 实现所有 Agent 行动的迸发过程

在现实系统中，所有 Agent 的行动是同时发生的，不是一个一个地进行的，这就要求编程实现时要采用并行处理方式，不能是串行方式。而计算机 CPU 的工作方式在理论上是无法实现并行方式的。因此，并行模拟一直是计算机模拟领域的热门话题。

目前，已出现的多 Agent 建模与模拟软件有多种，Swarm 就是其中久负盛名的，还有借鉴 Swarm 的原理，但比 Swarm 使用更灵活的 Reparst 以及 AnyLogic，都可以实现多 Agent 模型。当然，运用一般的高级编程语言，也能完成编程和开发工作。

2.1.2　多 Agent 模拟示例[10]

这里以 AnyLogic 的帮助中提供的一个经典的模型——Bass Diffusion Model 来介绍多 Agent 建模与模拟。Bass Diffusion Model 用来研究新产品的扩散过程，该模型认为一个新产品投入市场后，它的扩散速度主要是受到两种信息传播途径的影响：(1) 大众传播媒介如广告等（外部影响），它通过传播产品性能中容易得到验证的部分（如价格、尺寸、颜色和功能等）来影响产品的扩散；(2) 口头交流，即已采用者对未采用者的宣传（内部影响），它通过传播产品某些一时难以得到验证的部分（如可靠性、使用方便性和耐久性等）来影响产品的扩散。

其建模的主要步骤包括：

1. 创建 Agent 及其属性、数目

模型中的每个 Agent 代表市场中的一个人（person），受广告和口头交流的影响，该人由产品的潜在使用者（Potential Adopter）转变为产品的使用者（Adopter）。

那么 Agent 有一个属性，即是否接受该产品。如果不是，则该 Agent 的状态为产品的潜在使用者。如果是，则该 Agent 的状态为产品的使用者。

设定市场上一共有 1 000 个人，即创建 1 000 个 person 类的对象 Person。

2. 分析 Agent 的行为及其原因

Agent 的行为就是改变属性值：将产品的潜在使用者改变为产品的使用者。行为发生的原因有两个方面。

（1）广告影响。Agent 受广告的影响从 Potential Adopter 状态转变为 Adopter 状态，状态转变率为参数 AdEffectiveness，设定它的缺省值（Default Value）为 0.011。

（2）口头交流影响。Agent 也受相互之间的口头交流影响从 Potential Adopter 状态转变为 Adopter 状态。设参数 Contact Rate＝100 表示每单位时间有 100 个人见面进行口头交流，参数 Adoption Fraction＝0.015 表示口头交流对潜在使用者变为使用者这一转化过程的影响效果。那么，Contact Rate×Adoption Fraction 表示每单位时间口头交流使潜在使用者变为使用者的人数。

（3）环境。广告影响和口头交流影响的环境是所有 Agent，即广告对市场上任何一个人的影响效果是一样的，口头交流的范围是市场上所有人两两之间的交流。

用 AnyLogic 开发的多 Agent 模拟模型界面如图 2.1 所示。

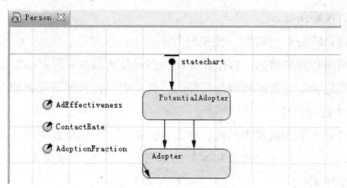

图 2.1　逻辑模型

模型的运行结果如图 2.2 所示。

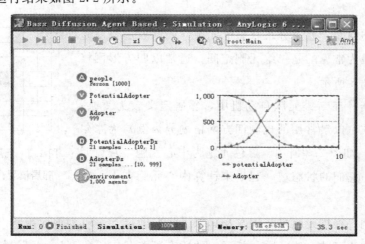

图 2.2　模型的运行结果

2.2 元胞自动机模拟

2.2.1 元胞自动机基本概念

元胞自动机（Cellular Automata，CA），是时间、空间和状态都按离散方式变化的动力系统。散布在珊格（Lattice）中的每个元胞（Cell）取有限的离散状态，遵循同样的相互作用规则，同步更新各自的状态。元胞之间的相互作用规则是简单的，但通过简单的相互作用却能够导致系统整体行为的动态演化。

1. 元胞自动机的特点

（1）元胞自动机建模不是像系统动力学那样建立完整的数学模型，而是用元胞之间的一系列局部规则构成。

（2）元胞自动机的运行时间（模拟时钟 $t = 0，1，2，…，k$）是离散的，运行的物理空间（即珊格）是离散的，每个元胞的状态也是离散的，且状态空间是有限的。

（3）每个元胞状态改变的规则是局部的，即元胞只与其邻居元胞相互作用。

2. 元胞自动机的组成

元胞自动机最基本的组成为元胞、状态、元胞空间、邻居及规则、时间六部分。

（1）元胞，是元胞自动机的最基本的组成部分。元胞分布在离散的一维、二维或多维欧几里得空间上。

（2）状态。状态可以是 $\{0，1\}$ 的二进制形式，或是 $\{s_0，s_2，…，s_i，…，s_k\}$ 整数形式的离散集。元胞只能有一个状态变量，但在实际应用中，也可使每个元胞拥有多个状态变量。

（3）元胞空间。处于分布状态的元胞空间网点集合就是元胞空间。最为常见的是二维元胞空间，通常以四方形网格排列，如图 2.3 所示。

（4）邻居。在二维元胞自动机中，邻居定义较为复杂，但通常的形式（以最常用的规则四方网格划分为例）为摩尔（Moore）型，如图 2.3 所示。黑色元胞为中心元胞，灰色元胞为其邻居，它们的状态被一起用来计算中心元胞在下一时刻的状态。

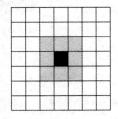

图 2.3 元胞自动机的
邻居模型：Moore 型

（5）规则。根据元胞当前状态及其邻居状况确定下一时刻该元胞状态的动力学函数，即状态转移函数，该函数包括元胞的所有可能状态、负责该元胞的状态变换的规

则两部分。该函数可以记为

$$f: s_i^{t+1} = f(s_i^t, s_N^t)$$

其中，s_N^t 为 t 时刻的邻居状态组合，我们称 f 为元胞自动机的局部映射或局部规则。

（6）时间。元胞自动机在时间维上的变化是离散的，即时间 t 是一个整数值，而且连续等间距。假设时间间距 $dt=1$，若 $t=0$ 为初始时刻，那么 $t=1$ 为其下一时刻。

因此，元胞自动机是隶属于多 Agent 模拟方法的。与一般多 Agent 模拟相比，元胞自动机的每个元胞（即 Agent）的行为规则都是一样的。而一般多 Agent 模拟中，Agent 的方法、规则各不相同。

2.2.2　元胞自动机模拟示例[8]

元胞自动机是一种开放的、通用的建模与模拟方法，其应用涉及自然、社会、经济、管理等各个领域。元胞自动机很适合进行群体动力学的分析，下面以人群动力演化过程的模拟为例，介绍元胞自动机的运用。

1. 民意集中模拟

（1）问题

当外界环境发生变化时，对于一群人如何应对环境的变化而言，在这群人里会产生多种不同的观点或意见，随着时间的推移，人群中个人和个人之间不断地交换意见，意见的种类会发生变化。我们可以运用元胞自动机，对人群中意见种类发生的变化做如下工作：模拟变化过程，分析变化过程的规律。

（2）建模

假设 CA 基于有限的二维矩形栅格，每个元胞都看作有主张的个人，元胞的状态代表每个人的意见，状态的集合服从（0，1）均匀分布。每个人依据其邻居的状态（包括自己）定期改变它自身的状态，每个邻居的影响力相同。$u_j(t)$ 表示在第 t 个阶段元胞 j 的状态，N_i 表示元胞的所有邻居的集合，$\#N_i$ 表示邻居的数目。元胞 j 在下一个阶段的状态可以表示为：

$$\frac{1}{\#N_i}\sum_{j \in N_i} u_j(t) \rightarrow u_j(t+1) \tag{2.1}$$

采用上述算法计算下一时刻元胞的状态时，可能出现元胞状态集合是无限的情况。而 CA 规定状态集合必须是有限的，所以需要对上述的结果进行修正。在此，我们使用离散化的方法，图 2.4 中给出了离散函数，其中，横轴为 x 轴，纵轴为 y 轴。

图 2.4（a）中，如果 $x<1/2$，那么 $y=0$；如果 $x \geqslant 1/2$，那么 $y=1$。图 2.4（b）中，如果 $x<1/3$，那么 $y=0$；如果 $x \geqslant 1/3$ 并且 $x<2/3$，那么 $y=0.5$；如果 $x \geqslant 2/3$，

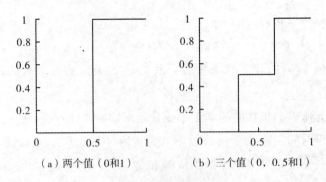

（a）两个值（0和1）　　　（b）三个值（0、0.5和1）

图 2.4　离散函数

那么 $y=1$。

接下来，把该计算结果作为输入，循环进行上述过程。上述过程可以简单描述为：

$$\frac{1}{\#N_i}\sum_{j\in N_i}u_j(t) \rightarrow \text{step function} \rightarrow u_j(t+1) \tag{2.2}$$

式 2.2 是通用的转换规则。它顺序地应用在随机选择的元胞上，称为顺序更新（连续更新是同时在所有的元胞上应用式 2.2）。

（3）模拟与分析

图 2.5 表示了在 2、5、10、15 种和 30 种意见的情况下模拟的典型结果。在模拟开始时，每种意见的元胞是等数目的。从图中可以看出，模拟结束时，同一种状态会显示出一定形状，且表现出涌现性。图中所示的结构是稳定和持久的。图 2.5（f）给出了连续状态下的模拟结果，即没有用到阶梯函数，用到的动力学方程是式 2.1 而不是式 2.2，可以看出，当 t 趋于无穷大时，所有个体的意见基本相同。

从图 2.5 可以看出，状态集合中包含的意见种类越多，最终个体间的意见越容易统一。

2. 种族隔离形成过程模拟[8]

（1）问题

有两个不同种族人群，最初各个成员都无意地居住在某个区域的各处，在两类人群中，成员之间的价值观的取向（即一个成员对另一个成员的价值评判或看法）包括三种：正向、中立和负向。正向表示欣赏对方，负向表示敌视对方。当外部环境稳定时，大家都相安无事，各自都居住在原处。

但是，由于社会环境发生了变化，例如两个种群所属的国家发生了战争，成员之间的态度就发生改变了，一种是"隔离"态度（segregation attitude），另一种是"怀疑"态度（suspicion attitude），在这两种态度的驱使下，两类人群的成员们开始选择新的居住地了，表现为成员们不断地搬家。

此处介绍 Sakoda 运用元胞自动机，对搬家过程所做的如下工作：模拟搬家过程；分析搬家过程中的现象及规律。

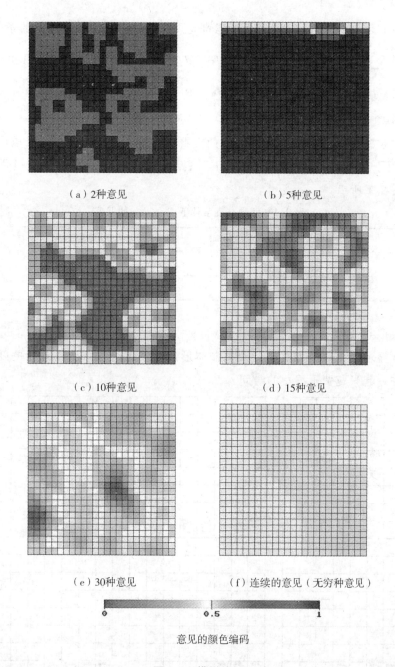

（a）2种意见 　　　　　　　　（b）5种意见

（c）10种意见 　　　　　　　　（d）15种意见

（e）30种意见 　　　　　　（f）连续的意见（无穷种意见）

0　　　　　　　0.5　　　　　　1
意见的颜色编码

图 2.5　模拟结果

（2）建模

为了便于模拟，把正向、中立和负向的价值取向进行离散的量化处理，把它们称为"效价"（Valences），用整数 V_{ij} 来表示。

P 表示所有个体的集合，并且模型的每一个元胞都代表一个个体，有些元胞中没有个体。个体有机会移动到 3×3 邻居范围的空元胞中。如果没有空元胞的存在，允许

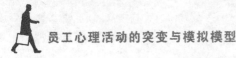
个体跨越一个元胞来移动，但是移动通常都是局部的，且必须满足特定的条件。个体 i 最终移动到 $\sum_{j \in P} \dfrac{V_{ij}}{\sqrt[w]{d_{ij}^2}}$ 最大的元胞中。其中，d 表示个体 i 与 j 之间的欧几里得距离；w 表示随着距离的增加，效价减少的百分比。从式中可以看出，w 越大，距离的增加对效价减少的影响越小。

模型建立在 8×8 的棋盘上，一共有两类群体，每类群体包括 6 个成员，一类群体的成员用"□"表示，另一类成员用"＋"表示。两种态度条件下，成员之间的价值取向值如表 2.1 所示。

表 2.1　两种态度条件下"价" V_{ij} 的取值

隔离	□	＋	怀疑	□	＋
□	1	−1	□	0	−1
＋	−1	1	＋	−1	0

（3）模拟与分析

图 2.6 显示了在隔离态度下，两类群体形成的动态过程。从最开始的随机分布到最终聚集在一起只花费了很短的时间。

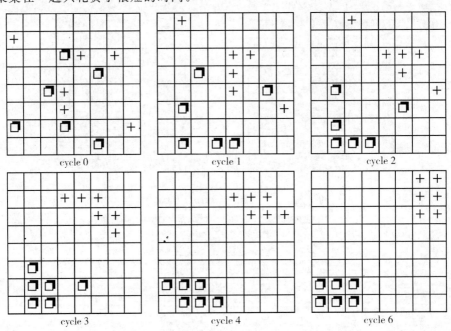

图 2.6　隔离态度下群体形成的过程

图 2.6 显示的最终结果和我们预想的相同。但是在怀疑态度下，群体最终形成另一种情形，见图 2.7。

显然，持中立价值取向的个体不会单独形成一个群体，只有对另一个群体持负向

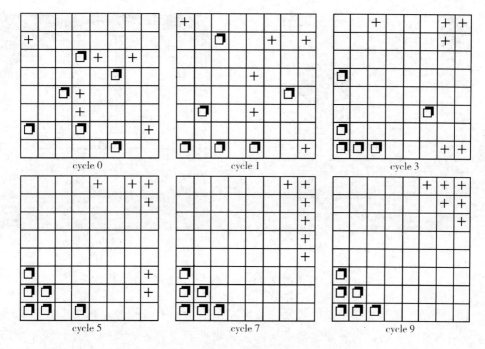

图 2.7　怀疑态度下群体形成的过程

价值取向的个体才会形成独立的群体。

　　从图 2.6 和图 2.7 的比较中，隐含着如下现象：当个体对另一群体持负向价值取向，且对自身所在的群体漠不关心（即中立）时，会比对自身所在群体持正向价值取向时表现出更明显的集群现象。

　　验证这个结果，需要在更大范围的棋盘内进行实验，图 2.8 是一个 40×40 的棋盘，两个群体各包含 180 个成员，分别用黑色和灰色来表示。其他的假设条件与 Sakoda 的模型相同。

　　通过对上面的实验进行分析，就不难解释为什么对自身群体持中立价值取向时会表现出更明显的集群现象，且两种价值取向都促使成员远离另一个群体的成员。

　　在隔离态度下，同一群体中的成员在移动的过程中，当碰到同一群体中的其他成员时，会在相遇点停止移动，并产生足够的影响力，使得他们能够在相遇点停留下来。而当成员对自身所在群体持中立价值取向时，同一群体的成员之间不会产生吸引力，所以这些成员的唯一目标是远离别的群体的成员，最后导致了同一群体的成员全部聚集在一起，并且远离另一个群体。如图 2.8（b）所示。

　　此外，还存在个别的成员，因为移动速度太慢而被另外群体的成员包围起来，成为孤立的个体。

　　上述结果说明 CA 可以深入分析行为变化的机理，并且有效地解释在社会变化过程中宏观行为和微观行为之间的关系。

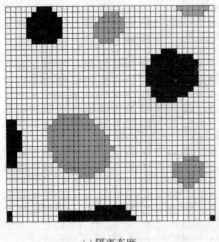

(a) 隔离态度   (b) 怀疑态度

图 2.8 40×40 的模拟结果（最初个体为随机分布）

上述研究统称为统计物理学研究，其研究对象是粒子之间的互相作用[11]，所有单个动物如鸟类、鱼类、蚂蚁和其他群居动物或者所有个人都被视为粒子，粒子之间的交互会涌现为宏观行为。但这种交互只是物理过程，其中没有心理学模型来支持这种交互。

从计算的角度来看，把心理学模型嵌入到 Agent 中也并不罕见。例如，基于前景理论的 Agent 具有人类的直觉和有限的理性行为[12]；基于人格理论的 Agent 在购买商品时具有独特心理特质[13]；基于认知心理学的 Agent 能够描述具有人的心理特征的个人行为规则[14]。

本书建立的人的 Agent 模型，就是要把传统 Agent 建模与心理学理论结合起来。

参考文献

[1] Schelling T C. Models of segregation [J]. American Economic Review, Papers and Proceeding, 1969, 59 (2): 488-493.

[2] Schelling T C. Dynamic models of segregation [J]. Journal of Mathematical Sociology, 1971, 1 (2): 143-186.

[3] Schelling T C. On the ecology of micromotives [J]. The Public Interest, 1971, 25: 61-98.

[4] Schelling T C. Micromotives and macrobehavior [M]. Norton, New York, 1978.

[5] Goldstone R L, Janssen M A. Computational models of collective behavior [J]. Trends in Cognitive Sciences, 2005, 9 (9): 424-430.

[6] Bonjean N, Bernon C, Glize P. Towards a guide for engineering the collective

behaviour of a MAS [J]. Simulation Modelling Practice and Theory, 2001, 18 (10): 1506-1514.

[7] Vallacher R R, Nowak A. The emergence of dynamical social psychology [J]. Psychological Inquiry, 1997, 8 (2): 73-99.

[8] Hegselmann R, Flache A. Understanding complex social dynamics: A plea for cellular automata based modelling [J]. Journal of Artificial Societies and Social Simulation, 1998, 1 (3).

[9] Kenrick D T, Li N P, Butner J. Dynamical evolutionary psychology: Individual decision rules and emergent social norms [J]. Psychological Review, 2003, 110 (1): 3-28.

[10] 胡斌, 周明. 管理系统模拟 [M]. 北京: 清华大学出版社, 2008, 7.

[11] Castellano C, Fortunato S, Loreto V. Statistical physics of social dynamics. http: //physics. soc-ph, 2009, May, 11.

[12] Zhang Y, Leezer J. Simulating human-like decisions in a memory-based agent model [J]. Computational and Mathematical Organization Theory, 2010, 16: 373-399.

[13] Roozmand O, Ghasem-Aghaee N, Hofstede G J, et al. Agent-based modeling of consumer decision making process based on power distance and personality [J]. Knowledge-Based Systems, 2011, 24: 1075-1095.

[14] Ghasem-Aghaee N, Ören T I. Cognitive complexity and dynamic personality in agent simulation [J]. Computers in Human Behavior, 2007, 23: 2983-2997.

第3章 定性模拟

3.1 QSIM

定性模拟方法用来模拟具有不完备甚至歧义信息的物理系统行为演化过程。1984年 de Kleer 和 Brown 提出了基于流的定性物理理论[1]，Forbus 提出了定性过程理论[2]。在他们的基础上，Kuipers 于 1986 年提出了 QSIM 方法[3]，随后，该定性模拟方法的研究与应用一直没有中断[4,5,6,7,8,9]。

针对 QSIM 缺乏定量信息的缺陷，Kuipers 和 Berleant 又提出了 Q2[10] 和 Q3[11] 方法，即结合区间代数理论使定性变量的推演更加清晰、准确。这种结合区间代数和定性模拟的方法被称为半定量模拟。

3.1.1 基本概念

QSIM 用定性微分方程来描述模拟对象，定性微分方程由变量和约束组成，变量代表系统状态，约束描述变量之间的关系。它的核心技术为：

（1）用两个元素来表示定性变量："水平"和"变化方向"[3]。水平取值："low"，"moderate"，"high"；变化方向取值："decrease"，"standard"和"increase"（各自记作"−"，"0"，"+"）。

（2）用六个约束建立系统的定性模拟模型。这六个约束是 ADD，MULT，MINUS，DERV，M＋和 M−。在信息不完备的条件下，这六个约束用来建立由定性变量表达的定性模拟模型。

（3）I/P 规则被用来推演随时间推移系统行为的变化过程。在定性模拟模型建立好以后，每个定性变量的后续行为都通过 I/P 规则来推演。

（4）过滤机制用来避免定性变量后续行为的组合爆炸。过滤机制可以根据现实系统的环境和需要来设计。

具体说来，QSIM 涉及如下基本概念：

1. 可推理函数（Reasonable Function）

函数 f 为可推理函数，当且仅当 f：$[a, b]$→R^* 满足下列条件：

f 在闭区间 $[a, b]$ 上连续；f 在开区间 (a, b) 上连续且可微；f 有有限个奇点；$\lim\limits_{t \to a} f'(t)$，$\lim\limits_{t \to b} f'(t)$ 都存在，且 $f'(a) = \lim\limits_{t \to a} f'(t)$，$f'(b) = \lim\limits_{t \to b} f'(t)$。

定性模拟的目的，是要记录系统的状态变量随时间的变化过程。因此，每个状态变量都可视为一个可推理函数。

2. 路标值（Landmark Value）

路标值是指可推理函数 f 在行为上有标志性意义的重要点处的取值，一般每个变量存在多个路标值，它们按照一定顺序组成有序路标值集合。随着定性模拟的进行，可以发现和使用 f 的新路标值。

3. 显著时间点（Distinguished Time）

f 取路标值时的系统模拟时钟 t 为显著时间点，即 $t \in [a, b]$ 且 $f(t) = x$，其中 x 是 f 的路标值。系统当前的时间，要么是在显著时间点上，要么是在两个显著时间点之间。

4. 定性状态与定性行为

设 f：$[a, b]$→R^* 有路标值集合 $L = \{l \mid l = l_0 < l_1 < \cdots < l_n\}$，对应有显著时间点集合 $T = \{t \mid t = t_0 < t_1 < \cdots < t_n\}$，$t \in [a, b]$，则有如下定义。

（1）定义 f 在 t 时刻的定性值为

$$QVAL(f, t) = \begin{cases} I_j & f(t) = l_j \\ (l_j, l_{j+1}) & f(t) \in (l_j, l_{j+1}) \end{cases}$$

（2）定义 f 在 t 时刻的变化方向为

$$QDIR(f, t) = \begin{cases} \text{inc} & f'(t) > 0 \\ \text{std} & f'(t) = 0 \\ \text{dec} & f'(t) < 0 \end{cases}$$

（3）定义 f 在 t 时刻的定性状态为

$$QS(f, t) = <QVAL(f, t), QDIR(f, t)>$$

其中，$<QVAL(f, t), QDIR(f, t)>$ 为二元组。例如：$QS(temperature, t_k) = <(0, 100), \text{inc}>$ 表示 $t = t_k$ 时水温是在 0℃ 与 100℃ 之间，且正在上涨。

（4）f 在 $t \in [a, b]$ 上的定性行为定义为 f 的定性状态序列：

$$QS(f, t_0), QS(f, t_0, t_1), \cdots, QS(f, t_i), QS(f, t_i, t_{i+1}), \cdots, QS(f, t_{n-1}, t_n), QS(f, t_n)$$

即定性行为由 f 在显著时间点上的定性状态和显著时间点间的定性状态间隔组成。

3.1.2　QSIM 定性模型

1. 约束

对系统的结构用变量之间的约束的集合来描述，这些约束包括：

(1) 加约束 ADD (f, g, h)：

对于任意 $t \in [a, b]$，f, g, h：$[a, b] \to R^*$，满足 $f(t) + g(t) = h(t)$。

(2) 乘约束 MULT (f, g, h)：

对于任意 $t \in [a, b]$，f, g, h：$[a, b] \to R^*$，满足 $f(t) \cdot g(t) = h(t)$。

(3) 反约束 MINUS (f, g)：

对于任意 $t \in [a, b]$，f, g：$[a, b] \to R^*$，满足 $f(t) = -g(t)$。

(4) 微分约束 DERIV (f, g)：

对于任意 $t \in [a, b]$，f, g：$[a, b] \to R^*$，满足 $f'(t) = g(t)$。

(5) 单调增约束 $M+$ (f, g)：

$$f'(t) > 0 \leftrightarrow g'(t) > 0$$
$$f'(t) = 0 \leftrightarrow g'(t) = 0$$
$$f'(t) < 0 \leftrightarrow g'(t) < 0$$

(6) 单调减约束 $M-$ (f, g)：

$$f'(t) > 0 \leftrightarrow g'(t) < 0$$
$$f'(t) = 0 \leftrightarrow g'(t) = 0$$
$$f'(t) < 0 \leftrightarrow g'(t) > 0$$

2. 定性微分方程（Qualitative Differential Equation）

在定量模拟（如系统动力学方法）中，系统结构由一组常微分方程（Ordinary Differential Equation，ODE）来描述，采用上述六种约束，将常微分方程抽象为定性微分方程（Qualitative Differential Equation，QDE），这是定性模拟对系统结构的描述。用一个例子来说明抽象过程。

$$dy/dyt = kt^2 + t$$

为线性微分方程。令 $A = dy/dt$，$B = kt^2$，$C = t$，$T = t^2$，则原方程可分解为

$$dy/dt = A, \quad B + C = A, \quad k \cdot T = B, \quad C \cdot C = T$$

从而得到定性微分方程：

DERIV (y, A)，ADD (B, C, A)，MULT (k, T, B)，MULT (C, C, T)。

3.1.3　QSIM 定性状态转换

从本质上来说，QSIM 是一种定性推理方法，即由当前定性状态推导出其后继状态

的推理过程。推理是按照一定的规则来进行的，这些规则如表 3.1 所示。

表 3.1　通用函数状态转换表

P 转换	$QS(f,t_i) \rightarrow QS(f,t_i,t_{i+1})$	I 转换	$QS(f,t_{i-1},t_i) \rightarrow QS(f,t_i)$
P_1	$<l_j,\text{std}> \rightarrow <l_j,\text{std}>$	I_1	$<l_j,\text{std}> \rightarrow <l_j,\text{std}>$
P_2	$<l_j,\text{std}> \rightarrow <(l_j,l_{j+1}),\text{inc}>$	I_2	$<(l_j,l_{j+1}),\text{inc}> \rightarrow <l_{j+1},\text{std}>$
P_3	$<l_j,\text{std}> \rightarrow <(l_{j-1},l_j),\text{dec}>$	I_3	$<(l_j,l_{j+1}),\text{inc}> \rightarrow <l_{j+1},\text{inc}>$
P_4	$<l_j,\text{inc}> \rightarrow <(l_j,l_{j+1}),\text{inc}>$	I_4	$<(l_j,l_{j+1}),\text{inc}> \rightarrow <(I_j,l_{j+1}),\text{inc}>$
P_5	$<(l_j,l_{j+1}),\text{inc}> \rightarrow <(l_j,l_{j+1}),\text{inc}>$	I_5	$<(l_j,l_{j+1}),\text{dec}> \rightarrow <l_j,\text{std}>$
P_6	$<l_j,\text{dec}> \rightarrow <(l_{j-1},l_j),\text{dec}>$	I_6	$<(l_j,l_{j+1}),\text{dec}> \rightarrow <l_j,\text{dec}>$
P_7	$<(l_j,l_{j+1}),\text{dec}> \rightarrow <(l_j,l_{j+1}),\text{dec}>$	I_7	$<(l_j,l_{j+1}),\text{dec}> \rightarrow <(l_j,l_{j+1}),\text{dec}>$
		I_8	$<(l_j,l_{j+1}),\text{inc}> \rightarrow <l^*,\text{std}>$
		I_9	$<(l_j,l_{j+1}),\text{dec}> \rightarrow <l^*,\text{std}>$

其中，P 转换表示从显著时间点上到显著时间点之间的定性状态转换。I 转换表示从显著时间点之间到显著时间点上的定性状态转换。

3.1.4　QSIM 算法

Kuipers 定性模拟理论的核心是 QSIM 算法，它用定性微分方程来描述系统的结构，用定性状态转换及过滤来推导系统行为。在每个方程的初始定性状态给定的前提下，QSIM 首先生成所有可能的后继状态，然后用方程间的定性限制和全局相容规则来删除不相容的或多余的状态组合。如此一直下去，模拟系统的行为。

下面分别从数据输入、数据输出、算法步骤及过滤与解释等几个方面来介绍 QSIM 算法。

1. 数据输入

(1) 代表系统 m 个变量的一个可推理函数集合 $F = \{f_1, f_2, \cdots, f_m\}$。

(2) 用六种约束关系（ADD、MULT、MINUS、DERIV、M＋、M－）建立的约束方程集合 $E = \{e_1, e_2, \cdots, e_u\}$。

(3) 每一个变量有一个代表路标值的有序集合 $L_i = \{l_1, l_2, \cdots, l_{r_i-1}, l_{r_i}\}$（$i = 1, 2, \cdots, m$），其中至少包括 $\{-\infty, 0, +\infty\}$。

(4) 每个函数的上下极限。

(5) 初始时间点 t_0 和每个函数 t_i（$i = 1, 2, \cdots, m$）在 t_0 时的定性状态 $<QVAL(f, t_0), QDIR(f, t_0)>$。

2. 数据输出

(1) 显著时间点集合：$T = \{t_0, t_1, \cdots, t_n\}$。

(2) 每个函数的完整的、可能扩展了的有序路标值集 $L'_i = \{l_1, l_2, \cdots, l_{w_i-1}, l_{w_i}\}$ $(i = 1, 2, \cdots, s)$。

(3) 每个函数 f_i $(i = 1, 2, \cdots, m)$ 在显著时间点 t_j 上和显著时间点之间 (t_j, t_{j+1}) 的定性状态 $<QVAL(f_i, t_j), QDIR(f_i, t_j)>$ 和 $<QVAL(f_i, (t_j, t_{j+1})), QDIR(f_i, (t_j, t_{j+1}))>$。

3. 算法步骤

步骤1：从活动状态表中取出一个状态作为当前状态。

步骤2：根据通用状态转换表，确定每一个变量由当前状态可能转换到的状态集合。

步骤3：对每个约束，产生状态转换的二元或三元组集合，根据约束的限定，过滤掉与约束不一致的元组。

步骤4：对元组进行配对一致性过滤，即具有相同函数的两个元组，对同一个函数的转换必须一致。

步骤5：将经过上述过滤剩余的元组加以组合，产生系统状态的全局解释。如果全局解释失败，则当前状态即为系统的结束状态；否则，把全局解释产生的状态作为系统的后继状态，并加入活动表。

步骤6：判断活动状态表是否为空，若为空，模拟结束，否则返回步骤1，模拟继续进行。

4. 过滤与解释

QSIM 算法中，依次包括了约束一致性过滤、配对一致性过滤、全局解释、全局过滤。

(1) 约束一致性过滤

约束一致性过滤是指在 QSIM 算法中对每个约束根据函数间的约束关系，将各个函数的独立转换，组合为相应的元组，得到状态转换的二元或三元组集合，再根据限定它们的约束方程进行检验，与约束不一致的元组将被过滤掉。其检验主要包括函数定性值的一致性和函数变化方向的一致性两方面。

例如，对于满足约束 $M+(f, g)$ 的函数 f, g，根据状态转换表得到后续状态，其中一个状态转换组合为 (I_1, I_4)，由于 I_1 为 $<l_1, \text{std}> \rightarrow <l_j, \text{std}>$，$I_4$ 为 $<(l_j, l_{j+1}), \text{inc}> \rightarrow <(l_j, l_{j+1}), \text{inc}>$，而 $M+(f, g)$ 要求函数 f, g 保持变化方向相同，因此，这个状态转换组合与约束不一致，被过滤掉。

(2) 配对一致性过滤

在 QSIM 算法中，若两个约束有公共函数，则称这两个约束是相邻的。配对一致性过滤就是对相邻约束中的公共函数的状态转换的一致性进行检验,不一致的将被过滤掉。配对一致性过滤遵循 Waltz 算法,即逐个访问每个约束,查看所有与它相邻的约束,对由它们所联系着的元组组成的元组对,如果一个元组赋予公共函数的转换在和它相邻的一个约束的所有元组中均不存在,则删除这个元组。如此类推,直到最后一个不一致状态转换得到过滤为止。配对一致性过滤可在很大程度上减少状态转换空间,从而提高 QSIM 算法的效率。

例如,三个函数 f,g,h 分别满足约束 M+ (f, g),M— (g, h),在根据状态转换表转换并且经过约束一致性过滤后,剩下符合条件的状态转换组合,按照约束可组对如下:

①对约束 M+ (f, g) 有 (P_2, P_2),(P_5, P_4);

②对约束 M— (g, h) 有 (P_2, P_3),(P_3, P_2);

g 为两个约束的公共函数,则两约束是相邻的。根据 Waltz 算法,由于按约束 $M+$ (f, g) 组成的元组对 (P_2, P_2) 在按其相邻约束 M— (g, h) 的元组对 (P_2, P_3) 中,公共函数 g 存在一致的状态转换 P_2,则两元组被保留。而 (P_5, P_4) 与 (P_3, P_2) 因在对应的相邻的约束中 g 并不存在与之一致的状态转换,则双双被过滤掉。

(3)全局解释

全局解释就是根据约束一致性过滤与配对一致性过滤后剩余的函数转换,得到相应的函数后续状态,系统中所有函数的后续状态的组合即为系统的全局解释。

要说明的是,并不是所有元组的组合都是全局解释。由于全局解释是根据深度优先算法遍历所有可能的元组空间来完成的,若一个全局解释失败了,则当前状态的所有后继状态被删除,而认为当前状态就是系统的结束状态。

(4)全局过滤

全局解释后,还要进行全局过滤,主要是对状态循环、状态不变以及取极点值时的状态转换进行处理,具体过程如下。

①前后直接相邻状态一致,则过滤掉新的状态。若全局解释中的所有转换都是在集合 $\{I_1, I_4, I_7\}$ 中,则认为新的状态和它的直接前驱状态是一致的,新状态被过滤掉。

②前后状态出现循环,则过滤掉新的状态。若新的状态和它前面的某个祖先状态所有函数定性值与变化方向都一致,即定性状态一致,则认为系统行为在该处出现循环,新的状态被过滤掉。

③有一个函数取值为区间的终点,如∞,则过滤掉新的状态。

总之,由系统的一个初始状态出发,按通用函数状态转换表得到每个变量当前状态的后继状态,把每个变量的后继状态按约束组合起来,依次进行约束一致性过滤与配对一致性过滤,再从整体上组合进行全局解释,经过全局过滤,剩下的当前状态集合即为系统的后继状态。就这样按显著时间点顺序不断往后模拟,最终将得到系统状态的有向图，从根结点到叶结点的路径就是系统的一个定性行为。

3.1.5 应用示例：U型管水体行为 QSIM 模拟

图 3.1 所示的是一个由底部连通的 A、B 两管组成的 U 型管，其中装了一定体积的水。当 A 管中水面高于 B 管水面时，高度差产生的压强使得水将从 A 管流向 B 管，直到两管水面处于同一高度。

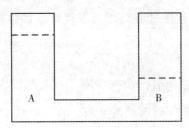

图 3.1　U 形管水体示意图

为了分析这一过程 U 型管中的水体行为，我们用 QSIM 方法来进行模拟。为此，设 A、B 管的水面高度分别为 HeightA、HeightB，A、B 管底部所受压力分别为 PressureA、PressureB，A 管与 B 管的压力差为 P_{AB}，水体从 A 到 B 管的流速为 FlowAB。

1. 变量的量空间

HeightA $\in$ [0，AMAX，∞]，HeightB $\in$ [0，BMAX，∞]，PressureA $\in$ [0，∞]，PressureB $\in$ [0，∞]，P_{AB} $\in$ [$-\infty$，0，$+\infty$]，FlowAB $\in$ [$-\infty$，0，$+\infty$]。

2. 变量之间的约束

M+（PressureA，HeightA），M+（PressureB，HeightB），ADD（PressureB，P_{AB}，PressureA），M+（FlowAB，P_{AB}），M-（FlowAB，HeightB），M+（FlowAB，HeightA）。

3. 初始状态

初始状态即当 $t = t_0$ 时各变量的值。HeightA $=$ <AMAX，dec>，HeightB $=$ <0，inc>，PressureA $=$ <（0，∞），dec>，PressureB $=$ <0，inc>，P_{AB} $=$ <（0，∞），dec>，FlowAB $=$ <（0，∞），dec>。

4. 从初始状态到某时间点的模拟

为分析水体从 $t = t_0$ 变化到 $t = (t_0，t_1)$ 的过程，采用 P 转换对各变量进行状态转换处理，并用变量间的约束关系过滤掉一些不合理的组合。

（1）P 转换

对 HeightA，P_6：<AMAX，dec>→<（0，AMAX），dec>

对 HeightB，P_4：<0，inc>→<（0，BMAX），inc>

对 PressureA，P_7：$<(0, \infty), dec> \to <(0, \infty), dec>$

对 PressureB，P_4：$<0, inc> \to <(0, \infty), inc>$

对 P_{AB}，P_7：$<(0, \infty), dec> \to <(0, \infty), dec>$

对 FlowAB，P_7：$<(0, \infty), dec> \to <(0, \infty), dec>$

（2）约束过滤

M+ (PressureA, HeightA)：$<(0, \infty), dec>, <(0, AMAX), dec>$

M+ (PressureB, HeightB)：$<(0, \infty), inc>, <(0, BMAX), inc>$

ADD (PressureB, P_{AB}, PressureA)：$<(0, BMAX), inc>, <(0, \infty), dec>,$
$<(0, \infty), dec>$

M+ (FlowAB, P_{AB})：$<(0, \infty), dec>, <(0, \infty), dec>$

M− (FlowAB, HeightB)：$<(0, \infty), dec>, <(0, \infty), inc>$

M+ (FlowAB, HeightA)：$<(0, \infty), dec>, <(0, AMAX), dec>$

5. 从某时间点到时间区间的模拟

为分析水体从 $t = (t_0, t_1)$ 变化到 $t = t_1$ 的过程，采用 I 转换对各变量进行状态转换处理，并用变量间的约束关系过滤掉一些不合理的组合。

（1）I 转换

对 HeightA：

I_5：$<(0, AMAX), dec> \to <0, std>$

I_6：$<(0, AMAX), dec> \to <0, dec>$

I_7：$<(0, AMAX), dec> \to <(0, AMAX), dec>$

对 HeightB：

I_2：$<(0, BMAX), inc> \to <0, std>$

I_3：$<(0, BMAX), inc> \to <0, inc>$

I_4：$<(0, BMAX), inc> \to <(0, BMAX), inc>$

对 PressureA：

I_5：$<(0, \infty), dec> \to <0, std>$

I_6：$<(0, \infty), dec> \to <0, dec>$

I_7：$<(0, \infty), dec> \to <(0, \infty), dec>$

对 PressureB：

I_2：$<(0, \infty), inc> \to <0, std>$

I_3：$<(0, \infty), inc> \to <0, inc>$

I_4：$<(0, \infty), inc> \to <(0, \infty), inc>$

对 P_{AB}：

I_5：$<(0, \infty), dec> \to <0, std>$

$I_6: \; <(0, \infty), \text{dec}> \rightarrow <0, \text{dec}>$

$I_7: \; <(0, \infty), \text{dec}> \rightarrow <(0, \infty), \text{dec}>$

对 FlowsAB：

$I_5: \; <(0, \infty), \text{inc}> \rightarrow <0, \text{std}>$

$I_6: \; <(0, \infty), \text{inc}> \rightarrow <0, \text{inc}>$

$I_7: \; <(0, \infty), \text{inc}> \rightarrow <(0, \infty), \text{inc}>$

（2）约束过滤

①根据 M+ （PressureA，HeightA） 对 PressureA、HeightA 的状态组合进行过滤，如表 3.2 所示。

表 3.2　根据 M+ （PressureA，HeightA） 的约束过滤

组　　合		HeightA 的转换		
		I_5	I_6	I_7
PressureA 的转换	I_5	(I_5, I_5)	(I_5, I_6) *	(I_5, I_7) *
	I_6	(I_6, I_5) *	(I_6, I_6)	(I_6, I_7)
	I_7	(I_7, I_5) *	(I_7, I_6)	(I_7, I_7)

其中，标有 * 的是被过滤掉的组合，则剩下组合有：(I_5, I_5)、(I_6, I_6)、(I_6, I_7)、(I_7, I_6)、(I_7, I_7)。

②根据 M+ （PressureB，HeightB） 对 PressureB、HeightB 的状态组合进行过滤，如表 3.3 所示。

表 3.3　根据 M+ （PressureB，HeightB） 的约束过滤

组　　合		HeightB 的转换		
		I_2	I_3	I_4
PressureB 的转换	I_2	(I_2, I_2)	(I_2, I_3) *	(I_2, I_4) *
	I_3	(I_3, I_2) *	(I_3, I_3)	(I_3, I_4)
	I_4	(I_4, I_2) *	(I_4, I_3)	(I_4, I_4)

其中，标有 * 的是被过滤掉的组合，则剩下组合有：(I_2, I_2)、(I_3, I_3)、(I_3, I_4)、(I_4, I_3)、(I_4, I_4)。

③根据 ADD （PressureB，P_{AB}，PressureA） 对 PressureB、P_{AB}、PressureA 的状态组合进行过滤，如表 3.4～表 3.6 所示。

表 3.4　根据 ADD (PressureB, P_{AB}, PressureA) 的约束过滤

PressureB 的转换 I_2		PressureA 的转换		
		I_5	I_6	I_7
P_{AB} 的转换	I_5	(I_2, I_5, I_5)	(I_2, I_5, I_6) *	(I_2, I_5, I_7) *
	I_6	(I_2, I_6, I_5) *	(I_2, I_6, I_6) *	(I_2, I_6, I_7) *
	I_7	(I_2, I_7, I_5) *	(I_2, I_7, I_6)	(I_2, I_7, I_7)

其中，标有 * 的是被过滤掉的组合，则剩下组合有：(I_2, I_2)、(I_3, I_3)、(I_3, I_4)、(I_4, I_3)、(I_4, I_4)。

表 3.5　根据 ADD (PressureB, P_{AB}, PressureA) 的约束过滤

PressureB 的转换 I_3		PressureA 的转换		
		I_5	I_6	I_7
P_{AB} 的转换	I_5	(I_3, I_5, I_5) *	(I_3, I_5, I_6) *	(I_3, I_5, I_7) *
	I_6	(I_3, I_6, I_5)	(I_3, I_6, I_6)	(I_3, I_6, I_7)
	I_7	(I_3, I_7, I_6)	(I_3, I_7, I_6)	(I_3, I_7, I_7)

其中，标有 * 的是被过滤掉的组合，则剩下组合有：(I_3, I_6, I_5)、(I_3, I_6, I_6)、(I_3, I_6, I_7)、(I_3, I_7, I_5)、(I_3, I_7, I_6)、(I_3, I_7, I_7)。

表 3.6　根据 ADD (PressureB, P_{AB}, PressureA) 的约束过滤

PressureB 的转换 I_4		PressureA 的转换		
P_{AB} 的转换	I_5	$(I_4, I_5 I_5 I_5)$ *	$(I_4, I_5 I_6 I_6)$ *	$(I_4, I_5 I_7 I_7)$ *
	I_6	(I_4, I_6, I_5)	(I_4, I_6, I_6)	(I_4, I_6, I_7)
	I_7	(I_4, I_7, I_5)	(I_4, I_7, I_6)	(I_4, I_7, I_7)

其中，标有 * 的是被过滤掉的组合，则剩下组合有：(I_4, I_6, I_5)、(I_4, I_6, I_6)、(I_4, I_6, I_7)、(I_4, I_7, I_5)、(I_4, I_7, I_6)、(I_4, I_7, I_7)。

④根据 M+ (FlowAB, P_{AB}) 对 FlowAB、P_{AB} 的状态组合进行过滤，如表 3.7 所示。

表 3.7　根据 M+ (FlowAB, P_{AB}) 的约束过滤

组合		P_{AB} 的转换		
		I_5	I_6	I_7
FlowAB 的转换	I_5	(I_5, I_5)	(I_5, I_6) *	(I_5, I_7) *
	I_6	(I_6, I_5) *	(I_6, I_6)	(I_6, I_7)
	I_7	(I_7, I_5) *	(I_7, I_6)	(I_7, I_7)

其中，标有 * 的是被过滤掉的组合，则剩下组合有：(I_5, I_5)、(I_6, I_6)、(I_6, I_7)、(I_7, I_6)、(I_7, I_7)。

⑤根据 $M-$ （FlowAB，HeightB）对 FlowAB、HeightB 的状态组合进行过滤，如表 3.8 所示。

表 3.8　根据 $M+$ （FlowAB，HeightB）的约束过滤

组　　合		HeightB 的转换		
		I_2	I_3	I_4
FlowAB 的转换	I_5	(I_5, I_2) *	(I_5, I_3) *	(I_5, I_4) *
	I_6	(I_6, I_2) *	(I_6, I_3)	(I_6, I_4)
	I_7	(I_7, I_3) *	(I_7, I_3)	(I_7, I_4)

其中，标有 * 的是被过滤掉的组合，则剩下组合有：(I_6, I_3)、(I_6, I_4)、(I_7, I_3)、(I_7, I_4)。

⑥据 $M+$ （FlowAB，HeightA）对 FlowAB、HeightA 的状态组合进行过滤，如表 3.9所示。

表 3.9　根据 $M+$ （FlowAB，HeightA）的约束过滤

组　　合		HeightA 的转换		
		I_5	I_6	I_7
FlowAB 的转换	I_5	(I_5, I_5)	(I_5, I_6) *	(I_5, I_7) *
	I_6	(I_6, I_5) *	(I_6, I_6)	(I_6, I_7)
	I_7	(I_7, I_5) *	(I_7, I_6)	(I_7, I_7)

其中，标有 * 的是被过滤掉的组合，则剩下组合有：(I_5, I_5)、(I_6, I_6)、(I_6, I_7)、(I_7, I_6)、(I_7, I_7)。

（3）配对一致性检验

$M+$ （PressureA，HeightA）：(I_5, I_5)、(I_6, I_6)、(I_6, I_7)、(I_7, I_6)、(I_7, I_7)。

$M+$ （PressureB，HeightB）：(I_2, I_2)、(I_3, I_3)、(I_3, I_4)、(I_4, I_3)、(I_4, I_4)。

ADD （PressureB，P_{AB}，PressureA）：(I_4, I_6, I_5)、(I_4, I_6, I_6)、(I_4, I_6, I_7)、(I_4, I_7, I_5)、(I_4, I_7, I_6)、(I_4, I_7, I_7)。

$M+$ （FlowAB，P_{AB}）：(I_5, I_5)、(I_6, I_6)、(I_6, I_7)、(I_7, I_6)、(I_7, I_7)。

$M-$ （FlowAB，HeightB）：(I_6, I_3)、(I_6, I_4)、(I_7, I_3)、(I_7, I_4)。

$M+$ （FlowAB，HeightA）：(I_5, I_5)、(I_6, I_6)、(I_6, I_7)、(I_7, I_6)、(I_7, I_7)。

（4）全局解释

对上述过滤和配对一致性检验的结果进行整理，可得到相互关联的各变量从 $t=t_0$

到 $t=t_1$ 的状态变化。

对 HeightA：

$< (0，AMAX)，dec>→<0，dec>$

$< (0，AMAX)，dec>→< (0，AMAX)，dec>$

对 HeightB：

$< (0，BMAX)，inc>→<0，inc>$

$< (0，BMAX)，inc>→< (0，BMAX)，inc>$

对 PressureA：

$< (0，∞)，dec>→ <0，dec>$

$< (0，∞)，dec>→< (0，∞)，dec>$

对 PressureB：

$< (0，∞)，inc>→ <0，inc>$

$< (0，∞)，inc>→< (0，∞)，inc>$

对 P_{AB}：

$< (0，∞)，dec>→ <0，dec>$

$< (0，∞)，dec>→< (0，∞)，dec>$

PressureB：

$< (0，∞)，inc>→ <0，inc>$

$< (0，∞)，inc>→< (0，∞)，inc>$

3.2 Q2：基于数字区间的定性模拟方法

Q2 算法是通过将系统不完全的定量信息，在系统定性模型的约束间进行局部传播，以提高模拟的效率与精度。其核心是定量信息的传播算法。

3.2.1 Q2 中定量知识的传播方法

对于不同的需要传播的定性约束，定量传播以不同的形式出现。作为一种数学规则，如果路标值 L 在一个特定时间点 t，定性行为是 parameter $(t) = L$，那么我们可以使用 parameter $(t) = [L_o，H_i]$ 或者 $L= [L_o，H_i]$ 去描述它，定量范围 $[L_o，H_i]$ 必须包含 L 的未知数值。

在 Q2 中，每一种定性约束和部分定量信息传播过程相联系。存在四种不完全定量信息传播方法，分别阐述如下。

1. 通过算术约束传播

在算术约束中传播定量信息是基于区间代数运算规则的。相应的规则如表 3.10 所示。

表 3.10　区间代数运算规则

运算类型	运算规则
加	$[a, b] + [c, d] = [a + c, b + d]$
减	$[a, b] - [c, d] = [a - d, b - c]$
乘	$[a, b] \times [c, d] = [p, q]$ 其中，$p = \min(ac, bc, ad, bd)$，$q = \max(ac, bc, ad, bd)$
除	$[a, b] / [c, d] = [a, b] \times [1/c, 1/d]$，$0 \notin [c, d]$
相反数	$-[a, b] = [-b, -a]$

2. 通过单调函数约束传播

在定性建模中，用于描述不完全单调关系的重要函数是 M＋，其表示变量之间的单调增和单调减的关系。我们可以从物理系统中获得单调函数的上下界信息，因而可以在单调函数中传播这种信息。通过部分定量约束 M＋的传播示例如图 3.2 所示。

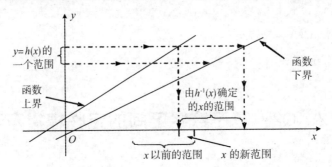

图 3.2　定量信息在 M＋ (x, y) 中的传播

3. 通过时间点微分约束传播

有一种通过模型的行为状态转换流动的信息，其传播通过 D/DT 微分约束进行，如 D/DT（amount）＝netflow。通过观察相邻时间的积分、导数和时间值，传播就能约束与它们相联系变量的取值范围。由微分学的中值定理可知：

存在 $t \in (t_1, t_2)$，有，

$$y(t) = \mathrm{d}x(t) / \mathrm{d}t = [x(t_2) - x(t_1)] / (t_2 - t_1)$$

$$x(t_2) = x(t_1) + (t_2 - t_1) \times y(t) \quad 或 \quad \Delta t = [x(t_2) - x(t_1)] / y(t)$$

假设 $x(t_2) = [a, a]$，$x(t_1) = [b, a]$，$y(t) = [c, d]$，$\Delta t = [\Delta t_1, \Delta t_2]$，那么

$$\Delta t = [\Delta t_1, \Delta t_2] = \{[a, a] - [b, a]\} / [c, d] = \{[a, a] - [b, a]\} \times [1/c, 1/d]$$

利用区间代数中的算术运算规则，可以求出 Δt_1 和 Δt_2。

4. 通过量空间传播

在量空间中，利用关系运算符可以进一步传播定量信息，如图 3.3 所示。图中变量的数值区间或数值描述为节点，节点之间的关系是量的顺序关系。推理从 x 开始，经过若干中间结点，到第六步推出 $x \leqslant w$ 且 $x \geqslant w$，于是 $x = w$，结果是 $x = y$。图中给出了已知两个量之间的关系，节点旁括号中的数字表示节点被访问的顺序，括号中的符号表示起始节点与本节点的关系。

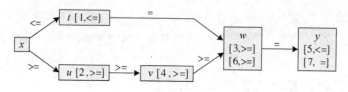

图 3.3　量关系传播图

上述四种约束都由用户提供的定量信息缩小每个参数的路标值范围，直到无法再缩小，或者出现不一致为止。当然，不一致与某一个行为相联系，表示该行为与已有的定量信息不相容。如果一个模型所有的行为都不一致，则可以做出如下的推断：如果模型本身和定量信息不相容，那么无论该信息是事先获得的还是观察到的，该模型应当被拒绝。

3.2.2　Q2 传播算法

首先，依据路标值是否大于 0、等于 0 或小于 0，设置模型变量的每个路标值的初始范围为：$[0, +\infty]$、$[-\infty, 0]$ 或者 $[0, 0]$，然后运用系统提供的定量信息去缩减相应的路标值。

已经缩减取值区间的路标值，能够进一步用于缩减其他路标值。如果约束 A 和范围 $R(L)$ 能够用于缩减其他路标值，则称约束 A 附属于路标 L。附属于已经缩减路标的所有约束加入一个活动表，传播算法从活动表中取出第一个约束，试图缩减与之相联系的变量路标。如果失败，将返回活动表取出第二个约束；如果成功，则添加成功缩减任何路标值的附属约束进入活动表；然后返回活动表取出新约束继续进行。本算法采用深度优先，直到活动表为空，算法终止。

设有两个约束 $a + b = c$ 和 $b \leqslant a$，分别称为约束 1 和约束 2，已知 $a \in [2, 8]$，$b \in [3, 9]$ 且 $c \in [1, 10]$。

1. 约束放入活动表中，先检查约束 1。

因为 $a \geqslant 2$，$b \geqslant 3$，所以由约束 1 可得 $c \geqslant 5$，则 $c \in [5, 10]$。

因为 $c \leqslant 10$，$b \geqslant 3$，所以由约束 1 可得 $a \leqslant 7$，则 $a \in [2, 7]$

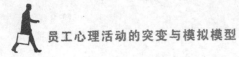

因为 a 和 c 都已经发生变化，a 又是约束2的变量，所以将约束2放入活动表中。

2. 从活动表中取出约束2

因为 $a \le 7$，所以由约束2可得 $b \le 7$，则 $b \in [3, 7]$。

因为 $b \ge 3$，由约束2可得 $a \ge 3$，则 $a \in [3, 7]$。

因为 a 和 b 已经发生变化，又都是约束1的变量，所以将约束1放入活动表中。

3. 从活动表中取出约束1

因为 $a \ge 3$，$b \ge 3$，所以由约束1可得 $c \ge 6$，则 $c \in [6, 10]$。

虽然 c 已经发生变化，但 c 已不属于其他约束，活动表变空，传播结果为：$a \in [3, 7]$，$b \in [3, 7]$，$c \in [6, 10]$。传播算法缩小了数值区间，明确了路标值含义。

3.2.3 应用示例：澡盆水体行为 Q2 模拟

我们以一个简单的单箱澡盆系统为例来解释 Q2 传播方法。澡盆系统带有一个部分阻滞的排水管，因此排水管的流出量只随压力缓慢增加。

在排水管打开，澡盆由空变满的过程中，存在三个明显的定性行为：（1）在澡盆水满之前，流入量和流出量达到平衡；（2）流入大于流出而产生溢出；（3）澡盆刚满时流入和流出恰好平衡。

在 Q2 中，提供系统初始描述的一部分，有两种类型的定量信息。一类是描述已知路标值的定量范围。如本例中参数 $inflow(t)$ 的路标值 $IF*$ 和参数 $level(t)$ 的路标值 TOP。另一类是用于限定（不明的可能非线性）单调函数约束的可计算的数字化封装，如 $outflow = M+(pressure)$。在给定有关 TOP、$IF*$ 的初始定量推断和约束水量与高度、高度与压力、压力与流出量之间关系的封装后，得到三个可能的定性行为，其中只有一个在量上达成一致，其他两种与给定的定量信息不符。

1. 算术约束传播：ADD、MULT、MINUS

以澡盆模型中的一个 ADD 约束为例，如表 3.10 所示。

（1）一个加约束：$netflow = inflow - outflow$

（2）时间 t_1 的路标值：

$netflow(t_1) = inflow(t_1) - outflow(t_1)$，例如，$NF-1 = IF* - OF-1$

（3）根据已知的定量范围

$$[0.051, 0.146] = [1, 1.01] - [0, 9999]$$

④ADD 约束可以缩小 $outflow(t_1)$ 的范围

$$[0.051, 0.146] = [1, 1.01] - [0.846, 0.948]$$

2. 通过单调函数约束传播

以盆中水量和水面高度之间的单调 M+ 约束为例。M+ 表示约束中任何一个参数的变化意味着另外一个参数按同样的方向变化。一个定性的单调函数是许多可能的定量函数的概括。的确，对于所有定量单调函数而言，其单调性和相关定性函数具有相同的符号。因此，在纯粹的定性单调函数和完全定量单调函数之间存在一个中间区域。我们应用 ENVELOPES 的上界和下界来填补这个中间区域。

ENVELOPES 限定了定量函数的取值空间，它可以在更大范围内应用于单调约束而不仅仅是单调性的符号。对于澡盆系统，如果关于水量和高度的关系函数落入这些封装之中，那么这个特别的盆，可能符合被约束的水量和高度的封装部分量化的澡盆模型，否则是肯定不符合的（或者是一个奇形怪状的盆，或者根本就不是一个盆，而是一个洗涤槽或者是一个游泳池）。

3. 通过量空间传播

考虑流入盆的净水流 $netflow$。在时间 T_1，$netflow$ 的量值是与标记为 $NF-1$ 的路标值相联系的任何量值。这个值必须小于 $NF-0$ 的值，可能为 1.01，但比 0 要大。那么依据 $NF-1$ 的顺序位置和与之相邻的定量信息，可推出 $netflow=[0, 1.01]$。在其他约束的限定下，其取值范围最终被限定为 $[0.052, 0.146]$。

4. 通过时间点约束传播

对于澡盆系统，根据微分学的中值定理可知：存在 $T* \in (T_0, T_1)$，有：
$$netflow(T*)=[amount(T_1)-amount(T_0)]/(T_1-T_0)$$

根据已知的定量范围，netflow$(T*)=[0.051, 1.01]$，amount 的值从 0 开始上升到 $[0.882, 0.929]$，T_0 的值为 0，那么，
$$T_1=0+[0.882, 0.929]/[0.051, 1.01]=[0.873, 18.216]$$

参 考 文 献

［1］De Kleer J, Brown J S. Qualitative physics based on confluence ［J］. Artificial Intelligence, 1984, 24: 7-83.

［2］Forbus K D. Qualitative process theory ［J］. Artificial Intelligence, 1984, 24: 85-168.

［3］Kuipers B J. Qualitative simulation ［J］. Artificial Intelligence, 1986, 29: 289-338.

［4］Kuipers B J. Reasoning with qualitative models ［J］. Artificial Intelligence, 1993, 59, 125-132.

［5］Kuipers B J. Qualitative simulation: Then and now ［J］. Artificial Intelligence, 1993, 59, 133-1140.

［6］Clancy J D, Kuipers J B. Qualitative simulation as a temporally-extended constraint satisfaction problem [C]. Proceedings of the Fifteenth National Conference on Artificial Intelligence (AAAI-98), Cambridge, Ma: AAAI/MIT Press, 1998.

[7] 胡斌, 董升平. 人群工作行为定性模拟方法 [J]. 管理科学学报, 2005, 8 (2): 77-85.

[8] 胡斌, 殷芳芳. 集成 CA 与 QSIM 的非正式组织群体行为演化的定性模拟 [J]. 中国管理科学, 2005, 13 (5): 130-136.

[9] 陈培友, 李一军, 高太光. 基于 Kuipers 定性仿真算法的多议题谈判模型研究 [J]. 中国管理科学, 2011, 19 (3): 158-165.

[10] Kuipers B J, Berleant D. Using incomplete quantitative knowledge in qualitative reasoning [C]. The Seventh National Conference on Artificial Intelligence, 1988.

[11] Berleant D, Kuipers B J. Qualitative Numeric Simulation with Q3. In: Boi Faltings and Peter Struss (eds) [M]. Recent Advances in Qualitative Physics. MIT Press, 1992.

第 4 章　突　变　模　型

4.1　基本突变理论

客观世界中存在着大量的如下情形：系统的状态随着某些可控属性的连续变化而发生了离散的变化或者突然地改变，即突变性现象。两个很显然的例子，一个是近年来全球气候变得异常恶劣。在过去，全球生态系统的自净化、自修复功能可以在一定程度上容忍人类的肆意破坏，但是当人们连续的破坏达到一个阈值时，全球生态系统就会发生人类意想不到的变化；另一个是 2008 年的全球金融危机，次贷泡沫的破裂，触发了信贷及资本市场上危机的空前蔓延，泡沫的膨胀是一个在不知不觉中加剧的过程，从股票到房产再到信贷，泡沫在规模和风险程度上不断扩大，从而最终导致了一场系统性风险的狂风暴雨。数学中的突变理论，就是用来揭示这种突变性现象发生的机理的。

4.1.1　概　况

研究连续变化的数学工具是微积分和微分方程，研究离散变化的数学工具是差分方程，但是研究由连续变化导致离散变化的数学工具还比较欠缺，直到 1972 年由法国数学家 Thom 创立了基本突变理论才有了可靠的工具。而其数学渊源可追溯到 19 世纪，数学家庞加莱（Poincare）指出常微分方程的三要素：结构稳定性、动态稳定性和临界点[1]，而其中的结构稳定性恰恰与突变理论相关，数学中微分方程的结构由方程的临界点的数目和类型决定，而产生于分歧理论、拓扑学和稳定性理论的突变理论恰恰就是研究临界点性质的一门学科。随后在一大批数学家（Morse[2]、Whitney[3]、Malgrange[4]、Mather[5]、Poston 和 Stewart[6] 等）的跟踪研究下，基本突变理论最终由 Thom 在吸收前人成果的基础上创立，标志是《结构稳定性与形态发生学》[7] 的出版。后来数学家 Zeeman[8,9]、Arnold[10] 等对基本突变理论的发展做出了很大贡献。

作为系统科学"新三论"之一的突变论，假设系统的动力学特性可以由一个初等函数表示的势函数导出，势函数是指系统具有采取某种趋向的能力，由系统各个组成部分的相对关系、相互作用以及系统与环境的相对关系决定的。在管理领域中，势函数可以理解为系统的一种目标函数。记 $V = V(x, c)$ 为势函数，其中 x 是状态变量，c 是控制参数。

突变论以势函数在临界点（即平衡点）附近的性态的变化规律为研究对象，将系统的临界点划分为非退化和退化的临界点，认为在系统的非退化临界点附近，势函数的性质是比较简单的，而在退化的临界点附近，系统结构是不稳定的，只要参数微小变动，就容易导致系统拓扑性质发生变化从而发生突变。

突变理论所要解决的问题就是根据这一原则找出系统发生突变的参数临界集合，从而控制或促进突变的发生。Thom 指出这一性质与状态变量的个数无关，只与控制参数个数相关，由此得出定理：在控制参数不多于 4 的前提下只存在 7 种突变模型：折叠型、尖点型、燕尾型、蝴蝶型、双曲型、椭圆型和抛物型，如表 4.1 所示。

表 4.1 七种基本突变函数及其势函数

	突变类型	状态变量数目	控制变量数目	势函数形式
尖角型突变	折叠	1	1	$V(x) = x^3 + ux$
	尖点	1	2	$V(x) = x^4 + ux^2 + vx$
	燕尾	1	3	$V(x) = x^5 + ux^3 + vx^2 + wx$
	蝴蝶	1	4	$V(x) = x^6 + tx^4 + ux^3 + vx^2 + wx$
脐点型突变	双曲	2	3	$V(x, y) = (1/3)x^3 - xy^2 + w(x^2 + y^2) - ux + vy$
	椭圆	2	3	$V(x, y) = x^3 + y^3 + wxy - ux - vy$
	抛物	2	4	$V(x, y) = y^4 + x^2 y + wx^2 + ty^2 - ux - vy$

每一种突变都是由一个势能函数决定的，在物理学等自然科学领域，系统的平衡点往往可以用精确动力学方程表示，对照上表可直接进行突变分析。后来突变专家又对梯度系统或者 Hamilton 系统的突变模型进行了研究，即考虑系统的动力学方程：

$$\mathrm{d}x = \frac{-\mathrm{d}V(x, c)}{\mathrm{d}x}\mathrm{d}t$$

来研究临界点的性质。

突变理论于 20 世纪八九十年代开始在我国兴起，以凌复华[11]、李家贤[12]、高隆昌[13]为代表的国内学者开始引进、消化突变理论，并以之为工具试图来解释实践中的突变问题。

4.1.2 尖点突变模型

在七种基本突变模型中，由于尖点突变模型能以简单的结构表达丰富的内容而在实践中得到了广泛的应用。尖点突变模型有一个状态变量，即我们要观察和研究的对象，它在系统的临界点会发生突跳；有两个控制变量，在管理领域即为决策变量，是我们要控制和管理的对象，它们的连续变化，致使状态变量达到系统的临界点时而发生突跳。

在现实世界中，影响状态变量的因素虽然有时会很多，但总是可以通过归并和其他方法，将众多影响因素处理为两个具有代表性的要素，使之成为尖点突变模型中的两个控制变量。

1. 基本模型

尖点突变模型的势函数如式 4.1 所示：

$$V(x) = x^4 + u \cdot x^2 + v \cdot x \tag{4.1}$$

其中，x 为状态变量，u 和 v 为控制变量。

为了达到系统的均衡，对式 4.1 中的 x 求导得到了式 4.2：

$$\frac{\partial V(x,u,v)}{\partial x} = \frac{1}{4}x^3 + 2ux + v \tag{4.2}$$

系统所有的均衡点满足：

$$\frac{1}{4}x^3 + 2ux + v = 0 \tag{4.3}$$

图 4.2 给出了系统的均衡点（即式 4.3）随着参数连续变化而发生离散变化的图解，上半部分的三叶曲面即为系统的均衡曲面 x，由上半叶、下半叶和褶皱叶组成，上半叶和下半叶分别表示行为 x 的两个稳态，褶皱叶为行为 x 的不可达区。下半部分是由控制变量 u 和 v 形成的控制平面，两条尖形线是奇点集合。当 u 和 v 的取值到达这两条线时，突变就会发生。c_2 和 d_2 两条线表明人的行为会突然从一种稳定状态跳跃到另一种稳定状态。

式 4.4 是对式 4.3 再次求导的结果：

$$\frac{3}{4}x^2 + 2u = 0 \tag{4.4}$$

式 4.5 是通过求解式 4.3 和式 4.4 得到的：

$$u^3 + \gamma \cdot v^2 = 0 \tag{4.5}$$

其中，$\gamma = \frac{v}{4}(\frac{3}{u})^{\frac{3}{2}}$。

式 4.5 表示行为 x 在控制平面上的分歧点集合，就是图 4.1 控制平面上的两条尖点状图形。两条分歧点集合围形成了灰色区域，该区域对应图 4.1 上半部分的褶皱叶。

控制变量 u、v 对模型的控制作用并不相同，根据 Thom 的突变理论，可将 u 和 v 进一步定义为分歧因子（splitting factor）和正则因子（normal factor）。正则因子决定发生突变的位置，而分歧因子决定发生突变的程度。具体定义如下：

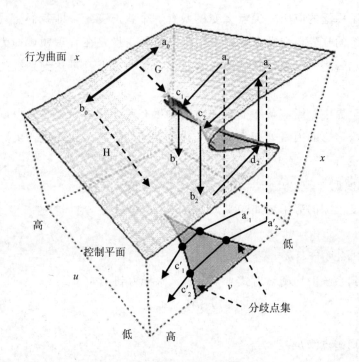

图 4.1 尖点突变模型示意图

（1）$u > 0$，则式 4.4 无解。说明随着 v 的变化，x 随之连续变化，不会出现突变现象。

（2）$u < 0$，则式 4.4 可能有解，说明随着 v 的变化，u、v 可能经过分歧点集合。x 可出现突然变化，发生突变现象。

如果我们获得了参数 u 和 v，我们就能够完全掌握了研究对象的行为变化和跳跃规律。

2. 基本特征

一般来说，尖点突变模型有以下 5 个基本特征：双模态、突跳、迟滞（也称逆向不重复）、不可达和发散。

双态性指平衡曲面 x 在图 4.1 控制平面的分歧点集上，对两个控制变量的响应是双态的，如图 4.2 所示，当控制变量不处于分歧点集时，x 则为单态的。

突变性指从一个状态到另一个状态的过渡会出现突变，比如，图 4.1 中的 c_2 到 b_2 以及 d_2 到 a_2。

迟滞性指均衡曲面从叶底跳上叶顶与从叶顶落到叶底发生的位置不一样，如图 4.1 中，下层叶面上的 b_2 要想跃升到上层叶面的 a_2 处，必须要移动到 d_2 处才行。

不可达性指均衡曲面的褶皱叶是不可达的区域，图 4.1 中控制平面上分歧点集之间的三角区域对应该行为曲面的不可达区域。

发散性指过程初态的细微扰动可能导致终态的巨大差别，图 4.1 中沿虚线 G 移动，

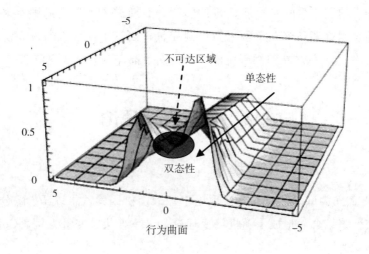

图 4.2　尖点突变模型的单态和多态

可出现发散性。

4.1.2　基本突变论的应用

突变论由于定量性要求比较严格，因此在国外自然科学领域中如工程学和地质学应用广泛，而在软科学领域中应用时受到的约束比较大。在管理领域中，国外在突变论刚刚诞生的几年前后应用比较多[8]，而此后和最近的几年里文献比较少，而国内在突变理论被引入后，相关文献一直比较多。

在社会心理学领域，人们对政府政策的态度转变就存在突变现象[14]，人的评价度为状态变量，利用社会动力学理论建立评价度的动力学机制，尖点突变论就用来讨论若干控制参数的连续变化对状态变量的突变影响。

在管理领域中，突变现象是管理系统复杂性的一个主要表现。从行业层面来看，突变论研究 SARS 前后台湾旅游业从正常状态突变到萧条状态以及又恢复到正常状态的模式，其中，到达台湾的游客人数作为状态变量[15]。从市场层面来看，突变论在价格变动上有大量研究，如突变论结合系统动力学，研究非线性价格变动的机制[16]，利用突变论中的折叠突变和尖点突变，以价格作为状态变量，给出市场价格发生突变时调节参数所对应的分叉集，以分析市场发生巨大波动的机制。突变论结合价格变化的非线性动力学方程，解释多参数连续变化引起的企业品牌效应、产品价格及相互影响因子间的突变关系[17]。尖点突变模型研究在需求不确定条件下的供应链产品转移定价的非线性机制[18]。从企业层面来看，供应链和动态联盟等组织形式的突然失稳或解体、企业内部各个部门针对企业目标的协同程度上的突然变化、企业员工对管理方案或者任务在态度和行为反映上的突然改变等，都是突变现象。突变论也用于研究零售商在电子商务市场中的进入时间对顾客数量的影响，后期进入零售商的顾客基数为状态变量，网站的顾客浏览率和核心竞争力为控制变量，回答了在什么情况下会发生突变和控制突变的策略[19]。总之在组织系统的各个层次上都存在着突变现象。

4.2　随机突变理论

1. 概况

Cobb[20,21]首先尝试了在基本突变理论中加入随机因素，将以 $Itô$ 微分表示的随机微分方程与突变论结合而形成了随机突变理论。以一维状态变量为例，Cobb 给出的随机微分方程形式为

$$\mathrm{d}x = \frac{-\mathrm{d}V(x,c)}{\mathrm{d}x}\mathrm{d}t + \sigma(x)\mathrm{d}W(t)$$

在这里 x 被作为随机过程来处理，$W(t)$ 为一个标准 Brown 运动，表示 x 所受到的一个随机干扰，而 $\mu(x) = \frac{-\mathrm{d}V(x)}{\mathrm{d}x}$ 被定义为系统 $x(t)$ 的漂移系数，$\sigma(x)$ 为扩散系数，表示所受干扰强度。

无论是基本突变论还是随机突变论，其研究对象都是系统在平衡点附近的变化规律。在 Cobb 的极大似然估计方法下，系统势函数的稳定的平衡态与不稳定的平衡态分别对应系统的平稳概率密度函数的众数（mode）与反众数（anti−modes）。这样，借助于 $Itô$ 微分方程，Cobb 在确定性系统的势函数和随机过程的平稳概率密度函数之间建立了联系。

此后学者 Cobb[22]、Wagenmakers[23]、Molenaar[24]、Grasman[25]、Hartelman[26]等在此基础上又研究了随机突变论中的其他内容，例如拓扑不变性、参数估计方法及其软件的开发等。

2. 随机突变论的应用

在金融领域和生物学领域中，随机突变论具有较多应用，比如研究金融领域中的突变风险管理、再保险风险管理的问题和股票市场崩溃机制[27,28]；研究生物学中的进化问题，将群体类型分类，并将群体成员比例作为状态变量，借助随机微分方程研究了群体在进化过程中的演化特征和群体涌现行为对应的突变集[29]。

在企业组织管理方面，随机突变论也已开始应用，比如从外部情境、个人情绪两个控制变量入手研究企业员工反生产行为，其中考虑了受许多微小的非决定因素影响时，员工反生产行为具有随机性[30]；从组织氛围、个人人格两个控制变量入手研究企业员工心理契约的建立−破坏转移机制，其中也考虑了不可预见的内外部因素对该机制的影响[31]。

4.3 突变模型的建模步骤

纵观国内外文献，无论对于基本突变论还是随机突变论，其应用方式可以概括为如下两种形式。

一是直接借助系统的梯度动力系统方程，以此为基础，进行严格意义上的数学分析，找出临界点，研究临界点性质，获取突变集，以预测系统的突变行为。应用此方式的前提是系统的动力学方程已知，另外此方法的优势还有不受状态变量和控制变量个数的限制。

二是根据突变现象的特性即双模态、不可达、突跳、滞后、发散来定性化问题。首先只要系统具有其中的若干特性，根据变量个数，便可以尝试着建立突变模型，对于相应的系数，可以通过数据拟合得到近似值。如果所建模型能够很好地解释过去，那么在系统的动力学机制不发生变化的情况下，就可利用它来预测系统未来的发展趋势，包括预测突变现象的产生。

下面给出基本突变模型的建模步骤。

4.3.1 基本突变模型的建模步骤

步骤 1：针对一个系统，找出感兴趣的独立的状态变量（可能为多维）和人为的独立的可控变量（可以为多个）。

步骤 2：针对这个系统，存在如下两种情形。

1. 情形 1

如果很容易地找出它的性能指标函数即势函数（它是上述状态变量和控制变量的函数，在管理领域，一般表现为成本函数或者效益函数，这里的成本和效益不是狭义上的理解，而是广义上的理解），记为 $V = V(x,c)$，其中 x 是状态变量，c 是控制变量。那么，为了研究系统在运行过程中的突变性，找到发生突变时控制变量的取值，步骤为：

（1）需要考察此系统关于该势函数的平衡点或均衡点：

$$\left\{ x \; \middle| \; \frac{\partial}{\partial x} V(x,c) = 0 \right\}$$

（2）然后通过以下途径对平衡点分类（稳定的或不稳定的）：

$$K = \left\{ x \; \middle| \; \frac{\partial}{\partial x} V(x,c) = 0, \frac{\partial^2}{\partial x^2} V(x,c) = 0 \right\}$$

系统在 K 中的点处是不稳定的，会发生突变，然后人们为了研究其不稳定的规律，就要得出相应的控制变量集合。

（3）通过以下途径来得到控制变量集合，联立：

$$\begin{cases} \dfrac{\partial}{\partial x}V(x,c) = 0 \\[3mm] \dfrac{\partial^2}{\partial x^2}V(x,c) = 0 \end{cases}$$

消去 x 而得到分歧点集 S，也就是说，当控制变量位置到达 S 里面的点时，系统会在其微小的变化下容易发生突变。突变理论的目的就是找出 S，以便对突变进行预测。

（4）如果（3）中的式子难以消去 x，则可以根据势函数 $V = V(x,c)$ 的实际情况，利用泰勒展开式结合七种基本突变模型（见表 4.1）来研究。

例如，假设一个模型中含有 2 个控制变量和 1 个状态变量，那么可以将相应的势函数展开为尖点型，然后参考尖点突变有关的知识去把握突变集，其他情况依此类推。

2. 情形 2

假如现有条件不足以提供势函数，而已知系统的动力学方程（这种情况更多见）：

$$\mathrm{d}x = \frac{-\partial V(x,c)}{\partial x}\mathrm{d}t$$

那么同样地，为了研究系统在运行过程中的突变性，找到发生突变时控制参数的取值，步骤同情形 1。

4.3.2　尖点突变模型的拟合方法

上述建模步骤解决了突变模型架构的建模问题，但要将之落实为具体的数学模型，还要解决模型检验问题。这里以尖点突变模型为例，介绍模型的检验方法，包括：

（1）控制变量选择的合理性，即所选择的两个控制变量，能否作为式 4.3（即图 4.2）中的正则因子 v 和分歧因子 u？

（2）式 4.3 中的 u 和 v，分别与观测到（如问卷调研、实验等方法）的两个实际控制变量的值之间有什么函数关系？

由于突变模型具有描述多态性的特点，长期以来学者认为不存在统计学方法能用观测数据对突变模型进行量化研究，这样就导致基本突变论在行为管理中的研究一直停留在定性假设阶段。随着研究的逐步深入，学者发现引入随机突变理论，可以将基本突变中势函数的极小点，转化为一个随机过程的众数和反众数的概率密度函数来进行统计分析。Cobb 和 Oliva 基于极大似然估计（MLE）和最小二乘估计（LSM）提供了可行的突变模型拟合评价方法[21,32]。

该方法的基本思路是针对尖点突变模型（即式 4.1）的极限概率密度函数：

$$f* = C\,(u,\ v)\ \exp\,(x^4 + u \cdot x^2 + v \cdot x) \tag{4.6}$$

使用极大似然估计法求得最优参数取值组合。其中

$$\begin{cases} x = (y - \lambda)/\tau \\ u = \alpha_0 + \alpha_1 x_1 + \alpha_2 x_2 + \cdots + \alpha_n x_n \\ v = \beta_0 + \beta_1 x_1 + \beta_2 x_2 + \cdots + \beta_n x_n \\ C \text{ 是积分常数} \end{cases} \tag{4.7}$$

需要估计的参数包括 λ、τ、α_0、α_1、α_2、$\cdots$、α_n，β_0、β_1、β_2、$\cdots$、β_n，而 y、x_1、x_2、$\cdots$、x_n 是待观测的实际变量。

为此，Cobb 开发了一套计算机算法来进行处理。该算法针对尖点突变模型与观测数据拟合的效果以及线性模型与观测数据拟合的效果，进行优劣比较，然而此算法的稳定性不是很好，后来学者 Hartlman 开发了一套替代算法（即 cuspfit 软件）解决了此问题[33]，图 4.3 所示为其界面。

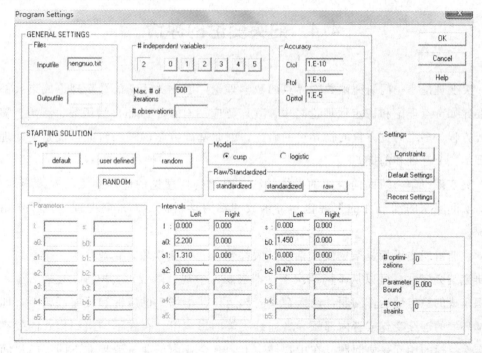

图 4.3　Cuspfit 软件界面

该算法不仅比较了线性模型拟合效果与尖点突变模型拟合效果的优劣，同时还比较了 logistic 非线性模型拟合效果与尖点突变模型拟合效果的优劣。拟合效果的评价取决于两类标准的判定：赤池信息准则（Akaike information criterion，AIC）和贝叶斯信息准则（Bayesian information criterion，BIC），两个判定标准取值最小的模型拟合效果最好。

具体做法是，先针对状态变量、两个控制变量设计调查问卷，收集问卷数据。然后，设定 α_1、α_2、$\cdots$、α_n，β_1、β_2、$\cdots$、β_n 分别等于 0，其他值不为 0，这样就有 2^{2n} 个

组合，即形成了 2^{2n} 个模型（即 2^{2n} 个式 4.7），cuspfit 软件对每个模型进行拟合计算，得到了每个模型的 λ、τ、α_0、α_1、α_2、$\cdots$、α_n、β_0、β_1、β_2、$\cdots$、β_n 等值，及相应 AIC 和 BIC 的值。

在这 2^{2n} 个模型中，AIC 和 BIC 最小的值，即为拟合效果最好的模型（即式 4.7），从中就得到如下结果。

（1）所选择的两个控制变量，是否可以作为尖点突变模型的正则因子 v 和分歧因子 u。

（2）通过 λ、τ、α_0、α_1、α_2、$\cdots$、α_n，β_0、β_1、β_2、$\cdots$、β_n 等值，得到式 4.3 中的正则因子 v 和分歧因子 u 分别与实测的两个控制变量之间的函数关系。

具体的应用示例，包括收集数据和运用 Cuspfit 软件，可见本书第 7、第 8 两章。

4.4 对突变论的评价

突变理论是一门研究函数临界点的数学理论，因此关于它的最新理论成果大都显含在比如奇点理论和稳定性理论之中，其广泛应用有赖于对非自治函数、泛函、随机微分方程、多维向量方程的临界点的研究，因此基础数学的最新研究进展是突变理论发展的一个基础和前提。

突变理论是一门面向应用的系统学科，因此突变理论的应用必须与实践相结合，而对实际问题的细节性的把握包括势函数和动力学机制，都是突变理论发挥作用的前提。

企业组织中大量复杂的实践活动，大都包含着突变现象，企业作为一个系统，为了研究其突变性，可以从不同层次上（即宏观、中观、微观）去把握。在宏观上，有组织模式的稳定性运作问题，包括企业内部运作、市场、供应链和战略联盟等，即外部环境的连续变化或者内部领导者连续决策的影响下，存在不同组织模式的效率与稳定性目标的相互妥协问题。在中观层次上，有企业内部业务流程在不同部门之间的流转是否正常的问题，具体讲是在协同环境下，各个部门出现事故的频率和修复的时间，应该被控制在什么程度才可以保证企业组织在整体上出现重大事故的概率较小？而在微观层次上，主要是涉及在一个群体环境下，比如一个部门或者一个团队，为保证上层领导者的决策能够被畅通贯彻，必须考虑群体成员的行为和态度发生的突变性，具体讲，涉及发生突变的受控因素是什么？即控制变量的来源，如何找到状态变量指标？以及行为和态度演化的动力学机制问题。

总之，随着面临的外部环境的日益复杂性，企业在决策过程中考虑效率的同时必须要保证稳定性这一前提，只有这样才能在长远的意义上真正保证高效率的运作，而突变问题的广泛存在性必须要求引起对突变问题的重视，正如文献所提到的，在突变理论经过了一个低谷期后，现在又是要重新引起重视的时代了。只要正确理解突变含义和有了对问题领域具体细节性的把握，例如动力学机制，就可以让突变理论在管理领域中发挥应用的意义。

但是，作为一门新兴的数学分支和系统学科，突变理论在其发展过程中也饱受争议，纵观有关突变论的文献，相对于其他系统学科，其发展不尽如人意，突变理论经历了一个低谷期，尤其是在管理、经济等软科学领域中。原因是多方面的，其中主要有以下几点。

（1）过分地依赖于定性方法。现有很多文献，在使用过程中，只要对所研究的问题指出含有若干突变特征，就套用突变模型，得出一些定性结论，在实践上不具有建设意义。

（2）在定量地使用突变模型时，又有很多缺陷和漏洞，按照 Thom 的结论，突变只与控制变量的个数相关，于是有人就借此在其研究的问题中，找出几个变量，然后不顾实证是否通过，就借助基本突变模型得出一些"结论"，这些"结论"的正确性值得怀疑。

（3）严格的数学假设限制了其在实践中的自由发挥。突变理论研究的直接对象是系统的势函数，而有时候很难或者无法找到合适的势函数，这样也就无法利用突变理论方法去研究突变问题；另一方面，即使能找到研究对象的动力学方程，但是它要求该动力学方程必须为自治方程，不能显含时间参数，这一要求将大量的非自治系统的研究排除在外了。

参 考 文 献

［1］凌复华．突变理论及其应用［M］．上海：上海交通大学出版社，1987．

［2］Morse M. The critical points of a function of n variables［J］．Transactions of the American Mathematical Society，1931，33：72-91．

［3］Whitney H. Mappings of the plane into the plane［J］．Annals of Mathematics，1955，62：374-410．

［4］Malgrange B. Ideals of differentiable functions［M］．Oxford University：Oxford University Press，1966．

［5］Mather J N. Stability of CPO mapping III：Finitely determined map-germs［J］．Publications Mathematique IHES，1968，35：127-156．

［6］Poston T，Stewart I. Catastrophe theory and its application［M］．London：Pitman Press，1978．

[7] Thom R. Structural stability and morphogenesis [M]. New York：Benjamin Press，1972.

[8] Zeeman E C. On the unstable behavior of the stock exchanges [J]. Journal of Mathematical Economics，1974，1：39-44.

[9] Zeeman E C. Catastrophe theory [M]. Amsterdam：Addison-Wesley Press，1977.

[10] Arnold V I. Catastrophe theory [M]. Berlin：Springer Press，1992.

[11] 凌复华. 突变理论——历史、现状和展望 [J]. 力学进展，1984，11：389-402.

[12] 李家贤. 略论奇（含突变）理论与系统工程 [J]. 系统工程，1990，11：1-6.

[13] 高隆昌. 关于突变论的一点注记 [J]. 系统工程学报，1997，12（3）：88-93.

[14] Weidlich W. Dynamics of political opinion formation including catastrophe theory [J]. Journal of Economic Behavior & Organization，2008，67：1-26.

[15] Chi-Kuo Mao, et al. Post-SARS tourist arrival recovery patterns：An analysis based on a catastrophe theory [J]. Tourism Management，2011，31：855-861.

[16] 徐玖平，唐建平. 非线性动态市场价格的突变分析 [J]. 系统工程理论与实践，2000，4：48-54.

[17] 王昭慧，忻展红. 突变模型下的产品价格与品牌效应分析 [J]. 北京邮电大学学报，2007，9（3）：53-58.

[18] 路应金，唐小我，张勇. 供应链产品转移价格突变分析 [J]. 系统工程理论方法应用，2005，14（6）：560-563.

[19] Dou W, Ghose S. A dynamic nonlinear model of online retail competition using cusp catastrophe theory [J]. Journal of Business Research，2006，59：838-848.

[20] Cobb L. Stochastic catastrophe models and multimodal distributions [J]. Behavioral Science，1978，23：360-374.

[21] Cobb L. Parameter estimation for the cusp catastrophe model [J]. Behavioral Science，1981，26（1）：75-78.

[22] Cobb L, Watson B. Statistical catastrophe theory：an overview [J]. mathematical modeling，1980，1：311-317.

[23] Wagenmakers E J, et al. Transformation invariant stochastic catastrophe theory [J]. Physica D，2005，211：263-276.

[24] Molenaar P C M, Hartelman P A I. Catastrophe theory of stage transitions in metrical and discrete stochastic systems, in：Eye A, Clogg C C (Eds.), Categorical

Variables in Developmental Research [M] . San Diego：Academic Press，1996.

[25] Grasman R P P P, van der Maas H L J, Eric-Jan W. Fitting the cusp catas-trophe in R：A cusp-package primer [J] . Journal of Statistical Software，2009，32 (8)：1-28.

[26] Hartelman P A I. Stochastic catastrophe theory [M] . University of Am-sterdam，1997.

[27] Clark A. Modeling the net flows of U. S. mutual funds with stochastic catas-trophe theory [J] . European Physical Journal B，2006，50：659-669.

[28] Barunik J. Can a stochastic cusp catastrophe model explain stock market cra-shes? [J]. Economic and Control，2009，33 (10)：1824-1836.

[29] Cobb L，Zacks S. Applications of catastrophe theory for statistical modeling in the biosciences [J] . The Journal of the American Statistical Association，1985，70：793-802.

[30] 赵旭，胡斌 . 基于突变理论的企业员工反生产行为仿真研究 [J] . 管理科学，2012，25 (4)：44-55.

[31] 徐岩，胡斌，王元元等 . 基于随机尖点突变理论的心理契约建立—破坏的研究 [J] . 管理科学学报，2014，17 (4)：34-46.

[32] Oliva T A，Desarbo W S，Day D L，Jedidi K. GEMCAT：A general multiva-riate methodology for estimating catastrophe models [J] . Behavioral Science，1987，32 (2)：121-137.

[33] Hartelman P A I, Vander Maas H L J, Molenaar P C M. Detecting and modeling developmental transitions [J] . British Journal of Developmental Psychol-ogy，1998，16 (1)：97-122.

[34] Rosser J B Jr. The rise and fall of catastrophe theory applications in economics：Was the baby thrown out with the bathwater? [J]. Journal of Economic Dynamics & Control，2007，31：3255-3280.

Part 3

多模型建模原理

 Agent 模拟、定性模拟和突变模型是本书建模的基本方法，但面对复杂对象或现象时，不同类型的建模方法要配合起来使用，以发挥各自的优势。

本部分先介绍多模型建模模式，再针对严格数学模型（即突变模型）与模糊的、定性的心理活动之间的匹配难度，集成突变模型、定性模拟和模糊数学，展示个体人心理活动的尖点突变模型的模拟化建模方法。

第5章 多模型的集成模式

5.1 常见集成模式[1]

在管理领域，不存在大一统的研究方法，每种研究方法或模型都是针对某种环境下的特定对象的，都具有各自的长处和缺陷。因此，对于复杂研究对象，使用单一的研究方法或模型，往往只能得到一定程度的、或某个侧面的研究结论，要想得到全面的、深入的发现，必须使用多个方法或模型的集成方法，尤其是针对人的心理活动这样多环节、多机理的复杂过程。一般来说，不同方法或模型之间的集成，有如下常见的三种模式。

5.1.1 串行模式

该模式的特点是，不同方法之间按照一定的次序各自独立地运用，即各方法之间是同步关系，因而各方法之间形成了一条方法链，链上的节点就是各个方法，上一个节点的输出，就是下一个节点的输入。如图 5.1 所示，其中，箭线表示顺序、或者表示输入/输出关系。

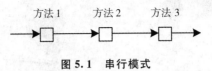

图 5.1 串行模式

串行模式多出现在工业工程领域的优化研究与应用中，例如，先用优化算法（包括数学规划方法、启发式方法等）得到优化方案，再用模拟方法测试该方案在实际运行后表现出的性能，如任务完成时间、任务排队长度以及资源负荷率等评价指标。

这时有两种模式，一是如图 5.2 所示的循环串行模式，根据模拟测试所得的评价结果，又回到优化算法，调整参数，重新进行优化—模拟，直到用户对优化方案满意为止。

二是如图 5.3 所示的多方案选择模式，优化模型先得到多个备选的优化方案，以及每个方案的目标值（如成本最低）；然后，运用模拟模型对每个备选方案进行模拟测

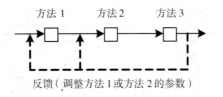

图 5.2 循环串行模式

试，得到该方案在运行实施后的性能（即评价指标）；最后，对每个方案的成本指标、性能指标进行多目标评价，选出最佳方案。

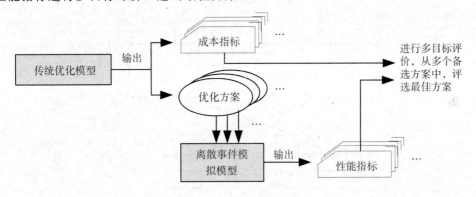

图 5.3 多方案选择模式

5.1.2 并行模式

该模式的特点是，不同方法之间同时各自独立地运用，但各方法之间不是毫无关联地各自运行，而是在规定的时间点上或满足一定条件时相互发送信号（此为发送信号，不是发送消息，发送消息意味着不同方法之间是互操作关系），因此各方法之间是同步关系。

可以通过设置公共变量的办法，来实现两个方法之间相互发送信号，一个方法更新该变量的值，另一个方法获取该变量的值，如图 5.4（a）所示。在实际应用中，公共变量多以某个方法中的参数或变量出现，而不是图 5.4（a）所示的独立于两个方法之外，如图 5.3（b）所示。

通过公共变量来传递信号的两个方法，因为是同步关系，因此，在开发和实现它们的运行时，就要解决模拟时钟同步的问题。用 UML 来描述并行模式的实现原理，如图 5.5 所示。

将两个各自开发的模拟模型或系统（即 UML 所表达的包）之间所要共有的变量及其管理，用一个"数据管理"类来处理。该类的属性，即为所有的公共变量。该类的方法，即为对这些公共变量的值的更新、获取等操作。

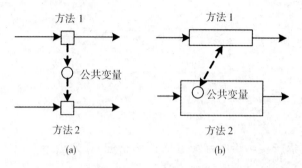

图 5.4 并行模式

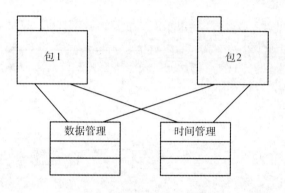

图 5.5 并行模式的 UML 表达

为解决两个模拟模型或系统的模拟时钟同步问题，建立一个"时间管理"类，该类的属性即为当前模拟时钟，该类的方法则根据当前模拟时钟的值来控制两个模拟模型或系统推移模拟时钟。

并行模式的应用，可以体现在两个层面上。

一是模型层面，例如 AnyLogic "帮助"中的系统动力学模型与多智能体模型集成的例子，在某个区域市场，对某种产品的潜在需求顾客人数、生产厂家的产量、运往零售商的供应量等之间的供应链，形成一个系统动力学模型；而区域市场的所有居民，受到生产厂家的广告，以及居民之间口碑传播等的影响，变为该产品的潜在需求顾客，则形成一个多 Agent 模拟模型。两个模型之间通过公共变量"潜在需求顾客人数"实现集成。

二是系统层面，典型的应用就是多领域协同模拟方法，如美国于 1995 年设计的 HLA 技术框架、欧盟于 1996 年开发的 Modelica 语言。

HLA 的特点是各领域系统分别开发，通过软总线接口 RTI 进行相互之间的数据交换、时钟同步管理。Modelica 的特点是各领域系统都在同一平台上开发，便于相互之间的数据交换和时钟同步，它还提供了事先开发好的模型类库。

在建模过程中，我们一般不会直接使用 HLA 和 Modelica，而是借鉴它们的特点：HLA 的统一接口规范，使各领域系统成为插件；Modelica 事先开发好模型类，以便组合式建模。

5.1.3　嵌入式模式

该模式的特点是，不同方法之间不是相互独立地存在，而是相互融合为一体，有两种模式，一是某个方法成为另一个方法的一部分，如图 5.6（a）所示，二是某个方法的某个部分成为另一个方法的一部分，如图 5.6（b）所示。

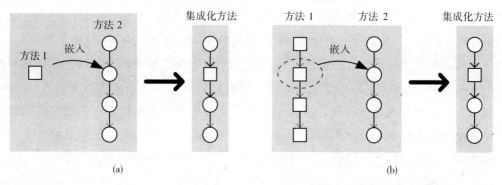

图 5.6　嵌入式模式

模式（a）的应用，已在嵌入式系统动力学模拟上有所体现，例如一个城市的人水混合系统的系统动力学模拟，其目的是研究社会与自然的和谐演化规律，人的用水行为、习惯，与水厂的产量、城市的储水量等之间的整体演化关系，可用系统动力学方法建模，但是，其中有一些细节，原本就有自己独立的专业领域模型，如河流水量的模型，无须重新对河流水量的变化进行建模，可以在系统动力学模型中直接引用该专业领域模型，即将专业领域模型嵌入到系统动力学的微分方程组中，只要它们的输入/输出能够对接上就行。

模式（b）的应用，则是在各种方法之间的集成中较为普遍。例如将定性模拟方法中的过滤方法，用于确定元胞自动机中元胞状态的转移方向；又如将管理学领域中的组织行为理论，用于设计定性模拟方法中的过滤方法，等等。

5.2　其他集成模式[2]

1. 锚定模式（Docking）

图 5.7 所示为锚定模式。针对某个研究对象，当某种方法如图 5.7 的 Model 2 不足以承担其建模或分析任务时，需要另外一种方法如图 5.7 的 Model 1 来协助着完成，即以 Model 1 的优势弥补 Model 2 的不足。

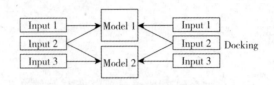

图 5.7 锚定模式

从形式上看锚定模式与嵌入模式（a）即图 5.6（a）相似，但两者的区别是，在嵌入模式（a）中，方法 1 嵌入到方法 2 中形成一个新的方法以后，见图 5.6（a），方法 1 就失去独立存在的意义了，即不独立地运行，而是促使新的整体方法提升了性能。

在锚定模式中，模型 1 和模型 2 虽然融为一体来完成某项任务，但它们仍然是两个独立的系统。这种情形与并行模式（a）即图 5.4（a）又不同，并行模式（a）是两个独立的系统各自运行，两者之间仅仅通过某个公共变量交换数据，而锚定模式则是某个独立的方法嵌入到另一个独立的方法中，这一嵌入，两者就不仅仅是通过公变量交换数据了，而是像嵌入模式（a）那样通过组件之间的接口（即方法）来接入。

2. 合作模式（Collaboration）

图 5.8 为合作模式。该模式的宗旨，仍然是由于单个方法如 Model 3 的力量有限，需要其他方法如 Model 2 的参与。但该模式的运行机制与并行、嵌入式以及锚定模式完全不同，该模式中的 Model 2 和 Model 3 相互之间没有数据交换，没有身体上的接触，而是各自独立运行，运行时也没有时间上的制约。最终它们都有各自的输出。基于这些输出所做的研究对象的分析工作，比单独 Model 3 输出所做的分析要全面、深入得多。

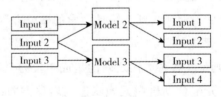

图 5.8 合作模式

3. 混合模式

混合模式是将所有的模型重构到一个单一的模型中，就是将各方法或模型视为部件，进行新的开发如编程，形成一个全新的单个模型或系统，见图 5.9。与其他模式相比，混合模式的工作量最大，要重新对新模型或系统进行验证和确认。

多模型建模需要解决不同方法或模型的三项要素是否一致的问题，这三项要素为：时间、参与者和空间范围。即各个方法或模型必须：都是在同一个时间框架中运行；都有相同的参与者；都在同一个空间范围内。

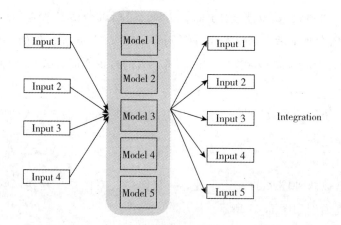

图 5.9　混合模式

5.3　心理学与其他计算模型之间的集成模式

这实际上就是心理学理论如何应用到各类计算模型中去的问题。心理学理论是一个模糊的概念，为了实现心理学与其他计算模型之间的集成模式，我们将心理学理论分为以下三种类型：(1) 阐述性的概念；(2) 以符号形式表示的心理学模型；(3) 以软件包形式出现的心理计算系统。

下面我们就从这三个层面来阐述集成模式。

1. 概念层的集成模式

心理学理论多以阐述性的概念形式出现，为了将阐述性的概念集成到其他数理模型中，常见的方法是用参数或变量来代表心理学概念，并加入到其他数理模型中，这种方法在行为经济学和行为运作管理中最为常见，见图 5.10。

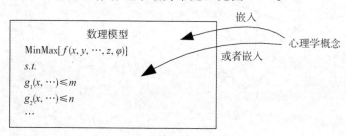

图 5.10　概念层集成模式

比如，行为经济学解决上述问题的做法是，在传统数理模型中添加一个参数或变量，来表达心理学中的某个定性概念。如表达个体绩效的传统效用函数如式 5.1 所示。

$$U = w - e \qquad (5.1)$$

其中，w 是该个体的收入，e 是他的工作成本。如果该个体具有自信效用（ego utility），即他自我感觉非常适合做这个工作，则令 $\varphi=1$，令 p 表达他的自信概率，那么，效用函数如式 5.2 所示，当 $\varphi=0$ 时，即不考虑人的自信心时，式 5.2 即为式 5.1。

$$U = w - e + \varphi\sqrt{p} \tag{5.2}$$

这样就在传统效用函数（即式 5.1）中，以参数 φ 和 p 来表达人的心理因素，形成行为化数理模型（即式 5.2）。

2. 模型层的集成模式

心理模型常以两种图形的方式出现，一是因果关系图；二是伪函数关系图。例如美国顾客满意度模型如图 5.11 所示。

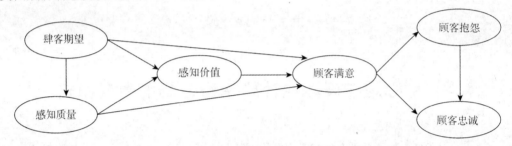

图 5.11　美国顾客满意度指数（ACSI）模型

图 5.12 显示了因果关系图形式的心理学模型与其他计算模型集成的步骤。第一步，见图 5.12（a），将因果关系图模型转化为 Agent 模型，Agent 模型相当于面向对象语言中的一个类，它有属性和方法，右边因果关系模型的各个结点，可视为左边 Agent 类中的属性，而其方法则根据具体研究的问题而设计；第二步，见图 5.12（b），将 Agent 模型作为其他计算模型的部件，如作为动态网络分析模型的结点。

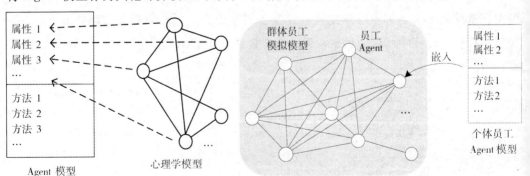

（a）心理学模型转化为Agent模型　　　　（b）Agent模型嵌入其他计算模型

图 5.12　心理学模型与其他计算模型的集成

3. 系统层的集成模式

这是在心理学理论已经成为一个能独立运行的模拟系统（或模型）后，与其他计算系统（或模型）集成的问题，这就不能像概念层、模型层集成那样，将心理学理论嵌入到其他计算模型内部，而是处理为和其他计算系统（或模型）并行运行，即符合5.1.2节并行模式的要求，解决心理学模拟系统（或模型）与其他计算系统（或模型）之间的两个方面问题：

(1) 数据交换；

(2) 时钟同步。

显然，数据交换要和时钟同步结合起来，即两个系统之间的数据交换，应该在同步的时间点上进行，为此，可以以其他计算系统（或模型）为控制流，心理学模拟系统按此控制流的时钟步调来进行数据交换。

其他计算系统（或模型）的时钟推移机制有两类，一是按固定步长法，二是按事件法。系统动力学模型、多 Agent 模拟模型就是按固定步长法来推移时钟的，如研究牛鞭效应的三级供应链系统动力学模型，其时钟步长为周，研究区域经济系统的ASPEN多Agent模拟模型，其时钟步长为 2 小时。离散事件模拟模型则是按事件的发生来推移时钟的，模拟时钟总是推移到下一个时间最近的事件处。

因此，心理学模拟系统（或模型）与其他计算系统（或模型）之间的时钟同步与数据交换，如图 5.13 所示。

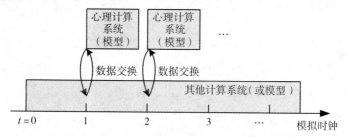

（a）其他计算系统（或模型）的时钟按固定步长推移

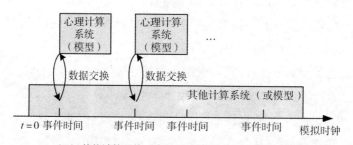

（b）其他计算系统（或模型）的时钟按事件发生推移

图 5.13 心理学模拟系统与其他计算系统（或模型）的集成

5.4　多领域模型的确认方法

模拟模型确认方法可以分为两类：基本（定量）确认方法和定性确认方法。前者是在有明确的输入/输出数据时使用。显然，后者是针对比较复杂情形的模型的，因此，后者用来进行多领域模拟模型的确认。

目前，定性确认方法还没有被普遍接受的标准，可以根据实际问题灵活设计。根据本书人的心理活动的复杂性，我们可以设计以下步骤，进行定性确认[1]。

步骤 1：选取或设计研究对象的一个示例。

步骤 2：针对该示例，设计朴素实验方案，即设计多个极端情况下的输入组合。

步骤 3：模拟运行得到相应输出。

步骤 4：将输入－输出与以下两种情形进行比较。

（1）现实社会中的实际现象及经验；

（2）本领域相关理论中的经典模型或常识。

如果输入－输出与情形 1 或者与情形 2 相互一致，那么，所设计的模型能够通过确认。

例如，针对一个人群行为－任务处理互动模拟的研究对象，在步骤 1 中，设计一个示例，即设计群体的人数规模、群体中每个人的性格特征、工作态度等属性的初始值，设计任务的类型数量、每类任务的到达比例、每类任务的处理步骤、每步处理的完成者、每步处理的一般完成时间等属性。

在步骤 2 中，朴素实验方案为极端情况下的输入方案，例如，对于人群行为演化的模拟，设计朴素实验方案时，要设计如下因素。

（1）每个人的性格特征初始值都为"工作型"，或都为"交际型"；

（2）每个人的工作态度都为"好"、或都为"差"；

（3）组织文化设置为"工作型"，或都为"交际型"。

这样的话，至少可以设计出来四个朴素实验方案。

输入方案 1："工作型"（性格特征）＋"工作型"（组织文化）＋"好"（工作态度）

输入方案 2："交际型"（性格特征）＋"交际型"（组织文化）＋"好"（工作态度）

输入方案 3："工作型"（性格特征）＋"交际型"（组织文化）＋"差"（工作态度）

输入方案 4："交际型"（性格特征）＋"工作型"（组织文化）＋"差"（工作态度）

经过步骤 3 的模拟运行，四个实验方案都得到相应的模拟输出。

在步骤 4 中，现实社会中的实际现象及经验是指，对于输入方案 1 和方案 2 来说，其相应的输出多半是人群行为会向好的方向演化，因为人的性格特征与组织文化都是一致的，且工作态度都是积极的，那么在这两种情形下，任务处理的进度也多半会是很快的。对于输入方案 3 和方案 4 来说，其相应的输出多半是人群行为会向不理想的方向演化，因为人的性格特征与组织文化都不一致，且工作态度也都不好，那么在这两种情形下，任务处理的进度也多半不理想。

在步骤 4 中，如果不以"现实社会中的实际现象或常识"为确认的依据，也可以以该研究对象相关的理论中的经典模型作为模型确认的依据。

例如，经典的生命周期曲线模型，由进入期、成长期、成熟期、衰退期四个环节的曲线组成，如图 5.14 所示。我们在模拟任何一个组织的生命周期演化过程时，在没有任何外力作用的条件下，如在组织领导没有任何新的改革政策或管理措施实施的条件下，组织竞争力的演化过程，就应该与生命周期曲线吻合，否则，就调整模型的细节，然后重新进行模拟模型的验证—确认，这就是所谓的模拟模型确认。

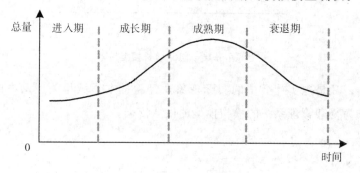

图 5.14　生命周期曲线

又如，企业员工的压力管理模型或称为压力曲线模型，随着企业对员工要求的不断增加，员工的业绩是从一开始的负值、缓慢增长，到快速的正值增长，当企业对员工的要求超过某个阈值时，员工的业绩就开始急速下滑，然后缓慢下降、最终又成为负值，如图 5.15 所示。在模拟员工的压力行为时，可以通过该模型对模拟模型进行确认。

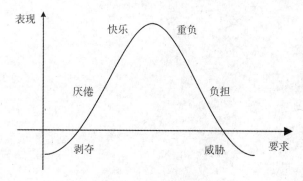

图 5.15　压力管理模型

还有阻滞增长模型，即 Logistic 模型，是用来描述在某个封闭区域内人口增长、疾病扩散规律的。其特征是一开始人口缓慢增长、或疾病缓慢扩散；然后快速增长、快速扩散；但由于在封闭的区域内资源是有限的、或者人口就这么多，于是在后期，人口的增长速度放慢，最后增长速度为零，疾病的扩散速度也同样慢慢接近于零。如图 5.16所示。

在模拟某些扩散现象时，阻滞增长模型是一个很好的确认依据。

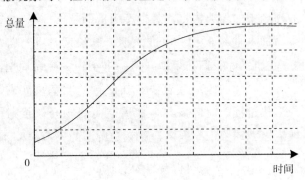

图 5.16　阻滞增长模型

依此类推，凡是现实社会中的实际现象及经验、本领域相关理论中的经典模型或常识，都可作为复杂管理系统的模拟模型的确认依据。

参 考 文 献

［1］胡斌，蒋国银．管理系统的集成模拟原理与应用［M］．北京：高等教育出版社，2010.

［2］Carley K M，Morgan G，Lanham M，Pfeffer J. Multi-modeling and Socio-cultural complexity：Reuse and Validation［M］. Work Paper, CASOS, CMU, 2013.

第 6 章　尖点突变模型的定性模拟化建模

6.1　前　　言

本章以员工主动辞职这种看似突然发生的行为为例，介绍个体突发行为的尖点突变模型的建模方法。

如第 4 章所述，尖点突变模型是严格规范的数学模型，而管理系统、社会系统具有模糊的、信息不完备的，以及系统行为随时间变化等诸多特征，那么，我们如何将严格规范的数学模型应用于其中呢？

为此，我们将定性模拟与突变模型结合起来，建立个体行为突变的定性－定量混合尖点模型，然后用模糊数学方法计算其参数，并用员工主动辞职案例来解释和验证本章的方法。结果表明，对于用人类语言描述的员工主动辞职行为过程（如媒体报道的某企业员工跳槽现象），本章的方法可以很好地实现此突变过程的尖点模型的建模，并用以发现和解释其行为突变的路径和机理。

根据突变论的观点，虽然辞职行为从表面上看是一种突变行为，但其实质是：一些影响辞职行为的因素是随时间逐渐累积的，最终积累到一定程度就导致了行为突变[1]，因此这个过程可以用突变论来解释。在突变论用于员工主动辞职的研究中，工作压力与组织承诺[2]、或者工作压力与团队凝聚力[3]都曾被作为连续变化的控制变量，但是，其中的研究方法主要是问卷调查和统计方法，尖点突变理论在设计调查问卷和统计的时候，被用来构建假设或理论框架。

这是因为，面向物理系统的具有精确性、信息完备性、确定性等特性的突变模型，难以用于管理和社科领域，在现实企业中，员工处于复杂的环境，影响他/她心理活动的因素很难清晰地描述出来，这些因素都是定性数据，几乎没有数值数据；它们都随时间变化，并不是在某一个时间点的静态数据（静态数据可以通过问卷收集）；它们是不完备的、甚至是假的，不是确定性的数据（确定性的数据可以通过计算机系统收集）。

在这种情况下，利用定性模拟方法把数学突变模型转变成定性突变模型是很吸引人的，这就是本章的工作。

本章在 Shen 和 Leitch 的模糊定性模拟[4]基础上，将定性模拟、模糊数学和尖点突变模型结合起来，建立员工主动辞职行为的定性－定量混合尖点突变模型。

6.2 个体行为的尖点突变模型

在心理学领域，一个人的内心活动、行为变化及跳跃是能够用尖点突变模型来表达的[5]。根据尖点突变模型的势函数[6]：

$$V(f,u,v) = f^4 + u \cdot f^2 + v \cdot f \tag{6.1}$$

为了将式 6.1 用于心理学领域，我们定义 f 表示人的行为，比如员工主动辞职行为，u 和 v 是连续变化的控制变量。

Sheridan 和 Abelson 将 u 定义为组织承诺，将 v 定义为工作压力[2]。Sheridan 将 u 定义为团队凝聚力，将 v 定义为工作压力[3]。组织承诺、团队凝聚力和工作压力都属于员工在心理活动中所感知到的东西，但相比较而言，工作压力的形成更加源于外部环境因素，组织承诺、团队凝聚力的形成主要起源于员工的心理因素。基于这一点的分析，我们就将 u 定义为人的心理因素，比如员工的性格和情绪等，将 v 定义为宏观环境因素，如员工面临来自管理者或管理制度的影响。在尖点突变模型中，u 为分裂变量，v 为正则变量。

为达到系统的均衡，对式 6.1 中的 f 求导得到了行为变化曲面：

$$\frac{\partial V(f,u,v)}{\partial f} = \frac{1}{4}f^3 + 2uf + v = 0 \tag{6.2}$$

式 6.2 是一般性尖点突变模型，考虑到该模型用于管理心理领域时，需对概念不同、测量时量纲也不同的 f、u 和 v 进行修正，为此，我们分别在 u 和 v 前加一个调节系数 α 和 β，形成的行为曲面见式 6.3：

$$f^3 + \alpha \cdot u \cdot f + \beta \cdot v = 0 \tag{6.3}$$

它可以通过图 6.1 来说明。

图 6.1 的行为曲面有上下两叶、褶皱叶三个部分，上叶表示员工在职，下叶表示辞职。图 6.1 的控制平面上的尖角形折线为分歧点集，表示当员工行为变化到此时，行为突变就会发生。尖角折线之间的灰色区域对应行为曲面的褶皱叶，表示员工行为不会到达之处。

$$3f^2 + \alpha \cdot u = 0 \tag{6.4}$$

式 6.4 是对式 6.3 再次求导的结果。

通过求解式 6.3 和式 6.4 得：

$$u^3 + \gamma \cdot v^2 = 0 \tag{6.5}$$

其中，$\gamma = -\dfrac{\beta}{4}\left(\dfrac{3}{\alpha}\right)^{3/2}$，式 6.5 表示分歧点集。

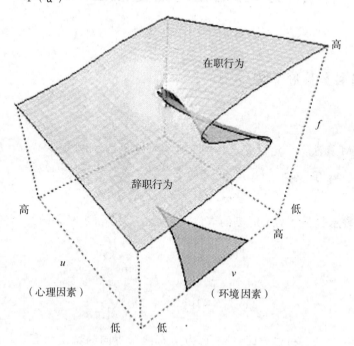

图 6.1 个体行为变化和突跳的尖点模型

对于式 6.3，如果我们获得了参数 α 和 β，我们就能够完全掌握员工在职－辞职行为的变化规律。但是对我们来说很难做到这一点，其原因有以下几点。

（1）行为 f、心理因素 u 以及环境变量 v 在现实社会中经常以人类模糊语言的形式表达出来，它们更加定性化而不是定量化，难以用数值来测量。

（2）即使它们能够用数值来计算和表达，但是数值包含的信息要大大少于能反应变量之间关系的人类语言所表达的信息。

（3）突变论把突然跳跃定义为由控制变量 u 和 v 的连续变化引起的，然而在现实社会中，心理因素和环境因素多以离散方式表达。

基于以上原因，我们提出集成 QSIM、模糊数学和基本尖点突变模型的定性－定量混合尖点突变模型的建模方法。

6.3　个体行为的定性－定量混合尖点突变模型

6.3.1　变量和参数的定义

1. 行为 f

根据 QSIM 算法[7]，定性变量是用二元组来定义的。这里 $QS(f, t)$ 表示行为 f 在 t 时刻的定性取值。$QS(f, t)$ 定义如下：

$$QS(f, t) = (q, d)$$

其中，q 表示行为 f 在 t 时刻的取值，d 表示 f 在 $t+1$ 时刻的变化方向。q 和 d 定义如下：

$$q = \left\{ \begin{matrix} +1 \\ -1 \end{matrix} \right\}, d = \left\{ \begin{matrix} \text{inc} \\ \text{std} \\ \text{dec} \end{matrix} \right\}$$

这里，$q=$ "$+1$" 和 "-1" 表示行为 f 有两个不同的稳定状态。"$+1$" 表示人的行为处在正常状态，"-1" 表示异常状态。$q \neq$ "0" 意味着人的行为不会有正常和异常状态之间的状态。

$d=$ "inc"，"std" 或者 "dec"，代表 f 在 $t+1$ 时刻的变化方向。这样就使得 $QS(f, t)$ 比一般数值变量包含更多的信息。

例如，$QS(f, t) = (+1, \text{dec})$。它表示人的行为在 t 时刻是正常状态，并且下一步的变化方向是 "dec"。

$QS(f, t)$ 有两个作用，一方面它用来对人的行为进行模糊描述，另一方面它参与拟合 α 和 β 的计算过程，此时就需要 $QS(f, t)$ 以数值的形式来表示，为此我们用模糊数学方法来处理它。

我们为定性变量设计了模糊量空间，如图 6.2 所示。当 $QS(f, t)$ 参与到计算过程中时，它就能被定义成模糊值。根据图 6.2，$QS(f, t)$ 的模糊值见表 6.1。

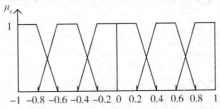

图 6.2　定性变量的模糊量化

表 6.1 $QS(f, t)$ 的模糊值

$QS(f, t)$	模 糊 值	$QS(f, t)$	模 糊 值
$(-1, dec)$	$[-1, -0.8, 0, 0.2]$	$(1, dec)$	$[0, 0.2, 0, 0.2]$
$(-1, std)$	$[-0.6, -0.4, 0.2, 0.2]$	$(1, std)$	$[0.4, 0.6, 0.2, 0.2]$
$(-1, inc)$	$[-0.2, 0, 0.2, 0]$	$(1, inc)$	$[0.8, 1, 0.2, 0]$

2. 心理因素 u 和环境变量 v

我们仍然用 QSIM 的变量表达来定义 u 和 v：

$$QS(u, t) = (m_1, dir), \quad QS(v, t) = (m_2, dir)$$

其中，m_1、$m_2 = \{very\ low, low, normal, high, very\ high\}$，$dir = \{dec, std, inc\}$。

进行计算时，$QS(u, t)$ 和 $QS(v, t)$ 也是用模糊值来描述，根据图 6.2，所有的模糊值都列在表 6.2 中。

表 6.2 $QS(u, t)$ 和 $QS(v, t)$ 的模糊值

$QS(u, t)$ 或 $QS(v, t)$	模 糊 值	$QS(u, t)$ 或 $QS(v, t)$	模 糊 值
(very low, dec)	$[-1, -1, 0, 0]$	(low, dec)	$[-0.6, -0.4, 0.2, 0.2]$
(very low, std)	$[-1, -0.8, 0, 0]$	(low, std)	$[-0.6, -0.4, 0.2, 0.2]$
(very low, inc)	$[-0.8, -0.8, 0, 0.2]$	(low, inc)	$[-0.4, -0.4, 0, 0.2]$
(normal, dec)	$[-0.2, -0.2, 0.2, 0]$	(high, dec)	$[0.4, 0.4, 0.2, 0]$
(normal, std)	$[-0.2, 0.2, 0.2, 0.2]$	(high, std)	$[0.4, 0.6, 0.2, 0.2]$
(normal, inc)	$[-0.2, 0.2, 0, 0.2]$	(high, inc)	$[0.6, 0.6, 0, 0.2]$
(very high, dec)	$[0.8, 0.8, 0.2, 0]$	(very high, std)	$[0.8, 1, 0.2, 0]$
(very high, inc)	$[1, 1, 0, 0]$		

6.3.2 模型

基于以上变量的定义，可以将式 6.2 变换为式 6.6：

$$QS(f,t)^3 + \alpha \cdot QS(u,t) \cdot QS(f,t) + \beta \cdot QS(v,t) = 0 \qquad (6.6)$$

式 6.6 称为定性—定量混合尖点模型，因为它集成了定性变量 $QS(X, t)$，$X \in \{f, u, v\}$ 和定量参数 α 和 β。

$QS(X, t)$ 来自描述个体人的行为变化的人类语言（如媒体对员工辞职行为的报道），如果参数 α 和 β 可以通过人类语言拟合得到，那么尖点模型就可以建立起来。因此下一步就是设计参数 α 和 β 的拟合方法。

6.4 参数 α 和 β 的拟合方法

6.4.1 本节方法的结构

拟合参数方法的过程见图 6.3，其中 $X = \{f, u, v\}$。

1. 过程 1 的原理

过程 1 主要收集拟合 α 和 β 的数据。这些数据从对人的行为变化和突跳的新闻或文字描述中提取出来。文字是人类语言，它不可避免地存在模糊性、不完整性以及随时间变化等特性。为此，定性模拟中的变量（即具有两个成员的元组：水平和方向）用来表达此类描述，如从 $QS'(X, t)$ 变化到 $QS'(X, t+1)$，描述了随时间推移人的行为变化。通过这种方法，将文字描述或新闻报道转化为拟合 α 和 β 的数据。

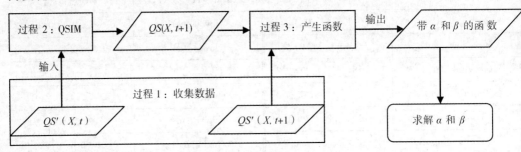

图 6.3 定性尖点模型建立的三个过程

2. 过程 2 的原理

过程 2 是依据 QSIM 方法和心理常识或心理学理论对 f、u 和 v 的演化过程进行定性模拟。该过程的输入是 t 时刻的拟合数据的值，即 $QS'(X, t)$。输出是 $QS(X, t+1)$，它是通过 QSIM 模拟得到的（包括变量状态转换、过滤等）。其中，与人的行为变化和突跳相关的心理学常识或理论被用来设计全局过滤规则。

$QS'(X, t+1)$ 来自拟合数据，是新闻报道对该人的行为表现的描述。而 $QS(X, t+1)$ 是 QSIM 模拟的输出，代表了该人内在的心理活动的结果。从理论上看，$QS'(X, t+1)$ 和 $QS(X, t+1)$ 的值应该相等，见图 6.4。

因此，令 $QS'(X, t+1) = QS(X, t+1)$ 就可以得到带参数 α 和 β 的函数，求解该函数就可以得到 α 和 β 的值。

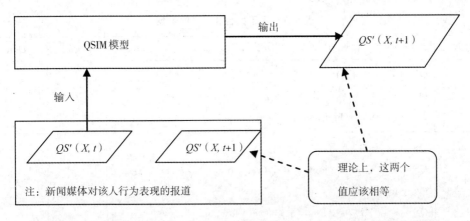

图 6.4　现实数据 QS′ （X, t） 与 QSIM 输出数据 QS （X, t+1） 之间的关系

3. 过程 3 的原理

为了得到带有参数 α 和 β 的函数，我们用模糊数学方法把定性变量 QS $(X, t+1)$ 和 $QS′$ $(X, t+1)$ 转换成模糊数值，再用模糊数学的算术运算方法得到带参数 α 和 β 的函数。

每个过程中用到的主要方法（灰色区域）由图 6.5 给出。

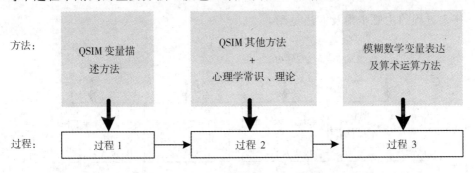

图 6.5　每个过程中用到的主要方法

6.4.2　过程 1：收集数据

用来拟合 α 和 β 的数据来自对人的行为变化和突跳的语言描述，例如，该人的行为如何表现？此人感觉如何？在那个特定时间的环境如何？等等。毫无疑问，这些语言具有模糊性、不完整性以及随时间变化等特性。

例如，有一个公司的员工，他的性格较内向。由于该公司在很长一段时间都没有为他加薪，因此他有了辞职的想法，后来他终于离开了这家公司。对于这个案例，我们用 QSIM 变量来表达，结果见表 6.3。

表 6.3　用于拟合 α 和 β 的数据

时间	Data1	Data2	Data3
t	$QS'(f, t) = (1, \text{std}), (1, \text{dec});$ $QS'(u, t) = (\text{very low}, \text{dec}), (\text{low}, \text{dec});$ $QS'(v, t) = (\text{high}, \text{inc}), (\text{very high}, \text{inc})$	...	...
$t+1$	$QS'(f, t+1) = (-1, \text{inc});$ $QS'(u, t+1) = (\text{low}, \text{std}), (\text{very low}, \text{std}), (\text{low}, \text{dec}),$ $(\text{very low}, \text{dec});$ $QS'(v, t+1) = (\text{low}, \text{inc}), (\text{very low}, \text{inc})$	...	...

如果对这个员工的行为还有进一步描述，从描述中我们也可以进一步提取相应数据 $Data\ 2$、$Data\ 3$、…。

6.4.3　过程 2：QSIM

这个过程的主要步骤及方法见图 6.6。

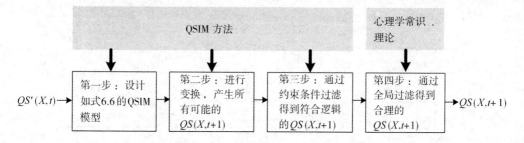

图 6.6　过程 2 的主要步骤和方法

第一步：建立如式 6.6 所示的 QSIM 模型。它包括三个部分：约束、转换规则以及心理常识或理论。

1. 约束

令

$A = QS(f, t) \cdot D, B = \alpha \cdot E, C = \beta \cdot QS(v, t), D = QS(f, t) \cdot QS(f, t),$ $E = QS(u, t) \cdot QS(f, t)$ 根据 QSIM 算法[7]，可以建立针对行为变化和突跳的定性模型，如下所示：

ADD $(A, B, -C)$, MULT $[QS(f, t), D, A]$, MULT (α, E, B), MULT $[\beta, QS(v, t), C]$, MULT $[QS(f, t), QS(f, t), D]$, MULT $[QS(u, t), QS(f, t), E]$

2. 转换规则

连续可微变量的转换遵从 QSIM 算法的通用转换规则，即 I/P 规则。在突变模型中，我们根据 I/P 规则设计变量 f、u、v 的转换规则，见表 6.4，其中 $X \in \{f, u, v\}$，M 是 X 的取值，"+1"表示取值向后续更高一级移动，"−1"表示取值向后续低一级移动。

表 6.4　变换规则

QS (X, t^i)	QS (X, t^{i+1})
(M, inc)	(M, inc)
(M, std)	(M, inc), (M, std), (M, dec)
(M, dec)	$(M-1, \text{std})$, (M, dec)

3. 心理学常识或理论

心理学常识或理论描述了隐藏在一个人外在的行为变化和突跳现象下的内在心理活动，可用来过滤那些根据 QSIM 模型得到的看起来合乎逻辑但是根据心理学常识/理论却不合情理的后续行为。

心理学常识或理论的选择或设计，要根据该人的行为对象以及他所处的环境。此处，我们使用一个简单的心理常识如下：

(1) 如果 u 和 v 的变化非常接近分歧点集合（但没有完全到达该集合），我们仍然认为突变将会发生。

(2) 如果人的行为发生了突变，那么由 QSIM 模型推导出来的后续行为应该与先前的行为相反。这就是说，如果先前的行为分别是"−1"或者"1"，那么后续行为就分别为"1"或者"−1"。

图 6.6 中的第二、三和四步，完全按照 QSIM 中相应步骤进行，此处不再赘述。

6.4.4　过程 3：获取带参数 α 和 β 的函数

过程 3 的主要步骤和方法见图 6.7。

第一步，用表 6.1 和表 6.2 把所有的 QS $(X, t+1)$ 和 QS' $(X, t+1)$ 转换成模糊数值。

第二步，对于每一组 QS $(X, t+1)$（含 $\{QS$ $(f, t+1)$, QS $(u, t+1)$, QS $(v, t+1)\}$）以及 QS' $(X, t+1)$（含 $\{QS'$ $(f, t+1)$, QS' $(u, t+1)$, QS' $(v, t+1)\}$），运用模糊算术（见表 6.5）计算式 6.6 左边的表达式，得到它们的模糊量值，即：

$$FQS(f,t)^3 + \alpha \cdot FQS(u,t) \cdot FQS(f,t) + \beta \cdot FQS(v,t)$$

这样会得到大量模糊量值。

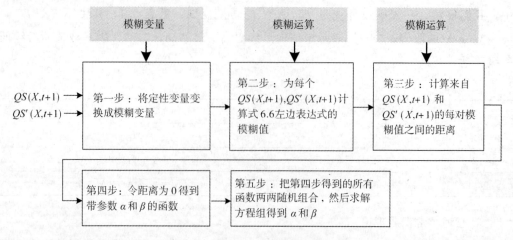

图 6.7　过程 3 的主要步骤和方法

表 6.5　模糊值的计算公式[4]

运　　算	结　　果	条　　件
$p+q$	·　$(a+c,\ b+d,\ \tau+\gamma,\ \beta+\delta)$	任意 p, q
$p\times q$	$(ac,\ bd,\ a\gamma+c\tau-\tau\gamma,\ b\delta+d\beta+\beta\delta)$	$p>0$, $q>0$
	$(ad,\ bc,\ d\tau-a\delta+\tau\delta,\ -b\gamma+c\beta-\beta\gamma)$	$p<0$, $q>0$
	$(bc,\ ad,\ b\gamma-c\beta+\beta\gamma,\ -d\tau+a\delta-\tau\delta)$	$p>0$, $q<0$
	$(bd,\ ac,\ -b\delta-d\beta-\beta\delta,\ -a\gamma-c\tau+\tau\gamma)$	$p<0$, $q<0$
	$p=[a,\ b,\ \tau,\ \beta],\ q=[c,\ d,\ \gamma,\ \delta]$	

　　第三步，任意一个来自 $QS(X, t+1)$ 组的量值与任意一个来自 $QS'(X, t+1)$ 组的量值可以配对为一个组合。这样构成了许多组合，对每个组合中的两个成员，计算它们之间的距离。

　　如果 $d(A, B)$ 表示模糊量 A 和 B 之间的距离，则计算公式如下[4]：

　　$d(A,B)=[(\mathrm{Power}(A)-\mathrm{Power}(B))\hat{\ }2+(\mathrm{Centre}(A)-\mathrm{Centre}(B))\hat{\ }2]\hat{\ }1/2$

　　其中，$\mathrm{Power}([a,\ b,\ \alpha,\ \beta])=1/2\ [2\ (b-a)+\alpha+\beta]$，$\mathrm{Centre}([a,\ b,\ \alpha,\ \beta])=1/2\ [a+b]$。

　　第四步，令这个距离为零（图 6.4），这样就产生了带参数 α 和 β 的函数。

　　第五步，每个组合都对应一个带参数 α 和 β 的函数，这样有多组函数，由此可以得到 α 和 β 的解集合。然后对 α 和 β 进行统计分析，得到其均值和置信区间。

6.5 建模示例

6.5.1 员工辞职示例

金融危机爆发后,在长三角地区民营企业出现了一个普遍的现象,就是员工频繁地辞职。表面原因是许多企业很长时间没有给员工提高工资,有些企业甚至因为订单的持续下降而降低工资,但潜在原因却是复杂的。这些员工一旦得到一些不利于他们公司的消息,再加上一些其他方面因素的影响,他们就可能离开当前的公司而跳槽到其他公司。下面,我们给出一个关于辞职行为整个过程的案例,然后解释如何用这个案例来建立尖点突变模型。

企业 A 仅有两位能够操作该公司最昂贵数控机床的技工,其中一位离开了该公司,跳槽到了另一家公司,只是因为他了解到在企业 B 中与他相同的职位,薪水比企业 A 高 100 元。这样就给企业 A 带来了很大的麻烦:只剩下一位能够操作这种昂贵机床的技工,这是不能保持公司安全生产水平的。因此,我们要问,为什么仅仅 100 元就导致企业 A 中如此重要的技工选择辞职呢?为了查明原因,我们进行了调查并发现这位技工性格偏内向,除了与其他员工一起工作完成任务之外,他不喜欢跟同事谈论任何生活上的事情。企业 A 虽然没有给他任何工作上的压力,但与此同时,我们也发现企业 A 在丰富员工的生活、培养员工之间的感情及团队凝聚力方面做得远远不够,例如公司没有举办过任何形式的业余活动,而这些看似与工作无关、不太重要的活动不仅可以丰富员工的业余生活,使他们心情舒畅、愉悦,还可以增强员工之间的互动,培养同事以及领导与员工之间的信任感、认同感等,甚至可以增强员工对公司的忠诚度。而企业 A 做的只是每天早上把员工接到公司,然后下午下班后又把他们送回家。而当前,这种现象在长三角地区大部分企业中普遍存在。

但是令人疑惑的是这位技工离开企业 A 几个月之后,他又向企业 A 提交申请,希望能够返回来工作,最终企业 A 的经理同意又雇用了他。我们通过调查发现他主动申请回到 A 公司主要有两个原因,一是尽管企业 B 同样职位的薪水比企业 A 高出 100 元,但是企业 B 的工作环境及其他方面与企业 A 以前的情况基本一样,而他也意识到,在原企业 A 中他和同事之间虽然交往不深,但至少已经比较熟悉,他对企业 A 已经有了一些归属感和认同感;二是这位技工从他过去同事那里了解到企业 A 现在经常举办各种各样的活动,比如部门之间的联谊、员工舞会等。

6.5.2 拟合 α 和 β 的过程

1. 过程1：收集数据

显然，上述案例是用人类语言表述的，并不能直接适用于尖点突变模型。因此我们应该从中提炼出拟合数据，见表6.6。

表 6.6 从案例中提取的数据

	Data1	Data2
t	$QS'(f,t)=(1,\text{dec})$; $QS'(u,t)=(\text{low},\text{dec}),(\text{verylow},\text{dec})$; $QS'(v,t)=(\text{low},\text{dec}),(\text{verylow},\text{dec})$	$QS'(f,t)=(-1,\text{inc})$; $QS'(u,t)=(\text{low},\text{inc}),(\text{verylow},\text{inc})$; $QS'(v,t)=(\text{high},\text{inc}),(\text{veryhigh},\text{inc})$
$t+1$	$QS'(f,t+1)=(-1,\text{std})$; $QS'(u,t+1)=(\text{low},\text{std}),(\text{verylow},\text{std})$; $QS'(v,t+1)=(\text{low},\text{std}),(\text{verylow},\text{std})$	$QS'(f,t+1)=(1,\text{std})$, $QS'(u,t+1)=(\text{low},\text{std}),(\text{verylow},\text{std})$, $QS'(v,t+1)=(\text{high},\text{std}),(\text{veryhigh},\text{std})$

Data1 描述了这位员工从公司 A 辞职的过程。用 $QS'(f,t)$ 表示他的行为，$QS'(f,t)$ 的变化方向不等于"inc"，因为这是世界范围内金融危机对长三角地区的影响。

$QS'(u,t)$ 表示这位员工的情绪或者心理活动。$QS'(u,t)$ 的取值不等于"normal"、"high"或"very high"，因为他是一位性格较内向的人。$QS'(u,t)$ 的变化方向不等于"inc"，因为该公司既没有在很长一段时间内提高员工的薪水也没有采取任何措施来激励员工。

$QS'(v,t)$ 用来表示公司的内外环境或者氛围。$QS'(v,t)$ 的值不能取"0"、"high"或"very high"，是因为糟糕的经济环境并没有好转。$QS'(v,t)$ 的变化方向不能取"inc"，因为企业 A 的老板在糟糕的经济环境下没有进行额外的投入来提高员工的工资，也没有采取措施改善公司内部的工作氛围。

$QS'(f,t+1)$、$QS'(u,t+1)$ 和 $QS'(v,t+1)$ 的变化方向都为"0"，因为员工的行为在发生突变之后会处于一个暂时的稳定状态。

Data2 描述了这位员工又回到公司 A 的过程。这三个变量的取值原则同 Data1。

2. 过程2：QSIM（定性模拟）

表6.6的 Data1 有四种组合（1×2×2），见附录6.1。我们从中选择一个组合来说明过程2。这个组合是：$\{QS'(f,t),QS'(u,t),QS'(v,t)\}=\{(1,\text{dec}),(\text{low},\text{dec}),(\text{low},\text{dec})\}$。过程2的细节列在附录6.2中。它列出了由 $\{(1,\text{dec}),(\text{low},\text{dec}),(\text{low},\text{dec})\}$ 推导出的6个 $\{QS(f,t+1),QS(u,t+1),QS(v,t+1)$

组合。

3. 过程 3：获取带参数 α 和 β 的函数

我们选取了一个组合 $\{(-1, \text{std}), (\text{low}, \text{dec}), (\text{low}, \text{dec})\}$ 作为示例来说明过程 3，见附录 6.3。我们一共得到了十五个带参数 α 和 β 的函数。

我们用 Matlab 7.0 编程求解这些函数，程序代码见附录 6.4。通过执行程序，得到 α 和 β 的值，见附录 6.5。对它们进行均值、95% 置信区间分析，见表 6.7。

表 6.7　α 和 β 的统计分析

拟合数据	参数	均值	标准差	[95% 置信区间]	
表 6.6 中的	α	0.408 362	0.172 355	0.388 086	0.428 638
Data 1	β	−0.091 16	0.050 56	−0.097 11	−0.085 22

我们用尖点模型（即式 6.3）验证拟合结果（即均值 $(0.408\ 362, -0.091\ 16)$）。尖点模型的 Matlab 代码见附录 6.6。员工辞职行为的图示见图 6.8（a）。很明显，我们可以看出这里确实存在突变特征。但是如果我们将它与图 6.1 对比，它有以下两个缺陷：

（1）当环境变量 v 处在一种较好的情形时，比如说 v 的值为正，并且人的性格因素 u 的变化方向是"dec"，这时行为变量 f 的变化方向为"inc"。然而，根据尖点突变理论（见图 6.1），行为变量 f 的变化方向在这种条件下应该是"dec"才对。

（2）尽管突变特征确实存在，但是突变的模式并不正确。根据突变理论（见图 6.1），当且仅当性格因素 u 和环境变量 v 不断朝坏的情形（u 和 v 的值越来越为负）变化时，行为变量 f 才会发生突变。但是在图 6.8（a）中，我们观察到当 u 的值增加时，突变现象却发生了。

为了清楚地显示这两个缺陷，我们稍微变换一个角度绘制图 6.8（a）得到图 6.8（b）。在图 6.8（b）中观察，这两个缺陷更为清楚。

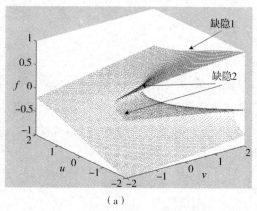
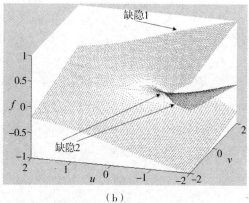

（a）　　　　　　　　　　　　　　（b）

图 6.8　由 Data1 拟合的员工辞职行为

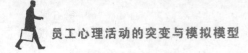
此时，我们只是利用表 6.6 中 Data1 来拟合 α 和 β，发现了上述缺陷。为了探索其原因，我们接着把 Data2 也加入到 α 和 β 的拟合中。带参数 α 和 β 的函数见附录 6.7。

对 Data 1 和 Data2，我们依照过程 3 进行计算得到了所有的相关方程，求解出所有的 α 和 β。均值以及 95% 的置信区间分析见表 6.8。用 (0.364 32，−0.035 24) 拟合的员工辞职行为见图 6.9。

表 6.8　α 和 β 的置信区间以及标准误差

拟合数据	参数	均值	标准差	[95% 置信区间]	
表 7.6 中的	α	0.364 32	0.028 213	0.033 113	0.039 751
Data 1＋Data 2	β	−0.035 24	0.022 256	−0.037 86	−0.032 62

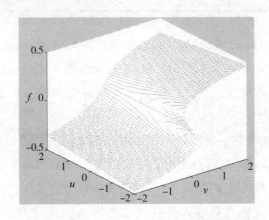

图 6.9　由 Data 1 和 Data 2 拟合的员工辞职行为

图 6.9 中的行为突变特点（即突跳、双态、滞后等突变特点）就很清楚，与图 6.1 所展示的理论相一致。由此可以解释图 6.8 中两个缺陷产生的原因：

我们提出的方法若只用单一方向的行为变化数据（即 Data1）不能产生满意的效果，只有用双向数据（即 Data1 和 Data2）才能取得较好成效。

6.5.3　验　证

表 6.6 中的数据是比较模糊的，比如，Data1 中的 $QS'\,(v,\,t) = $ (low，dec)，(very low，dec)，就是模棱两可的。为此，我们假设描述该员工行为变化的数据更清晰，即数据比表 6.6 更加精确，见表 6.9（在时间点 t 时刻的数据比表 6.6 精确），这样，拟合数据的总数就减少为 4 组（即 2＋2）。

表 6.9   改进后的拟合数据

	Data3	Data4
t	$QS'(f, t) = (1, \text{dec})$; $QS'(u, t) = (\text{low, dec}), (\text{verylow, dec})$; $QS'(v, t) = (\text{low, dec})$	$QS'(f, t) = (-1, \text{inc})$; $QS'(u, t) = (\text{low, inc})$; $QS'(v, t) = (\text{high, inc}), (\text{veryhigh, inc})$

通过过程 2 和过程 3，我们得到了 α 和 β。对它们进行均值和 95% 的置信区间分析，结果见表 6.10。拟合结果见图 6.10。

表 6.10 α 和 β 的标准误差及置信区间

拟合数据	参数	均值	标准差	[95% 置信区间]	
表 9 中的	α	0.058 851	0.048 251	0.053 175	0.064 527
Data 3 + Data 4	β	−0.042 82	0.027 901	−0.046 1	−0.039 53

对比图 6.9 和图 6.10，我们发现图 6.10 中突变特点比图 6.9 更加清晰明了，即行为曲面的褶皱越明显，突跳、双态、滞后等突变特点就越明显。这样，我们可以得到结论：用来拟合的数据越精确，我们获得的尖点突变模型就越明显。此结论符合人们的认识常识。

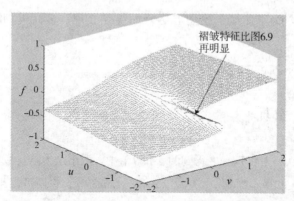

褶皱特征比图6.9
再明显

图 6.10   由 Data 3 和 Data 4 拟合的员工辞职行为

6.6   讨论及应用

6.6.1   本节方法存在的"矛盾"

6.5.2 小节的结果显示，当只有单向拟合数据时，我们提出的方法不能得到很好的结果（通过对比图 6.8 和图 6.9 得知）。

而 6.5.3 节表明，少而精确的数据比多且模糊的数据拟合效果更好（通过对比图 6.9 和图 6.10 得知），那么图 6.9 和 6.10 的统计表现如何呢？

我们比较分别由 Data 1 和 Data 2 与 Data 3 和 Data 4 这两组数据拟合得到的 α 和 β 的标准误差以及 95% 置信区间，见表 6.11。

表 6.11　α 和 β 的标准误差以及 95% 置信区间

拟 合 数 据	参数	标准差	95% 置信区间的宽度
表 6.6 中的 Data 1 + Data 2	α	0.028 213	0.006 638
（多且模糊的数据）	β	0.022 256	0.005 26
表 6.9 中的 Data 3 + Data 4	α	0.048 251	0.011 352
（少而精的数据）	β	0.027 901	0.006 57

很明显，Data 3 和 Data 4 的标准误差以及 95% 置信区间的宽度，比 Data 1 和 Data 2 的都要大一些。这说明，与少而精确的数据拟合的结果相比，多且模糊的数据所拟合的结果统计表现要好一些。因此，这里就产生了一个矛盾：

在 6.5.3 节，为了拟合高质量的模型，少而精的数据比多且模糊的数据表现好，这也是符合常识的。

但这里却显示，为了使拟合模型有更好的统计表现，多而模糊的数据比少且精的数据更好。

下面，我们就来分析产生这个矛盾的原因。

6.6.2　"矛盾"分析

从由表 6.6 的 Data 1 和 Data 2 得到的 α 和 β 值中，取出最大以及最小的 α：0.123 388 和 0.000 594；取出最大和最小的 β：-0.001 99 和 -0.083 07。它们可以组合成如下的两组极值点对：

$$(\alpha, \beta) = (0.123\ 388, -0.083\ 07), (0.000\ 594, -0.001\ 99)$$

我们可以在控制面板（见图 6.1 的 $u-v$ 轴组成的平面）上绘制它们的分歧点集合（即式 6.5），见图 6.11。图 6.11（a）由点 $(\alpha, \beta) = (0.123\ 388, -0.083\ 07)$ 得到，它显示了从表 6.6 中 Data 1 和 Data 2 得到的最大分歧点集合；图 6.11（c）是由 $(\alpha, \beta) = (0.000\ 594, -0.001\ 99)$ 得到的，它显示了从表 6.6 中 Data 1 和 Data 2 得到的最小分歧点集合；图 6.11（b）是图 6.9 的分歧点集合，它是由 $(\alpha, \beta) = (0.364\ 32, -0.035\ 24)$ 这一均值点对得到的。

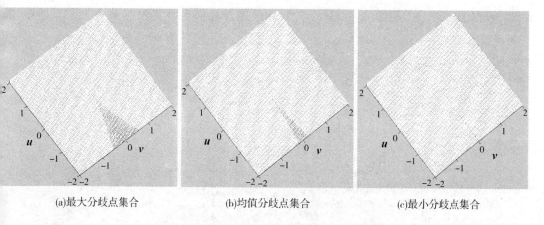

(a)最大分歧点集合　　　　　　(b)均值分歧点集合　　　　　　(c)最小分歧点集合

图 6.11　由 Data 1 和 Data 2 得到的分歧点集合

从由表 6.9 的 Data 3 和 Data 4 得到的 α 和 β 值中，取出最大以及最小的 α：0.194 945 和 0.005 319；取出最大和最小的 β 值：$-0.001\ 99$ 和 $-0.099\ 07$。它们可以组合成如下的两组极值点对：

$$(\alpha,\ \beta) = (0.194\ 945,\ -0.099\ 07),\ (0.005\ 319,\ -0.001\ 99)$$

最大、平均以及最小分歧点集合见图 6.12。图 6.12（a）由 $(\alpha,\ \beta) = (0.194\ 945, -0.099\ 07)$ 得到。图 6.12（c）由 $(\alpha,\ \beta) = (0.005\ 319,\ -0.001\ 99)$ 得到。图 6.12（b）显示的是图 6.10 的分歧点结合。

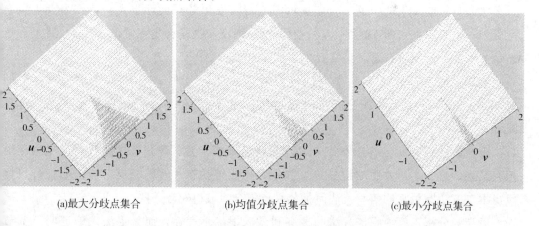

(a)最大分歧点集合　　　　　　(b)均值分歧点集合　　　　　　(c)最小分歧点集合

图 6.12　由 Data 3 和 Data 4 获得的分歧点集合

图 6.11 和图 6.12 分别展示了表 6.11 中两组数据的标准误差和 95% 置信区间在控制面板上的分歧点集合。从中我们得到以下结论：

多且模糊的拟合数据产生狭窄的分析点集合（见图 6.11），少而精确的拟合数据产生较宽泛的分歧点集合（见图 6.12）。

这个结论意味着我们的方法是失败的吗？为了回答这个问题，我们做进一步的分析。

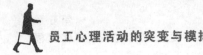

我们把图 6.11 和图 6.12 中的三个奇点集合分别重叠在控制面板上，见图 6.13（a）和图 6.13（b）。

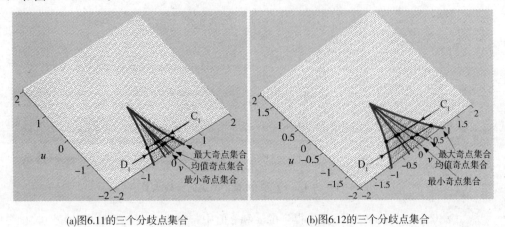

(a)图6.11的三个分歧点集合　　　　　　　　(b)图6.12的三个分歧点集合

图 6.13　重叠的分歧点集合

最粗、较粗以及较细的曲线分别表示最大、平均以及最小分歧点集合。显然，图 6.11 中的分歧点集合总是比图 6.12 中的分歧点集合范围小一些。

C_1 和 D_1 分别代表行为变化的方向，C_1 表示从正常状态变化到异常状态。沿着 C_1 和 D_1 的变化方向上有三个点。在 C_1 线上，第一个点表示突变行为从正常状态变化到异常状态是可能发生的，第二个点表示突变行为发生的可能性很大，第三个点表示突变行为一定会发生，即在这个点，一定会发生突变，这是确定无疑的。在 D_1 线上，意思是一样的，只不过是这时突变行为是从异常状态变化到正常状态。

容易发现，图 6.13（a）中突变行为的发生总是比图 6.13（b）中发生的要早一些，因为图 6.13（a）中的分歧点值集总是比图 6.13（b）中的范围要窄一些。这意味着：

拟合数据越模糊，拟合结果（α 和 β）就越敏感。为了防止模糊的数据产生错误的拟合结果，那么本章方法就将分歧点值集合生成得狭窄一些。相反，精确的拟合数据使得本节方法有更高的信心，从而将分歧点集合生成得宽泛一些。

以上的分析不仅说明该方法的冲突和矛盾根本不存在，而且更深入地证明了本节方法既符合逻辑又符合情理。

6.6.3　应用

我们以行为从正常状态突变到异常状态（即 C_1 方向）为例来解释如何应用本方法。

在图 6.13（b）中，我们从（$u=0$，$v=0$）到（$u=-2$，$v=0$）画一条线。这样可

以形成 3 个区域，见图 6.14，有 Area1、Area2 和 Area3。

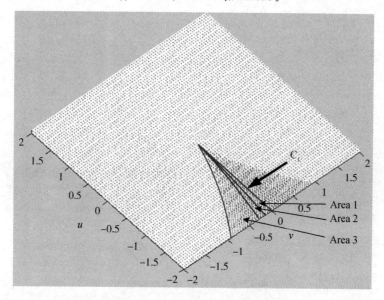

图 6.14　控制面板上的三个区域

根据 6.6.2 节的分析，我们将 Area 1、Area 2 和 Area 3 分别命名为：预警区、临界区和突变区（从 C_1 方向）。

如果 u 和 v 的值移动到预警区域，人的突变行为可能会发生。企业管理者应该警惕这一点，并采取行动来阻止它们进一步移动。

如果 u 和 v 的值移动到临界区域，人的突变行为就非常可能发生。企业管理者必须立刻采取行动来阻止它们的移动。

如果 u 和 v 的值移动到突变区域，人的突变行为一定会发生。到这个时候，没有任何措施可以阻止突变的发生。此时管理者只能启动预备方案以减小突变行为带来的损失。

为了使我们提出的方法更加实用，我们把 u 和 v 的模糊数值（见图 6.2）画在控制面板上，如图 6.15 所示。这样，我们就可以用定性模拟方法中的定性变量来描述这三个区域。以带箭头的短线所指的小三角形区域为例，该小三角形区域处在突变区域，它表明 C_1 移动到 $QS(u, t) = \{$ (low, dec) and (very low, inc)$\}$ 并且 $QS(v, t) = \{$ (normal, dec) or (low, dec)$\}$ 时，突变行为将会很快发生，并且这无法避免。

本来用本章方法拟合的最终结果是一个数学模型，但采用模糊数学方法结合定性模拟的定性变量来描述和解释该数学模型后（见图 6.15），就可以很方便地被管理者用在自然语境的现实社会中，预测、预防并处理人的行为突变。

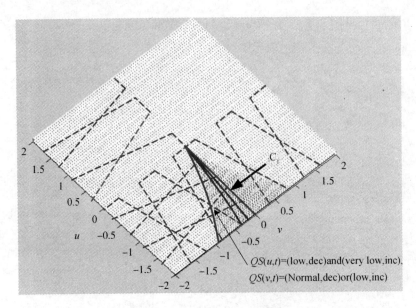

图 6.15　三个区域的定性描述

6.7　本章小结

根据心理学领域的突变理论已有的应用可知，构建个体心理－行为的突变模型，实质上就是拟合模型参数 α 和 β。但是，基本突变模型是严格规范的数学模型；同时，从个体心理因素与环境因素之间的交互，到个体突变行为的表现，这个演化过程是复杂的，具有模糊的、信息不完备的以及随时间变化等特性。因此，为了拟合 α 和 β，我们将定性模拟、模糊数学方法与尖点突变的纯数学模型集成起来。我们的方法有以下特点：

（1）用来拟合的数据是从对人的行为变化过程的描述性语言或者新闻消息中提取的，而不是通过在某一时刻的问卷调查收集的。因此数据是随时间变化的，而不是静态的。

（2）描述性语言或新闻消息都是人类自然语言，它们是模糊的、不完整的。因此，我们用有两个元素（即水平和变化方向）的定性变量来描述它们。

（3）自然语言描述的个体心理因素和环境因素之间的交互过程，用定性模拟模型（包括约束、规则等）来描述。

（4）为了进行参数拟合的计算，我们引入了模糊数学方法，包括模糊变量的表达和模糊算术计算。

（5）在得到拟合结果（即带 α 和 β 的尖点突变模型）后，模糊变量的表达和定性模拟（见图 6.6.3 节）的定性变量被再次用来解释拟合结果，得到三个区域（见图 6.14、图 6.15），这样就能方便地在人类语境的现实社会中使用。

我们用了一个企业员工辞职案例来解释本章方法的细节。第 6.6.1、第 6.6.2 节的讨论分析表明，参数拟合的质量取决于数据的质量（即精确数据），这也是对本章方法的验证。

本章主要的贡献为：

（1）将定性模拟、模糊数学方法与基本尖点突变模型集成起来，使得严格规范的数学突变模型适用于对模糊、不完整以及随时间变化的心理活动和社会现象底层规律的揭示。

（2）把对个体突变行为的描述性语言和新闻消息（即输入），映射为该个体的行为变化突变的三个区域（即输出），包括预警区、临界区和突变区。

但是，因为本章方法是完全依赖拟合数据的方法，即该人的 α 和 β 是随其所处情境而变的，不可能找到适合该人的通用 α 和 β。另外，本章仅展示了一个案例的应用，今后有待于通过收集更多关于个体人行为突变的案例，进一步微调本章方法框架及表 6.1 和表 6.2 模糊值的设置。

参考文献

［1］Mobley W H，Horner S O，Hollingsworth A T. An evaluation of precursors of hospital employee turnover ［J］. Journal of Applied Psychology，1978，63（4）：408-414.

［2］Sheridan J，Abelson M. Cusp catastrophe model of employee turnover ［J］. Academy of Management Journal，1983，26：418-436.

［3］Sheridan J A. Catastrophe model of employee withdrawal leading to low job performance，high absenteeism and job turnover during the first year of employment ［J］. Academy of Management Journal，1985，28：88-109.

［4］Shen Q，Leitch R R. Fuzzy qualitative simulation ［J］. IEEE Transactions on Systems，Man，and Cybernetics，1993，23（4）：1038-1061.

［5］Stewart I N，Peregoy P L. Catastrophe theory modeling in psychology ［J］. Psychological Bulletin，1983，94（2）：336-362.

［6］Thom R. Structural stability，catastrophe theory，and applied mathematics ［J］. Siam Review，1977，19（2）：189-201.

［7］Kuipers B. Qualitative simulation ［J］. Artificial Intelligence，1986，29：289-338.

附录 6.1

$\{QS'\ (f,\ t),\ QS'\ (u,\ t),\ QS'\ (v,\ t)\} = \{\ (1,\ \text{dec}),\ (\text{low, dec}),\ (\text{low, dec})\},\ \{\ (1,\ \text{dec}),\ (\text{low, dec}),\ (\text{very low, dec})\},\ \{\ (1,\ \text{dec}),\ (\text{very low, dec}),\ (\text{low, dec})\},\ \{\ (1,\ \text{dec}),\ (\text{very low, dec}),\ (\text{very low, dec})\}$

附录 6.2

执行第三步，我们得到：

$QS\ (f,\ t+1) = (1,\ \text{dec}),\ (-1,\ \text{std});\ QS\ (u,\ t+1) = (\text{low, dec}),\ (\text{low, std});\ QS\ (v,\ t+1) = (\text{low, std}),\ (\text{low, dec}),\ (\text{low, inc})$

因此，所有可能的后续如下：

$\{QS\ (f,\ t+1),\ QS\ (u,\ t+1),\ QS\ (v,\ t+1)\} = \{\ (1,\ \text{dec}),\ (\text{low, dec}),\ (\text{low, std})\},\ \{\ (1,\ \text{dec}),\ (\text{low, dec}),\ (\text{low, dec})\},\ \{\ (1,\ \text{dec}),\ (\text{low, dec}),\ (\text{low, inc})\},\ \{\ (1,\ \text{dec}),\ (\text{low, std}),\ (\text{low, std})\},\ \{\ (1,\ \text{dec}),\ (\text{low, std}),\ (\text{low, dec})\},\ \{\ (1,\ \text{dec}),\ (\text{low, std}),\ (\text{low, inc})\},\ \{\ (-1,\ \text{std}),\ (\text{low, dec}),\ (\text{low, std})\},\ \{\ (-1,\ \text{std}),\ (\text{low, dec}),\ (\text{low, dec})\},\ \{\ (-1,\ \text{std}),\ (\text{low, dec}),\ (\text{low, inc})\},\ \{\ (-1,\ \text{std}),\ (\text{low, std}),\ (\text{low, std})\},\ \{\ (-1,\ \text{std}),\ (\text{low, std}),\ (\text{low, dec})\},\ \{\ (-1,\ \text{std}),\ (\text{low, std}),\ (\text{low, inc})\}$

执行第四步，我们得到所有符合逻辑的后续，如下：

$\{QS\ (f,\ t+1),\ QS\ (u,\ t+1),\ QS\ (v,\ t+1)\} = \{\ (-1,\ \text{std}),\ (\text{low, dec}),\ (\text{low, dec})\},\ \{\ (-1,\ \text{std}),\ (\text{low, dec}),\ (\text{very low, std})\},\ \{\ (-1,\ \text{std}),\ (\text{low, dec}),\ (\text{very low, dec})\},\ \{\ (-1,\ \text{std}),\ (\text{very low, std}),\ (\text{very low, std})\},\ \{\ (-1,\ \text{std}),\ (\text{very low, dec}),\ (\text{low, dec})\},\ \{\ (-1,\ \text{std}),\ (\text{very low, dec}),\ (\text{very low, dec})\},\ \{\ (-1,\ \text{dec}),\ (\text{low, dec}),\ (\text{low, dec})\},\ \{(-1,\ \text{dec}),\ (\text{low, dec}),\ (\text{very low, dec})\},\ \{(-1,\ \text{dec}),\ (\text{very low, std}),\ (\text{low, dec})\},\ \{\ (-1,\ \text{dec}),\ (\text{very low, std}),\ (\text{very low, dec})\},\ \{\ (-1,\ \text{dec}),\ (\text{very low, dec}),\ (\text{low, dec})\},\ \{\ (-1,\ \text{dec}),\ (\text{very low, dec}),\ (\text{very low, dec})\}$

执行第五步，我们得到所有合理的后续，如下：

$\{QS\ (f,\ t+1),\ QS\ (u,\ t+1),\ QS\ (v,\ t+1)\} = \{\ (-1,\ \text{std}),\ (\text{low, dec}),\ (\text{low, dec})\},\ \{\ (-1,\ \text{std}),\ (\text{low, dec}),\ (\text{very low, std})\},\ \{\ (-1,\ \text{std}),\ (\text{low, dec}),\ (\text{very low, dec})\},\ \{\ (-1,\ \text{std}),\ (\text{very low, std}),\ (\text{very low, std})\},\ \{\ (-1,\ \text{std}),\ (\text{very low, dec}),\ (\text{low, dec})\},\ \{\ (-1,\ \text{std}),\ (\text{very low, dec}),\ (\text{very low, dec})\}$

附录 6.3

执行第一步，我们得到：

$FQS'(f, t+1) = [-0.6, -0.4, 0.2, 0.2]$，$FQS'(u, t+1) = [-0.6, -0.6, 0.2, 0]$ 以及 $FQS'(v, t+1) = [-0.6, -0.6, 0.2, 0]$

执行第二步，得到：

$FQS(f,t)^3 + \alpha \cdot FQS(u,t) \cdot FQS(f,t) + \beta \cdot FQS(v,t) = [-0.216+0.36\alpha-0.6\beta, -0.64+0.36\alpha-0.6\beta, 0.296+0.2\beta, 0.056+0.28\alpha]$

执行第三步，我们得到均值：

$B = [-0.216+0.72\alpha-0.8\beta, -0.64+0.64\alpha-0.06\beta, 0.269+0.11\alpha+0.1\beta, 0.056+0.17\alpha+0.1\beta]$.

这里，

$B_1 = [-0.216+0.16\alpha-0.6\beta, -0.64+0.36\alpha-0.4\beta, 0.296+0.12\alpha+0.2\beta, 0.056+0.28\alpha+0.2\beta]$

$B_2 = [-0.216+0.32\alpha-\beta, -0.64+0.6\alpha-0.8\beta, 0.296+0.16\alpha, 0.056+0.2\alpha]$

$B_3 = [-0.216+0.32\alpha-0.6\beta, -0.64+0.6\alpha-0.4\beta, 0.296+0.16\alpha+0.2\beta, 0.056+0.2\alpha+0.2\beta]$

$B_4 = [-0.216+0.64\alpha-\beta, -0.64+\alpha-0.8\beta, 0.296, 0.056]$

执行第四步，我们得到方程：

$D(A_1, B_1) = (0.0308+0.26\alpha-0.74\beta)\verb|^|2 + (-0.38\alpha+1.03\beta)\verb|^|2 = 0$

$D(A_2, B_1) = (0.0308+0.26\alpha-0.54\beta)\verb|^|2 + (-0.38\alpha+1.33\beta)\verb|^|2 = 0$

$D(A_3, B_1) = (0.0308+0.26\alpha-0.84\beta)\verb|^|2 + (-0.38\alpha+1.43\beta)\verb|^|2 = 0$

$D(A_4, B_1) = (0.0308+0.4\alpha-0.54\beta)\verb|^|2 + (-0.22\alpha+1.33\beta)\verb|^|2 = 0$

$D(A_5, B_1) = (0.0308+0.34\alpha-0.74\beta)\verb|^|2 + (-0.18\alpha+1.03\beta)\verb|^|2 = 0$

$D(A_6, B_1) = (0.0308+0.34\alpha-0.84\beta)\verb|^|2 + (-0.18\alpha+1.43\beta)\verb|^|2 = 0$

这里有 5 个 $D(A, B)$ 方程。对它们进行两两随机组合，共产生了 15 个方程组 (5+4+3+2+1)。

附录 6.4

%－－－－－－－－计算 α 和 β－－－－－－－－－－－%

syms x y z;

syms a b;

```
sym A
A=sym(zeros(1,6));
double xz;
double yz;
xz=zeros(4,70);
yz=zeros(4,70);
A(1)='((0.0308+0.26*x-0.74*y)^2+(-0.38*x+1.03*y)^2)-z'
A(2)='((0.0308+0.26*x-0.54*y)^2+(-0.38*x+1.33*y)^2)-z'
A(3)='((0.0308-0.26*x-0.84*y)^2+(-0.38*x+1.43*y)^2)-z'
A(4)='((0.0308+0.4*x-0.54*y)^2+(-0.22*x+1.33*y)^2)-z'
A(5)='((0.0308+0.34*x-0.74*y)^2+(-0.18*x+1.03*y)^2)-z'
A(6)='((0.0308+0.34*x-0.84*y)^2+(-0.18*x+1.43*y)^2)-z'
k=1
for i=1:5
  for j=(i+1):6
    if i==j
      continue;
    else
    a=subs(A(i),[z],[0.1])
    b=subs(A(j),[z],[0.1])
    [x,y]=solve(a,b)
    xz(:,k)=eval(x)
    yz(:,k)=eval(y)
    k=k+1
    end
  end
end
%------------Record α and β------------
fidout1=fopen('C:\Bin Hu \cuspcalculate \data8realpart_|á_data1_. txt','w')
for j=1:4
  for i=1:70
    fprintf(fidout1,' %f \n ',xz(j,i));
  end
end
```

```
fclose(fidout1);
fidout2=fopen('C:\Bin Hu \cuspcalculate \data8realpart_|Â_data1_. txt','w')
for j=1:4
    for i=1:70
        fprintf(fidout2,' %f \n ',yz(j,i));
    end
end
fclose(fidout2);
```

附 录 6.5

α:

0. 238 556，0. 400 642，0. 154 78，0. 416 013，0. 387 446，0. 298 046，0. 656 89，0. 496 822，0. 199 984，0. 385 594，0. 575 147，0. 690 423

β:

—0. 147 954，—0. 089 218，—0. 161 603，—0. 110 33，—0. 094，—0. 115 112，—0. 031 935，—0. 054 362，—0. 154 541，—0. 094 445，—0. 023 883，—0. 016 576

注：我们用 Matlab 语言实现尖点模型，并反复验证（α，β）的取值范围后发现，只有当 $\alpha>0$ 且 $\beta<0$ 时，才能建立既符合逻辑又符合情理的关于人的行为变化和跳跃的尖点模型。这样，对于所有通过附录 6.4 中 Matlab 代码计算得到的（α，β），我们只保留满足条件（$\alpha>0$，$\beta<0$）的（α，β）而删除所有其他的（α，β），包括（$\alpha>0$，$\beta>0$）、（$\alpha<0$，$\beta<0$）、（$\alpha<0$，$\beta>0$）、（$\alpha=0$，β）以及（α，$\beta=0$）。

附 录 6.6

```
clc;
clear;
b=-2:0.05:2;
c=-2:0.05:2;
N=size(b,2);
M=size(c,2);
figure(1)
for i=1:N
    for j=1:M
```

```
p=[1,0,0.408362 * b(i), -0.9116 * c(j)];
x=roots(p);
a=x(find(imag(x)=0));
  number=length(a);
for k=1:number
  f=a(k);
  plot3(c(j),b(i),f);
  hold on;
  end
 end
end
```

附录 6.7

$D(A_1, B_2) = (0.02+0.12\alpha-0.2\beta)\hat{}2 + (-0.88\alpha+1.1\beta)\hat{}2 = 0$

$D(A_2, B_2) = (0.02+0.12\alpha-0.3\beta)\hat{}2 + (-0.88\alpha+0.5\beta)\hat{}2 = 0$

$D(A_3, B_2) = (0.02-0.06\alpha+0.3\beta)\hat{}2 + (-0.68\alpha+0.7\beta)\hat{}2 = 0$

$D(A_4, B_2) = (0.02+0.1\alpha-0.2\beta)\hat{}2 + (-0.58\alpha+1.1\beta)\hat{}2 = 0$

$D(A_5, B_2) = (0.02+0.1\alpha-0.3\beta)\hat{}2 + (-0.58\alpha+0.5\beta)\hat{}2 = 0$

$D(A_6, B_2) = (0.02+0.12\alpha-0.2\beta)\hat{}2 + (-0.88\alpha+1.5\beta)\hat{}2 = 0$

$D(A_7, B_2) = (0.02+0.1\alpha-0.2\beta)\hat{}2 + (-0.58\alpha+1.5\beta)\hat{}2 = 0$

$D(A_8, B_2) = (0.02+0.28\alpha-0.2\beta)\hat{}2 + (-1.08\alpha+1.1\beta)\hat{}2 = 0$

$D(A_9, B_2) = (0.02+0.28\alpha-0.3\beta)\hat{}2 + (-1.08\alpha+0.5\beta)\hat{}2 = 0$

$D(A_{10}, B_2) = (0.02+0.34\alpha+0.14\beta)\hat{}2 + (-0.94\alpha+0.7\beta)\hat{}2 = 0$

$D(A_{11}, B_2) = (0.02+0.28\alpha-0.2\beta)\hat{}2 + (-1.08\alpha+1.5\beta)\hat{}2 = 0$

$D(A_{12}, B_2) = (0.02+0.34\alpha+0.1\beta)\hat{}2 + (-0.96\alpha+1.2\beta)\hat{}2 = 0$

Part 4

突变模型建模与应用

员工的心理活动具有非线性动力学特征，因此，已有学者运用尖点突变理论研究员工的心理活动的机理，但是只运用尖点突变的概念或特征来指导实证和统计研究。

本部分则直接运用尖点突变理论来建立员工心理活动的尖点突变模型，运用所建模型推演并分析员工心理活动的运行机理。

第7章　个体员工心理契约的建模与分析

7.1　前　　言

自从 Rousseau[1] 给出了狭义的基于员工单维角度的定义以后，心理契约的研究得到了快速的发展。心理契约破坏是员工对组织未能完成在心理契约中所承担责任的认识和评价。研究已经表明心理契约破坏会对员工的情感、态度和行为产生负面影响，因此研究者对心理契约破坏的前因变量以及破坏与结果的调节变量问题进行了大量探讨。然而如何有效预防破坏的产生一直是一个没有得到有效研究的课题。一些学者（包括 Rousseau、Robinson[2] 和 Conway[3] 等人）通过研究一致认为心理契约破坏与心理契约建立的转换过程并非像很多实证研究（Lambert）所认为的是一个线性可逆过程。心理契约一旦破坏，就很难重新建立起来，或者说由于彼此信任的破坏，需要更多努力才能重新建立起有效的心理契约水平。管理者对员工采取一定程度的激励，可以使员工保持心理契约建立状态，但是一旦破坏后，即使在当前激励程度下，员工的心理契约依然会处于心理契约破坏状态。Conway 通过纵向实证研究发现，同样程度的心理契约建立与心理契约破坏，心理契约破坏对员工造成的影响更深，反映了一种不可逆性，员工心理契约破坏的发生表现了一种突变性。

有了上述理论依据，心理契约破坏的内在机制这一黑箱可以由非线性动力学概念——突变理论来揭开。因为三类现象正对应于突变模型中的滞后、双模态和突跳现象，它们是突变模型所独有的，而传统的数学模型无法有效地对它们进行解释。虽然现有的 logistic 模型可以用来描述快速变化等现象，但是却无法描述诸如双模态和滞后等特征。在实际中员工心理契约水平的变化总是会经受一定不确定性的扰动（可以来自主观因素，也可以是客观因素）。因此我们运用随机突变理论分析心理契约建立—破坏的内在突变机制，为解释和预测心理契约破坏的发生提供理论依据。

7.2　员工心理契约的尖点突变模型

滞后、双模态和突跳等在心理契约破坏过程中的存在性，为利用突变模型来描述心理契约建立—破坏动力学提供了有效的理论基础，同时心理契约破坏的发生作为一种突变现象，可以通过突变理论来得到有效地分析。

7.2.1 经典尖点突变模型

在尖点突变模型中，可以典型地发现滞后、双模态和突跳等突变特征，而这正对应于心理契约破坏过程中所表现出来的一些现象，因此用尖点模型来表述心理契约动力学是合理的。这样员工心理契约水平演化的动力学方程可以由式 7.1 所示的尖点模型来描述：

$$\frac{\mathrm{d}x}{\mathrm{d}t} = -x^3 + \beta x + \alpha \tag{7.1}$$

其中，员工心理契约水平 y 由一个线性变换 $x = \frac{(y-\lambda)}{\tau}$ 来处理，而 λ、τ 是变换参数，这样保证式 7.1 更合理地描述心理契约突变机制。变量 α 是正则因子，β 是分歧因子。在实际中，两类控制变量是作为一些影响心理契约水平变化的独立变量的函数而存在的。比如，根据现有的关于心理契约前因变量的实证研究，员工的人格变量[4,5]和企业的组织氛围变量[6,7]都能够有效影响心理契约的水平。

7.2.2 随机尖点突变模型

式 7.1 是一个确定性的常微分方程，没有考虑不可知的随机因素带来的干扰。然而实际中，作为一种心理变量，员工心理契约的波动过程是一个复杂系统，其变化不仅仅会受到人格和组织氛围的影响，还有很多不可预见的内外部因素对其构成影响，针对这种影响在某些情况下也是不可忽略的，因此在式 7.1 的基础上引入一个合理的布朗运动扰动项来描述这些随机干扰，我们得出：

$$\mathrm{d}x = (-x^3 + \beta x + \alpha)\mathrm{d}t + \sigma\mathrm{d}w(t) \tag{7.2}$$

其中，σ 反映了所受到的扰动强度，我们假设它为一个正常数，表示前后心理契约受到的扰动来源和强度是一致的。

这样，我们在形式上找到了一种描述员工心理契约动力学演化的工具即式 7.2。接下来主要考虑如何借助式 7.2 对心理契约动力学的突变机制进行分析，可以看出，有效的分析离不开对变量 α、β、λ、τ 的确定，因为此时式 7.2 只是一个笼统的概念，至于心理契约变量 y 与人格变量和组织氛围变量之间的具体关系，到目前为止还是一个黑箱，还无法进一步从定量角度获得心理契约动力学演化特征。

在突变理论应用的历史上，突变机制的定量分析方法在自然科学领域应用比较广泛也比较成熟，因为在该领域系统的动力学比较容易获得；而与之相比，在软科学领域比如经济、社会和心理学领域中，由于系统的定量模型难以获得，突变机制的分析在早期主要以定性分析为主，直到后来出现了一些依靠实证数据来对突变模型进行拟合的统计方法后，定量分析才开始得以进行。

心理契约作为一个心理学术语，由于个体的差异性和测量的困难，其动力学演化的数学模型很难建立起来，因此现有的相关研究主要是以借助横向和纵向数据的实证研究为主，数理模型基本上不存在。如果只是单纯地对心理契约动力学进行定性的突变分析，已无必要，因为实证研究已经给出了相关的突变特征的证明及定性分析，因此我们着眼于突变机制的定量分析。突变特征的存在性已经为我们利用突变模型来拟合心理契约动力学提供了有力的保障，接下来为了尽可能获得与实际数据相符的突变拟合模型，一方面我们要搜集大量数据，另一方面借助经典的突变模型拟合方法，从众多的拟合模型中借助一定的择优标准，获得最优匹配模型，在此基础上就可以对心理契约动力学进行定量分析了。

7.3 尖点突变模型的拟合

7.3.1 搜集数据

我们针对武汉某家 IT 企业进行了两次调研，每次间隔 1 个月，每次持续 3 天。在这个过程中经历了访谈和发放问卷等形式。发放问卷对象是企业的研发人员，测量内容包括心理契约、人格和组织氛围等变量。

心理契约是从员工感知的角度来测量，员工个体对于相互责任与义务的信念系统，包括员工感知到的"组织对其承担的责任"（简称"组织责任"）和"其对组织承担的责任"（简称"员工责任"）两个维度。研究中，两个维度的内部一致性系数分别为 0.69、0.74，总问卷信度为 0.89，信效度良好。关于人格变量采用 Goldberg 编制的大五人格问卷简式问卷[8]，包括神经质、责任感、外向性、宜人性和开放性 5 个分问卷，各分问卷均有 5 个项目，共 25 个项目。各分问卷内部一致性系数分别为 0.59、0.76、0.49、0.73、0.55，问卷总项目的内部一致性系数为 0.69。组织氛围变量的测量参考 Litwin 和 Stringer[9] 的经典量表和谢荷锋编制的组织氛围量表[10]，在访谈基础上进行语义修改形成最终量表。量表主要包括创新氛围、公平氛围、支持氛围、人际关系氛围、员工身份认同氛围五个维度。各分量表的内部一致性系数分别为 0.83、0.82、0.72、0.80、0.76，总量表项目的内部一致性系数为 0.94。对于所有的问卷的处理我们全部采用了严格的双向翻译，问卷采用李克特式五点计分法。

问卷发放了 310 份，回收 283 份，回收率 91.29%，其中有效问卷 269 份，有效回收率 86.77%。其中男 166 人，女 103 人；已婚 139 人，未婚 130 人；本科学历 124人，硕士及以上 145 人；平均工作年限 3.63 年；平均年龄 29.3 岁。

7.3.2 拟 合 结 果

根据 4.3.2 节的拟合方法，针对现有的实证研究，员工的人格变量和组织氛围变量能够有效预测心理契约水平，因此将人格变量（记为 x_1）和组织氛围变量（记为 x_2）作为独立控制变量。并且根据拟合估计方法的一般原理假设有：

$$\begin{cases} \alpha = \alpha_0 + \alpha_1 x_1 + \alpha_2 x_2 \\ \beta = \beta_0 + \beta_1 x_1 + \beta_2 x_2 \end{cases} \tag{7.3}$$

参数 $\alpha_0, \beta_0, \alpha_1, \beta_1, \alpha_2, \beta_2$ 是待估计的变量。

搜集到上述有效数据（$N=269$）后，接下来运用 cuspfit 软件，对上述参数进行拟合估计。由于事先并不知道两类独立观测变量对正则因子和分歧因子的贡献水平，因此可以允许 $\alpha_1, \alpha_2, \beta_1, \beta_2$ 中的某些值为零，例如，如果知道组织氛围对正则因子 α 没有影响，可以设定 $\alpha_2 = 0$，其他的类似进行推理。这样最终得到 16 组尖点拟合模型如表 7.1。

表 7.1　尖点模型拟合结果一览表

Model	α_0	α_1	α_2	β_0	β_1	β_2	λ	τ	Par	AIC	BIC
1	−3.68	0.00	0.00	−5.00	−0.40	0.00	1.61	2.55	5	727	745
2	−5.00	0.00	0.00	2.50	0.00	−1.62	5.00	2.35	5	552	569
3	−1.22	0.28	2.52	−5.00	0.26	0.00	0.34	1.71	7	548	573
4	−1.94	0.25	0.25	−5.00	0.00	−0.14	0.57	1.73	7	549	573
5	−5.00	0.56	0.00	2.54	0.14	−1.62	5.00	2.34	7	553	578
6	−5.18	0.00	2.50	−5.00	0.37	0.21	−0.03	1.71	7	551	575
7	−1.47	0.25	2.52	−5.00	0.00	0.00	0.42	1.72	6	547	568
8	−5.00	0.00	0.00	2.53	−0.14	−1.62	5.00	2.34	6	552	573
9	−1.22	0.00	2.47	−5.00	0.00	−0.23	0.66	1.75	6	549	570
10	−5.00	0.29	0.00	2.54	0.00	−1.62	5.00	2.34	6	552	573
11	−0.57	0.00	2.50	−5.00	0.30	0.00	0.16	1.71	6	543	561
12	−1.10	0.26	0.00	−4.27	0.00	0.00	0.16	2.21	5	727	744
13	−1.40	0.00	2.51	−5.00	0.00	0.00	0.40	1.73	5	547	565
14	−1.07	0.27	0.00	−4.28	5.25	0.00	0.48	2.21	6	729	750
15	−1.10	0.00	0.00	−4.21	0.00	0.00	0.50	2.22	4	728	742
16	−1.79	0.31	2.50	−5.00	0.28	−0.18	0.53	1.73	8	549	570

可以发现，第 11 组模型（$AIC=543$，$BIC=561$）对数据的匹配是最优的，因为两类判断标准 AIC 和 BIC 取值最小，它所对应的随机尖点模型的动力学方程是：

$$\mathrm{d}x = (-x^3 + \beta x + \alpha)\mathrm{d}t + \sigma\mathrm{d}w(t) \tag{7.4}$$

其中，

$$x = (\hat{y} - 0.16)/1.71, \alpha = -0.57 + 2.5x_2, \beta = -5.00 + 0.3x_1 \tag{7.5}$$

而 $\hat{y}$ 是心理契约水平 y 的拟合回归值。

7.4　突变分析

根据拟合结果式 7.4 与 7.5，我们引入随机尖点突变模型的一些典型特征，这样，心理契约变量、人格变量和组织氛围变量之间的关系，可以由图 7.1 来描述。

接下来针对心理契约演化模型（即式 7.4 与 7.5），运用随机突变理论中的一般原则并结合图 7.1，来系统地分析心理契约建立－破坏这一离散变化的内在机理，以及说明变化过程中所表现出来的特征。在图 7.1 中将曲面上叶视为心理契约建立状态，将下叶视为心理契约破坏状态，从中可以直观看出心理契约的建立－破坏的离散过程。

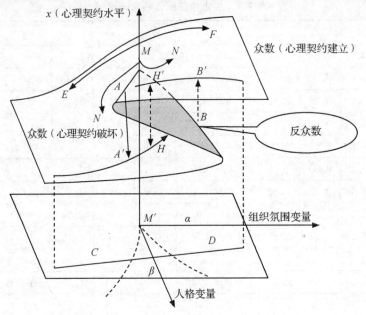

图 7.1　心理契约变量与人格变量和组织氛围变量之间内在关系的示意图

7.4.1 理论分析

随机分歧的定义说明，研究一个描述心理契约演化的随机过程均衡态的突变机制，等价于研究反映其"均衡性质"的极限概率密度函数关于众数的突变机理。根据图 7.1,我们可以得出一系列的相关结论。

1. 正则因子与分歧因子的作用

在式 7.5 中，与正则因子 α 相关的独立变量是组织氛围变量，与分歧因子 β 相关的独立观测变量仅仅是员工人格变量。在突变理论中，正则因子决定发生突变的位置，分歧因子决定发生突变的程度。将这一结论应用于式 7.4 时，把建立与破坏行为看做心理契约均衡态的离散变化（它可以属于扰动性突跳，也可以属于结构性突变），那么对于结构性突变有：

命题 7.1：在员工心理契约演化过程中，随着组织氛围和人格变量的不断变化，心理契约所有发生结构性突变（由建立到破坏或者由破坏到建立）的位置取决于组织氛围变量，而员工人格决定突变程度的大小。

心理契约本质上是联系员工与组织之间的一个心理纽带，而命题 7.1 说明，现实中员工心理契约破坏的产生，源于多变的组织氛围本身；而内在的人格变量水平决定了这种破坏的程度，这说明了不同素质的员工针对同一破坏行为的评价不同而导致产生不同的行为结果。

2. 双模态与扰动性突跳

在参数平面的某些区域中（分歧集合 $27\alpha^2 - 4\beta^3 < 0$，即图中虚线内部），一个参数组合点下，心理契约水平存在着两个稳态：建立与破坏，即双模态现象。双模态的存在性构成了心理契约发生扰动性突跳的基础，当扰动因素所起的作用足够大时，心理契约当前的均衡态就会在它们之间来回跳跃。

命题 7.2：随着组织氛围和人格变量的不断变化，当满足心理契约存在双模态时（即分歧集合 $27\alpha^2 - 4\beta^3 < 0$），外界的随机干扰会使得心理契约的均衡态发生扰动性突跳（即 H 与 H' 之间的相互转换），这种突跳可以是由建立到破坏，也可以是由破坏到建立。

扰动性突跳的存在性，说明在某些情况下，心理契约水平对外界扰动的敏感性。外界扰动此时是一个更加要关注的管理激励因素，此时要防止大的扰动的出现，以避免由此带来的从建立到破坏的突跳。同时从图中双模态区域的分布可以看出，即使员工人格水平很高，对于组织氛围而言，总是存在着一个不稳定的缓冲区即双模态区域，只有越过了这个缓冲区后，员工心理契约水平的变化才比较平缓，才具有可预测性。

3. 结构性突变

随着组织氛围和人格变量的不断变化（例如沿着直线 CD），当穿越分歧集合边缘即虚线时（满足 $27\alpha^2 - 4\beta^3 = 0$），即使心理契约当前受到外界的扰动影响很微弱，由于当前均衡态不再具有稳定性，心理契约系统通过自组织迁跃，达到远离当前状态的另一个稳态，从而发生离散变化，这一变化就是结构性突变，是源于系统的自组织相变。

命题 7.3：当组织氛围和人格变量的变化穿越分歧集合边界时，即满足 $27\alpha^2 - 4\beta^3 = 0$，心理契约水平会发生结构性突变，这种突变可以是由建立到破坏（由 A 到 A'，因为状态 A 不再稳定），也可以是由破坏到建立（由 B 到 B'，因为状态 B 不再稳定）。

结构性突变的存在，说明在某些情况下，心理契约水平对组织氛围和人格变量连续变化的敏感性。此时人格变量和组织氛围变量作为侧重点，是一个更加要关注的激励因素，避免越过某些临界值而导致由建立到破坏状态的结构性突变。

4. 滞后现象

当组织氛围和人格变量沿着不同的方向经过 CD 直线时，心理契约发生结构性突变的位置不同。当由 C 到 D 时，心理契约会发生由破坏到建立的离散变化，突变位置发生在虚线右侧，而由 D 到 C 时，员工心理契约会发生由建立到破坏的离散变化，发生突变位置在虚线左侧，这一特征被称为结构性突变的滞后现象。而突变的位置不同，说明心理契约由破坏到建立对人格变量和组织氛围变量的要求程度，要明显大于由建立到破坏的要求程度，换句话说心理契约一旦破坏，就很难建立起来。

命题 7.4：在员工心理契约的随机尖点突变模型中，滞后现象的存在性从理论上可以验证心理契约一旦破坏，就很难建立起来。

5. 关于发散现象

Ploeger 等[11]在研究中发现伴随滞后现象必然发生另一种非线性现象即发散。发散是指在某些区域附近（即 $\alpha = 0$，$\beta = 0$，图中的点 M'），心理契约演化的均衡态表现出对正则因子组织氛围变化的敏感性。当在 M' 附近时，组织氛围微小地增加或者减少，就会导致员工心理契约最终的水平发生很大的变化，表现在 MN 与 MN' 的发散。组织氛围此时作为关键性敏感变量要引起重视。

命题 7.5：当组织氛围和人格变量取值满足 $\alpha = 0$，$\beta = 0$ 时，员工心理契约水平的演化会表现出对组织氛围变量的敏感性，组织氛围变量值的增加会促使心理契约建立，而组织氛围变量值的减少会导致心理契约破坏。

6. 关于连续变化

心理契约的演化也并非总会发生离散变化现象，在分歧区域之外，即当 $27\alpha^2 - 4\beta^3 > 0$ 时的心理契约只有一个稳定的状态，那么组织氛围和人格变量的连续变化只会使得心理契约的这种稳态解发生连续变化。特别地，当 $\beta = -5.00 + 0.3x_1 < 0$（即人格变量满足 $x_1 < 50/3$）时，必然有 $27\alpha^2 - 4\beta^3 > 0$。针对图中 EF 区域，心理契约水平的变化只会随组织氛围和人格变量的连续变化而连续变化。从这个意义上讲心理契约水平根据前后历史情形是可以预测的。

命题 7.6：当组织氛围和人格变量满足 $27\alpha^2-4\beta^3>0$ 时，员工心理契约水平的演化只会随着组织氛围和人格变量的连续变化表现出连续的变化，不会发生离散事件。

7.4.2 数值模拟

为了验证心理契约在演化过程中，当组织氛围和人格变量穿过某些特殊阈值时是否发生扰动性突跳和结构性突变，在此做一些数值实验，以期得出直观的结论。

1. 双模态和扰动性突跳的验证

设定 $\beta=48$，则依据命题 7.2，当 α 连续变化，并保证 $27\alpha^2-4\beta^3<0$ 时，此时心理契约存在双模态：建立和破坏状态，这样当外界扰动很大时，心理契约会在两个可供选择的均衡态之间发生扰动性突跳。例如我们设定场景保证组织氛围水平满足 $\alpha=100$，那么给出式 7.6 的时间序列演化路径，见图 7.2。

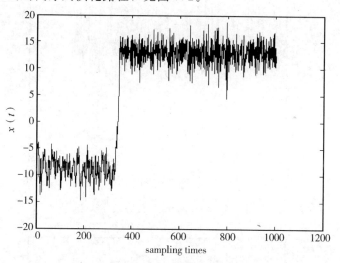

图 7.2 $\alpha=100$，心理契约的扰动性突跳

可以发现双模态和扰动性突跳的存在性，这说明在同一激励措施下，员工心理契约的演化由于对外界扰动的敏感性仍然会表现出不同的反应。

2. 结构性突变与滞后现象的验证

由 $27\alpha^2-4\beta^3=0$，可得 $\alpha=\pm128$，依据命题 7.3，当参数连续变化而穿过 $\alpha=\pm128$ 时，发生结构性突变。表现在心理契约演化过程上，是过程的时间序列取值发生均衡上的突变。设定如下场景让 α（组织氛围）沿着直线 CD 由 C 到 D 变化，取值分别为 $\alpha=80$、90、100、110、120、130，各自的时间序列如图 7.3 到 7.8 所示。

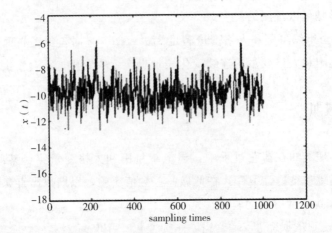

图 7.3　$\alpha=80$，心理契约破坏状态

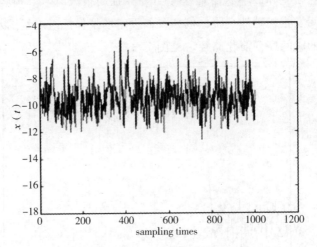

图 7.4　$\alpha=90$，心理契约破坏状态

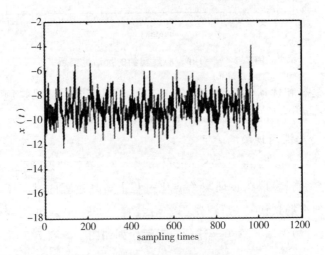

图 7.5　$\alpha=100$，心理契约破坏状态

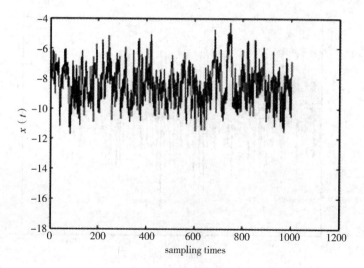

图 7.6　$\alpha=110$，心理契约破坏状态

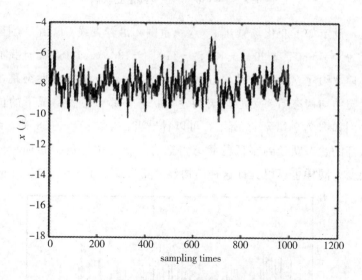

图 7.7　$\alpha=120$，心理契约破坏状态

　　同样也可以验证如下场景，当 $\alpha=80$、90、100、110、120 时心理契约具有双模态性，那么控制扰动强度在适当小的范围内，使得系统不发生扰动性突跳，这样可以保证员工心理契约的初始均衡态表现为心理契约破坏状态。可以看出当 α 穿越 $\alpha=128$ 时，系统从原来心理契约水平很低的状态跃迁到很高的状态，我们把这一变化称为员工心理契约由破坏到建立的结构性突变。而对于 $\alpha=-128$，在保证初始均衡态是破坏状态下，通过模拟可以发现当 α 沿着直线 CD 由 C 到 D 连续变化而穿过该点时，系统状态不会发生突变（模拟省略），即使发生了离散变化，也只是源于外界扰动带来的扰动性突跳。这就说明当 α 沿着直线 CD 由 C 到 D 连续变化而穿过分歧集合边界时，发生结构性突变的位置仅仅是 $\alpha=128$。

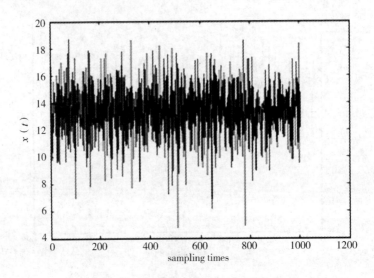

图 7.8 $\alpha=130$，心理契约建立状态

作为对比，设定如下变化场景让 α（组织氛围）沿着直线 CD 由 D 到 C 发生连续变化，取值分别为 $\alpha=-80$、-90、-100、-110、-120、-130，而且我们假设员工的初始状态为心理契约建立状态，并保证扰动很小以致不发生扰动性突跳，从而在双模态区保证心理契约均衡态始终为心理契约建立状态，那么各种情况下的员工心理契约演化的时间序列如图 7.9 到 7.14 所示，可以看出当 α 穿越 $\alpha=-128$ 时，系统从原来心理契约水平很高的状态跃迁到很低的状态，把这一变化称为员工心理契约由建立到破坏的结构性突变。同样也可以验证这种结构性突变只发生于 $\alpha=-128$ 而非 $\alpha=128$。

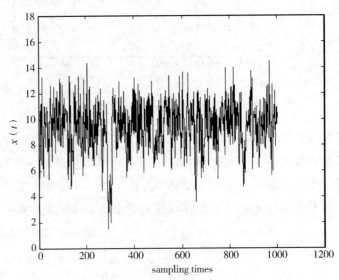

图 7.9 $\alpha=-80$，心理契约建立状态

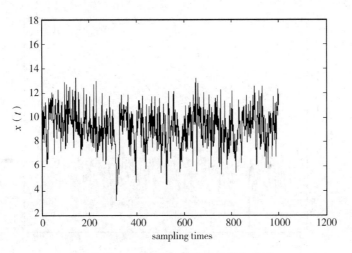

图 7.10　α＝－90，心理契约建立状态

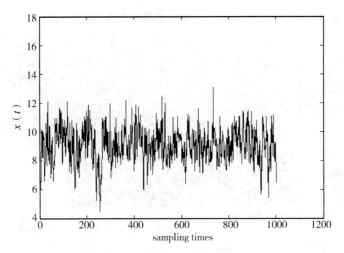

图 7.11　α－100，心理契约建立状态

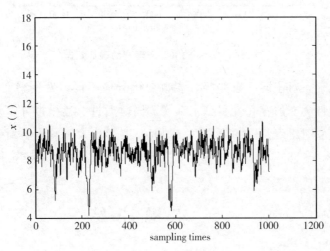

图 7.12　α＝－110，心理契约建立状态

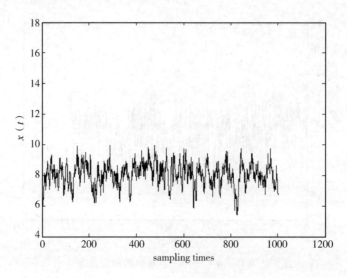

图 7.13 α＝－120，心理契约建立状态

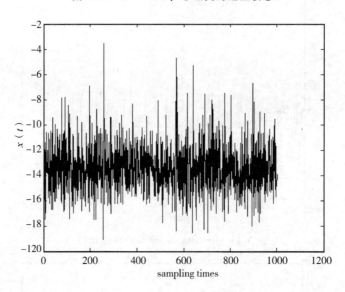

图 7.14 α＝－130，心理契约破坏状态

　　从对比中发现，对于同一条路径，参数变化方向不同，发生突变的位置就不同，滞后现象和结构性突变的存在性得到了证实。同时通过上述模拟可以发现，心理契约由破坏到重新建立对组织氛围的要求（α＝128）要远远大于由建立到破坏所需的组织氛围的要求（α＝－128）。这说明心理契约一旦破坏，就很难重新建立起来。

7.5 本章小结

　　本章对于心理契约破坏过程中存在着滞后、突变和双模态等现象，运用尖点突变模型来研究心理契约演化的动力机制，发现了员工心理契约建立一破坏产生的内在规律。为了考虑不确定性因素带来的干扰，则采用一个含有白噪声扰动项的随机尖点模型进行描述。分析发现组织氛围与正则因子相关，人格变量与分歧因子相关。

突变分析表明：在随机突变模型中，随着组织氛围和人格变量的连续变化，心理契约演化的均衡态存在两类离散变化，即扰动性突跳和结构性突变。当组织氛围和人格变量在分歧集合内时，心理契约由于受到外界扰动而发生扰动性突跳，表现出对外界扰动的敏感性；而当组织氛围和人格变量穿过分歧集合边界时，心理契约水平由于自组织的作用发生结构性突变，表现出对内部参数变化的敏感性。而对于结构性突变会出现滞后现象，这可以用来解释心理契约一旦破坏，就很难重新建立起来。同时心理契约破坏会带来严重后果，因此防止和预测其发生要比事后治理更具有现实意义，而心理契约破坏作为一种突变现象，可以使得突变模型对其做出有效的预测。

本章也存在如下不足：调研数据在地域性和样本数量上有待拓展和加大，这样可以加强模型理论的一般性解释。对于影响员工心理契约水平的其他自变量有待发掘，以期在未来引入新的独立控制变量，以使管理措施更加具有可操作性。

参 考 文 献

［1］Rousseau D. Psychological and implied contracts in organizations ［J］. Employee Rights and Responsibilities Journal，1989，2（2）：121-139.

［2］Robinson S L，Rousseau D M. Violating the psychological contract：Not the exception but the norm ［J］. Journal of Organizational Behavior，1994，15：245-259.

［3］Conway N，Guest D，Trenberth L. Testing the differential effects of changes in psychological contract breach and fulfillment ［J］. Journal of Vocational Behavior，2011，79：267-276.

［4］Raja U，Johns G，Ntalianis F. The impact of personality on psychological contracts ［J］. Academy of Management Journal，2004，47：350-367.

［5］Ho V T，Weingart L R，Rousseau D M. Responses to broken promises：Does personality matter? ［J］. Journal of Vocational Behavior，2004，65：276-293.

［6］Rosen C C，Chang C H，Johnson R E，Levy P E. Perceptions of the organizational context and psychological contract breach：Assessing competing perspectives ［J］. Organizational Behavior and Human Decision Processes，2009，108：202-217.

［7］Kickul J R，Neuman G，Parker C，Finkl J. Settling the score：The role of organizational justice in the relationship between psychological contract breach and anticitizenship behavior ［J］. Employee Responsibilities and Rights Journal，2002，13：77-93.

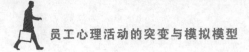

［8］Hellriegel D，Slocum J W，Woodman R W. Organizational behavior ［M］. Shanghai：Huadong Normal University Press，2000.

［9］Muchinsky P. An assessment of the litwin and stringer organization climate questionnaire：An empirical and theoretical extension of the sims and Lafollette study ［J］. Personnel Psychology，1976，29：371-392.

［10］谢荷锋. 组织氛围对企业员工间非正式知识分享行为的激励研究 ［J］. 研究与发展管理，2007，19（2）：92-98.

［11］Ploeger A，van der Maas H，Hartelman PA. Stochastic catastrophe analysis of switches in the perception of apparent motion ［J］. Psychonomic Bulletin and Review，2002，9（1）：26-42.

第 8 章　个体员工反生产心理的建模与分析

8.1　前　　言

自从 Katz[1] 提出用自发行为（discretionary work behaviors）作为衡量员工行为绩效的主要指标后，学者大都将注意力集中在员工积极态度和行为上，如组织公民行为（OCB）等[2]，忽略了对员工的负面行为（即反生产行为）的研究，然而这一"看不见但又普遍存在的行为"正是影响组织健康发展的关键因素。

反生产行为（counterproductive work behavior，CWB）是指个体表现出的任何对组织或者组织利益相关者（包括行为者本身）具有或者存在潜在危害的有意行为[3]，其在企业管理中普遍存在，且对组织绩效危害极大。统计研究表明，35%～55%的被访者承认自己曾在工作中出现过诸如偷窃、蓄意造假、消极怠工等行为[4]。在反生产行为的研究中，CWB 的影响因素和发生机制是两大基本研究问题。在这些问题上国内外目前大都采用实证研究方法。如将影响 CWB 的因素分为情境因素与个体因素两大类[5]；分析情感的稳定性和宜人性和员工 CWB 的相关关系[6]；在挫折—攻击假说和归因理论的基础上总结提出了压力—情绪模型（the stressor-emotion model S—EM）[7]。国内也是沿用实证的研究方法，包括研究中国知识员工 CWB 的结构及其测量[8]、中国文化下领导部属交换与知识员工 CWB 的关系[9]、组织公正对员工 CWB 的影响机制[10]。

然而实证研究方法的问题是：（1）因为员工对负面行为测量较为敏感，因此很难获得大量有效的数据；（2）实证方法做了控制因素与员工行为之间的关系是线性连续的假设，而这种假设在复杂的管理现实中具有局限性。比如，员工起初努力合作的态度会突然发生变化，出人意料站在组织对立面[11]，这种变化显然不是线性连续的，而是正如人们经常观察到的那样，是在某些连续变化的因素的作用下，发生非连续的突然变化[12]。可见员工产生 CWB 的内在心理机制较为隐蔽，往往在情绪积累过程中突然出现并且难以预测。CWB 的发生机制难以用实证的方法来加以有效的描述，而突变理论正是研究客观世界非连续突然变化的学科。

我们将 CWB 视为员工在特定条件下突发性的异常行为，在定性研究的基础上，考虑了行为系统的随机扰动，构建企业员工 CWB 突变模型。运用随机突变理论和统计学方法对模型进行参数估计，并验证该模型比线性模型和非线性模型（logistic）更接近企业现实。最后在此模型基础上进行数理分析，提出企业员工 CWB 预防控制策略。

8.2　企业员工 CWB 模型

Levine[13]认为员工自发行为可能出现两种表现形式：一是有益于组织的运营与管理，自发的利他和助人行为的组织公民行为（OCB）；二是具有消极性和潜在性的反生产行为（CWB）。虽然 CWB 包含多种具体的行为模式，但通过 Lawrence 以及 Robinson 等[14]将员工负面行为进行归纳，从整体角度对 CWB 展开研究后发现，总体式研究更有利于把握员工的行为机制的共同性，能以最简洁的方式概括 CWB 影响因素。因此我们将企业所有可能的 CWB 看成一个整体来进行研究。在自发行为产生机制上，Hunt[15]通过对 36 家公司的 18 146 名雇员进行调查发现 CWB 和 OCB 是受相同因素影响的，且影响的程度互为关联，相关系数在 −0.11～−0.73 之间。Harris[16]对员工行为的研究表明个体行为的改变是与行为控制变量程度变化动态相关的，Kenneth[17]发现个体对立情绪不是一个连续变化的过程，可能存在一个心理阈值导致员工感知的突然变化，从而出现行为变异。所以可以假设用一个突变模型去描述企业员工自发行为，员工在工作场所的 OCB 与 CWB 可以看作是相对的两个稳态，控制行为绩效的关键在于描述员工由 OCB 向 CWB 的突跳过程，以及突变的程度如何衡量。进而防止在企业内外各因素的变化下导致员工危害组织行为的出现。

8.2.1　员工 CWB 影响因素分析

根据勒芒的场论"任何行为都是个人情绪心理差异与情境因素交互的结果"。可见行为是由个体情绪与内外情境共同作用于员工内心感知的体现。Spector 和 Fox 将 OCB 与 CWB 的致因变量分为两类[1]：一类是个体情绪因素（individual emotion factor），情绪是指个体伴随认知过程中产生的对外界事物的态度，企业员工的这种心理活动主要受大五人格理论中的尽责性、随和性、情绪稳定性等三个特征变量的影响；一类是情境压力因素（situation tension factor），主要是指员工对组织氛围、工作难度、背景等外部环境的感知。Miles 和 Borman 对上述两个因素对 CWB 的影响做了实证研究[18]，对 CWB 的多因素分析表明两类因素能很好解释员工行为，如表 8.1 所示。

表 8.1　与 CWB 相关变量的多因素分析（Miles & Borman）

	各种反生产行为表现形式	拟合优度系数	标准差率	置信区间
个体情绪因素	偷窃、迟到、矿工、	0.32～0.86	0.8	0.95
情境压力因素	怠工、酗酒、自残等	0.26～0.90		

Bennett 和 Robinson[19]在 CWB 影响因素分析的基础上依据行为的危害程度（轻微或严重）将 CWB 分为四类，如图 8.1 所示。该项研究发现 CWB 的指向与其影响因素归因有关，其严重程度与员工心理感知变化程度有关，这一研究结论在 Rotundo 和 Xie[20]利用中国的调查数据进行的研究中得到相应的佐证。

图 8.1 Bennett 和 Robinson 的员工 CWB 危害程序结构[19]

8.2.2 员工行为变化的形成机制

通过对上述分析可知，个体情绪和情境压力使得员工可能在积极（OCB）与消极（CWB）行为之间突然变化。为了使研究更具合理性和延续性，我们在 Spector[7]和 Martinko[11,12]模型的基础上，提出员工 OCB 与 CWB 的变化形成机制，如图 8.2 所示。

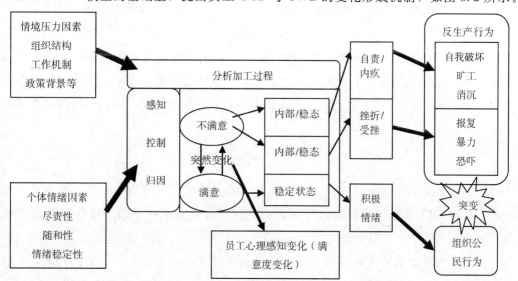

图 8.2 员工 OCB 与 CWB 变化形成机制模型

由员工 CWB 形成机制可以看出工作场所中员工行为状态是外部情境因素和个体情绪因素共同作用的结果，行为状态有 CWB 和 OCB 两个相对稳态，员工满意度感知突然变化时，OCB 会向 CWB 发生突然变化。

8.3 员工 CWB 尖点突变模型构建

8.3.1 基本模型

根据对员工 CWB 的形成机制的定性分析，可将员工行为看成由个体情绪因素和外部情境压力因素耦合决定的。将员工行为 f（用员工心理感知衡量）作为状态变量，人的情绪因素 u 和情境压力因素 v 作为两个控制变量，由控制变量的数量可知需用尖点突变模型进行分析。用 V 表示员工 CWB 突变模型的势函数，则其势函数为

$$V(f,u,v) = \frac{1}{4}f^4 + \frac{1}{2}uf^2 + vf \qquad (8.1)$$

员工的行为曲面 M 即为突变模型的平衡曲面，则可得：

$$M = \frac{\partial V(f,u,v)}{\partial f} = f^3 + uf + v = 0 \qquad (8.2)$$

则奇点集合 N 为势函数 V 的二阶导数，即：

$$3f^2 + u = 0 \qquad (8.3)$$

员工行为突变区域 δ 为突变模型的分歧点集，是式 8.2 与式 8.3 联立的解，则有：

$$\delta = 4u^3 + 27v^2 = 0 \qquad (8.4)$$

考虑人的心理行为是一个复杂系统，除了 u 和 v 两个关键影响因素外，企业管理中还存在大量其他非决定性因素的影响。为了使模型更加接近实际，在式 8.2 的基础上加一随机扰动项 σ_f，其概率分布在模型验证中予以分析研究，则员工行为曲面函数可写成：

$$M = \frac{\partial V(f,u,v)}{\partial f} + \sigma_f \qquad (8.5)$$

根据式 8.1～8.4 可画出企业员工 CWB 尖点突变模型的行为曲面和分歧点集合示意图，根据图形可直观分析在内外因素作用下 CWB 发生的原因、过程及程度，如图 8.3 所示。

图中，行为曲面的上叶（OCB）表示员工满意度高，工作积极主动；曲面的下叶（CWB）表示员工满意度较低，具有较强的不公正感，可能存在损害企业利益的行为。a_i、b_i、c_i 为员工行为曲面上下叶中的点，代表员工的某种行为状态。a'_i、c'_i 是 a_i、b_i、c_i 在控制平面上的投影，其中 $i \in \{0,1,2\}$。在情境管理和个人情绪的作用下，映射曲线若经过分歧点集，员工满意度会发生突然变化。f 从上叶到下叶发生突然跃迁，即行为失控发生突变，员工就出现 CWB。图中的 $c_1 \rightarrow b_1$，$c_2 \rightarrow b_2$ 均造成行为系统的突

跳，但其映射到分歧点集合的曲线 $a'_1 c'_1$ 与 $a'_2 c'_2$ 存在位移，说明两条曲线代表的员工 CWB 危害程度有所不同。在行为曲线 $a_1 b_1 c_1$ 中，$\Delta f_1 = f(u_{c_1}, v_{c_1}) - f(u_{b_1}, v_{b_1})$；而在行为曲线 $a_2 b_2 c_2$ 中，$\Delta f_2 = f(u_{c_2}, v_{c_2}) - f(u_{b_2}, v_{b_2})$。从图中控制平面上，可以很明显地看出 $\Delta f_1 < \Delta f_2$，说明前者危害程度较轻，可能是怠工、流言等，后者危害程度较重，可能是偷窃商业情报、拉帮结派、自杀等。

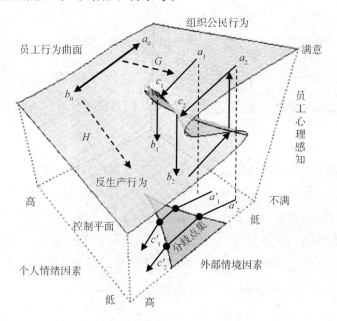

图 8.3　企业员工 CWB 的尖点突变模型

由上述模型分析可知，当人的情绪不断恶化，情境压力不断加大的情况下员工容易产生 CWB，且 CWB 危害程度也由控制变量的变化程度决定。但控制变量 u、v 对模型的控制作用并不相同，根据 Thom 的突变理论，可将 u 和 v 进一步定义为分歧因子（splitting factor）和正则因子（normal factor），具体定义如下：

（1）$u > 0$，则 $4u^3 + 27v^2 > 0$，式 8.3 无解。说明随着 v 的变化，f 随之连续变化，不会出现突变现象。

（2）$u < 0$，式 8.3 可能有解，说明随着 v 的变化，u、v 可能经过分歧点集合。f 可出现突然变化，发生突变现象。

（1）、（2）的分析，说明情绪变量 u 为分歧因子决定了是否会产生 CWB，而情境变量 v 为正则因子决定了 CWB 在何时会出现。如图 8.3 中的曲线 $a_0 b_0$，当个体情绪变量处于较高水平时，随着组织情境的变化，行为系统从上叶到下叶的过程中 $a_0 b_0$ 的映射曲线没有经过尖角折叠线。表明员工个体满意度感知平稳变化，此种变化只会导致员工努力程度逐渐降低，不至于发生行为突变而做出危害组织及成员利益举动。随着个人情绪逐渐恶化，即 u 沿图中曲线 G 或 H 方向变化到一定程度时，此时工作压力 v

在临界值的微小变化可能导致个体感受的剧烈变化，使员工心理情绪失控从而导致突变行为 CWB 出现，即曲线 $a_1b_1c_1$ 与 $a_2b_2c_2$。

8.3.2 基于随机突变的模型验证

根据 4.3.2 节的检验方法，设员工某时刻行为状态 F_t 是随着时间 t 变化的随机变量，f_t 是 F_t 的一个观测值，$t \in \{0, T\}$。在个体情绪 u 及情境压力 v 控制下行为系统平衡态为

$$\frac{\mathrm{d}f_t}{\mathrm{d}t} = -\frac{\mathrm{d}V\,(f_t;\,u,\,v)}{\mathrm{d}y_t} = -\,(f_t^3 + uf_t + v) = 0 \tag{8.6}$$

由式 8.4 和高斯白噪声理论可将员工行为系统用随机微分方程表示为

$$\frac{\mathrm{d}f_t}{\mathrm{d}t} = -\frac{\mathrm{d}V(f_t;u,v)}{\mathrm{d}f_t} + \sigma_{f_t}\mathrm{d}w_t \tag{8.7}$$

其中，式 8.7 前半部分为确定部分，代表员工自发行为的平衡态。在员工工作过程中，除了 u 和 v 之外还存在大量非确定因素。由中心极限定理可知，如果员工行为还由许多微小的非决定因素影响，那么可认为其服从正态分布。则用 σ_{f_t} 代表样本 f_t 的均方差，员工行为的随机性可视为一个标准维纳过程 w_t，其中 $\mathrm{d}w_t \sim N(0, \mathrm{d}t)$。

此处构建的员工 CWB 突变模型中有两个主要的控制变量：个人情绪因素 u 和情境压力 v。则 x_1 为个人情绪 u，x_2 为情境压力 v，根据 4.3.2 节，有：

$$u_x = \alpha_0 + \alpha_1 x_1 + \alpha_2 x_2 \,,\ v_x = \beta_0 + \beta_1 x_1 + \beta_2 x_2 \tag{8.8}$$

在突变模型中假设个人情绪因素 u 为分歧因子，情境压力 v 为正则因子，则根据 Cobb 算法可知 $\alpha_2 = 0$，$\beta_1 = 0$，则控制变量的线性函数为

$$u_x = \alpha_0 + \alpha_1 x_1 \,,\ v_x = \beta_0 + \beta_2 x_2 \tag{8.9}$$

员工在感知阈值附近可能自律奋发也可能消极怠工，中间的彷徨状态是不可观测的。在模型中表现为在分歧点集中，f_t 可能存在三个解，而中间的解是不可达。这样随机变量 f_t 的概率密度函数具有双峰性（见图 4.3）。Cobb 为简化计算，对 f_t 进行标准化处理：令 $z = (f_t - \lambda)/\sigma_{f_t}$，$\lambda$ 和 σ_{f_t} 分别为控制下限（位置参数）和样本均方差（测量参数）。则式 8.5 可以写成：

$$\frac{\mathrm{d}V(f_t;u_x,v_x)}{\mathrm{d}f_t} = (\frac{f_t - \lambda}{\sigma_{f_t}})^3 + u_x(\frac{f_t - \lambda}{\sigma_{f_t}}) + v_x = z^3 + u_x z + v_x = 0 \tag{8.10}$$

这样突变模型的参数估计问题就是对以下 8 个参数进行估计：$\{\lambda, \sigma, \alpha_0, \alpha_1, \alpha_2, \beta_0, \beta_1, \beta_2\}$，通过 $n+1$ 个变量的 N 个观测值 $\{f, x_1, \cdots, x_n\}$。

Cobb 和 Zacks 发现尖点突变模型平衡与非平衡态与多元指数分布的概率密度函数的众数与反众数是极其近似的[21]。所以式 8.6 的解的概率密度函数和严平稳随机过程的概率密度函数相一致，即随着时间 $t \to \infty$，概率密度函数 $y(f_t)$ 存在极限，记为 $y_{\lim}(f \mid u_x v_x)$。这说明了随机微分方程的随机系统稳态与员工 CWB 突变模型的平衡

面的稳态是相匹配的，员工行为平衡点的概率密度函数非常接近 f 的条件概率密度，结合式 8.1 可得：

$$y_{\lim}(f \mid u_x v_x) = \xi\exp(\frac{1}{4}(\frac{f-\lambda}{\sigma_f})^4 + \frac{u_x}{2}(\frac{f-\lambda}{\sigma_f})^2 + v_x(\frac{f-\lambda}{\sigma_f})) \tag{8.11}$$

其中，ξ 为标准化概率密度函数 $y(f_t)$ 的常数，使得其积分值的范围在 $0\sim1$ 之间。上述指数分布的众数和反众数可以通过 $dy_{\lim}(f \mid u_x v_x)/df = 0$ 求得。从 4.1.2 节尖点突变模型的单态与双态转移机制可知：其一，随着员工情绪稳定性的恶化，一个轻微变化就将导致 f_t 的概率密度函数从单态向多态转变，出现破坏性行为，而此时 u_x 的程度可以通过 δ 取值范围确定。其二，员工行为 f 单态时，情境管理 v_x 决定员工行为分布区域（f_t 的概率密度函数形状）以及偏度（导向程度），当 $v_x > 0$ 时为正向偏斜，反之为负向，若不考虑 v_x，则是对称分布。当员工行为 f 出现 OCB 与 CWB 两种状态时，v_x 处于突变区域，其值决定了两种行为分布的峰度（集中程度），说明内外情境因素决定了员工行为导向性和集中性。这与员工 CWB 突变模型的分析和企业现状是吻合的，所以可以通过分析突变模型的概率密度函数，运用 MLE 来对模型进行参数估计，其方法见 4.3.2 节。

在拟合数据的搜集上，由于员工 CWB 行为有多样性、易变性和界定模糊等特点，为了确保调研数据的有效性，采用目前大多数学者常用的 Bennett 的基于个体维度和组织维度的双因素调查问卷[22]，在问卷设计中采用 Likert 5 点测量方法。我们实地发放问卷，匿名采集样本，发放对象为武汉某 IT 企业研发人员、武汉某大型物流企业行政人员，都具有三年以上的工作经验。在三个月中共发放问卷两次共 500 份，收回 428 份，剔除应答题目有严重缺失的问卷 26 份，以及填写明显前后矛盾的问卷 31 份，最终有效样本为 371 份，用 SPSS17.0 对量表做了信效度分析，如表 8.2 所示。可以看出量表 Alpha 系数都在 0.7 以上，且子量表的相关度为 0.46，说明量表具有较好的聚合效度和区分效度。

表 8.2　员工 CWB 量表信度分析

控制变量	信度（Alpha 值）	可测变量个数
个体情绪	0.81	3
情境压力	0.78	3

对于收集到的样本数据，通过三个步骤来做参数估计和模型验证。其一是对突变模型选取的控制变量个体情绪与情境压力的适应度进行验证。其二是令 α_1、α_2、β_1、β_2 这 4 个参数随机取值为 0，分析控制变量对突变模型控制作用不同的假设是否成立。第三步比较员工 CWB 突变模型和一般线性模型及非线性的 logistic 模型的优劣。分析结果如表 8.3 所示。

表 8.3　员工 CWB 突变模型结果分析

模型	α_0	α_1	α_2	β_0	β_1	β_2	λ	σ	对数似然估计	参数	最小信息准则	贝叶斯信息准则
尖点 1	−3.07	0	0.74	−3.00	0	0	0.30	0.60	−675.38	5	954.60	974.70
尖点 2	2.21	1.32	−0.45	1.90	0	0	0.70	0.40	−473.03	6	558.10	582.30
尖点 3	−3.08	0	1.09	−3.02	0	0.33	0.32	0.60	−672.20	6	956.40	980.10
尖点 4	2.20	1.33	−0.34	1.29	0	−0.49	0.70	0.40	−473.80	7	560.60	588.80
尖点 5	−3.00	0		−3.00	0		0.33	0.60	−644.70	4	958.40	974.70
尖点 6	−3.02	1.98		−3.00	0	0	−0.30	0.60	−462.40	5	952.70	979.60
尖点 7	−3.00	0	0	−2.75	−0.74	0	0.30	0.60	−656.90	5	955.80	975.30
尖点 8	2.19	1.32		1.23	0	0.48	−0.70	0.40	−463.00	6	419.10	433.40
尖点 9	−2.36	0	−0.66	0.51	2.27		−0.20	0.20	−418.60	6	448.20	472.20
尖点 10	−0.96	−1.97	0.62	−4.21	1.34	0	0.20	0.20	−400.30	7	515.60	543.80
尖点 11	−3.00	0	0	−2.75	−0.74	0	0.20	0.60	−473.30	5	955.60	975.20
尖点 12	−0.86	−2.01	0	−4.18	1.32	0	0.20	0.20	−402.70	6	517.40	541.70
尖点 13	−2.50	0	−0.23	0.55	2.27	−0.48	−0.20	0.20	−417.70	7	449.40	477.10
尖点 14	−0.95	−2.07	0.41	−4.20	1.34	−0.29	0.20	0.20	−400.20	8	418.40	449.20
尖点 15	−2.34	0	0	0.56	1.27	−0.61	−0.20	0.20	−417.90	6	547.8	571.1
尖点 16	−0.91	−1.98	0	−4.17	1.34	−0.60	0.20	0.20	−401.70	7	415.4	443.0
线性模型									−861.40	4	1 134.7	1 150.2
Logistic									−695.90	3	861.8	871.9

　　通过表 8.3 分析可知：尖点模型 8、尖点模型 14、尖点模型 16 的 AIC 与 BIC 值明显小于线性模型和 logistic 模型，说明突变模型对数据的拟合程度较优。在尖点模型 8 中有 $\alpha_2 = 0, \beta_1 = 0$，说明将个体情绪与情境因素两个变量选为控制变量是合理的，且个体情绪为分歧因子，情境因素为正则因子的假设也是合理的。

8.4　避免机制和控制策略分析

　　基于以上突变模型分析，下面利用 Matlab 进一步对模型进行数值分析，在分析的基础上提出员工 CWB 避免机制和控制策略。

8.4.1　建立有效的避免机制

由模型可知，分歧点集合将员工行为控制平面划分成 5 个区域，用 $R(i)$ 表示，$i \in \{1, \cdots, 5\}$，如图 8.4 所示，即：

$$R(1) = \{(u,v) \mid \delta > 0\}, R(2) = \{(u,v) \mid \delta = 0, v > 0\}$$
$$R(3) = \{(u,v) \mid \delta = 0, v = 0\}, R(4) = \{(u,v) \mid \delta = 0, v < 0\},$$
$$R(5) = \{(u,v) \mid \delta < 0\}$$

在企业日常工作中，个体情绪和情境因素共同作用于员工。在图 8.4 中，若行为控制曲线 NL 沿路径 $R(1)-R(4)-R(5)-R(2)-R(1)$ 移动，则 NL 必然会经过分歧点区域 $R(5)$，此时员工心理感知会发生剧烈波动，员工就有可能出现 CWB。企业若要避免 CWB 的出现，就需通过控制曲线 NL 的走向（沿曲线 L 方向），避开区域 $R(5)$。

在图 8.5 中可进一步看出，当情境因素恶化时候（NL 走向），例如工作枯燥、赏罚不公时，员工有选择 CWB 的潜在可能。此时企业若对其危害不够重视，为了节约成本而对员工行为置之不理，在监管缺位的情况下又忽视了员工组织承诺、组织认同等情绪因素，则员工心理感知在 A 点时就可能发生剧烈变化从而选择极端行为。所以企业应建立有效的避免机制，使得图 8.5 中曲线沿 L 方向移动，使得员工行为曲线不通过分歧区域 $R(5)$ 从而可以避免 CWB 的出现。有效的方式：一是要制定完善的企业规章制度，保证内部公平来缓解情境压力；二是通过 EAP（员工关怀计划）提高员工的情绪稳定性（尊重、信任），加强组织文化建设引导员工内心的价值观和行为规范。

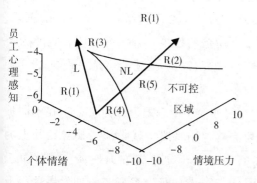

图 8.4　员工行为 f 的控制平面

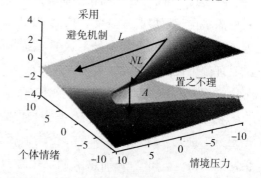

图 8.5　有效的 CWB 避免机制

8.4.2　员工 CWB 控制策略分析

1. 基于影响因素的策略效率分析

在管理实践中，员工 CWB 往往是不可避免的，而对其进行控制是需要耗费组织资源的，所以在制定策略时要考虑其效率。由 CWB 形成机制和归因理论可知，员工心理感知的波动 Δf 越大，产生的后果可能越严重，所以有效控制 Δf 成为关键。由突变模型可知 $\Delta f_1 = f(u_{c_1}, v_{c_1}) - f(u_{b_1}, v_{b_1})$，根据式 8.3，对其求绝对值为

$$\Delta f_1 = | f(u_{c_1}, v_{c_1}) - f(u_{b_1}, v_{b_1}) | = (3u)^{1/2} = \left(\frac{27}{2}v\right)^{1/3} \tag{8.12}$$

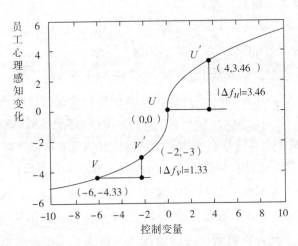

图 8.6 CWB 控制策略效率分析

由图 8.6 可知，通过管理措施使得情境因素 V 点移动到 V' 点，改善员工情绪 U 点到 U' 点时，有 $| \Delta f_v < \Delta f_u |$。说明控制员工心理情绪效率更高，而基于内外情境压力的工作机制、制度监管等方法作用有限。员工行为管理中存在"水压效应"，简单的赏（减轻压力，提高待遇）和罚（监督处罚）仅能遏制少量的 CWB，其实施 CWB 的动机和根源来自于深层心理需要。控制 CWB 关键在于对员工心理情绪（自主感、公正感、胜任感等）进行提升和疏导，这样才能起到事半功倍的效果。有研究表明，企业为员工心理健康投入 1 美元，可节省运营成本 5 至 16 美元，这与上述分析是一致的。

2. 策略控制的关键点分析

在企业中，员工出现 CWB 有多种可能，在突变模型中表现为行为状态 f 在不同控制因素下进入分歧点区域时存在不同路径。要完善控制策略，就必须寻找各路径上的关键点（key point）并加以控制，使得员工行为不至于向极端方向发展。根据员工 CWB 突变模型，在个体情绪和情境因素两种情况下，考虑行为系统 f 不同发展路径上的关键控制点。

（1）情况 1。如图 8.7 所示，f_1' 和 f_2' 是行为曲面上员工行为轨迹 f_1 和 f_2 在控制平面上的投影。当员工行为从 A' 状态出发随着情境压力的增大分别沿曲线 f_1' 和 f_2' 进入分歧点区域时，两条发展轨迹在通过分歧点 S' 时有微小的不同。员工行为曲面上就表现为两种截然不同的结果：f_1 到达曲面上叶出现积极行为（OCB）；f_2 到达曲面下叶出现消极行为（CWB）。说明存在阈值点 S，使得员工行为轨迹差别（奇点 S 点的上

下）会导致最终行为的巨大差别，需要对情绪关键点进行控制来避免行为的发散性。在管理实践中，说明在情境因素不断恶化时，如工作压力增大，由于个体情绪的不同可能会导致员工差异化行为。心理状态较好的员工会将增加的压力转化为挑战性压力，激发出自身潜力，积极投身工作，而情绪较差的员工会将压力视为阻断性压力，感到压抑困扰并出现 CWB。所以管理者在增加劳动强度、调整组织机制等变革时期，要时刻注意调节员工群体的情绪状态，有必要时企业要请专业机构来进行咨询并设立专门的部门进行管理。

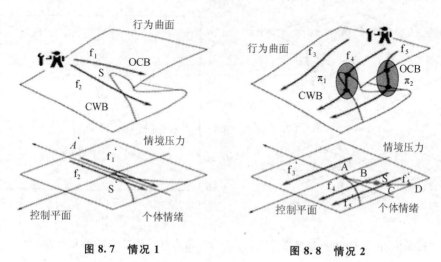

图 8.7　情况 1　　　　　　　　图 8.8　情况 2

（2）情况 2。如图 8.8 所示，f'_3、f'_4、f'_5 是行为曲面上员工行为轨迹 f_3、f_4、f_5 在控制平面上的投影。员工行为沿 f'_4 和 f'_5 进入分歧点区域。员工心理感知 Δf 的不同导致在不同区域 π_1 和 π_2 发生突跳，在行为曲面上表现为不同类型 CWB，其危害程度也不相同。假设 θ 为企业可控 CWB 的员工心理阈值，当 $\Delta f = 0$ 时，员工心理在阈值点附近无波动（曲线 f_3），员工不会出现 CWB。当 $0 < \Delta f \leqslant \theta$ 时，行为曲线落在 π_1 区域，此时心理感知有轻微突跳，产生的 CWB 损失较小。当 $\Delta f > 0$ 时，行为曲线落在 π_2 区域就可能出现极端行为，损失难以估算。因此在控制平面上确定与 θ 相对应的关键点 S，企业才能控制 CWB 的后果。在以 $(1, v_\theta)$ 为原点的坐标系中，v_θ 为员工受情境因素影响的心理阈值点，根据式 8.12 有：

$$\Delta f = [3(u-1)]^{\frac{1}{2}} = \left[\frac{27}{2}(v - v_\theta)\right]^{\frac{1}{3}} \tag{8.13}$$

当 $\Delta f \leqslant \theta$ 时有，$u \geqslant \dfrac{\theta^2}{3} - 1$，$v \leqslant v_\theta + \dfrac{2\theta^3}{27}$，所以控制平面上关键点 S 的具体位置在 $\left(\dfrac{\theta^2}{3} - 1, v_\theta + \dfrac{2\theta^3}{27}\right)$ 处。由此可知 $v > v_\theta + \dfrac{2\theta^3}{27}$ 时，员工可能会出现严重的 CWB。通过 S 点可以在分歧点集上找出各类型 CWB 对应的危害程度区间，如图 8.8 中 CD 为后果严重的财产型和个人侵犯型越轨，如偷窃、谩骂、自杀等；AB 为危害较小的生产型越

轨，如迟到早退、流言等。企业就可根据控制点 S 的位置移动，对组织情境等相关决策进行调整，使得 CWB 尽量出现在危害较小的区间，这样出现严重 CWB 的概率将明显降低。

3. 员工 CWB 补救策略分析

当组织中出现 CWB 后，企业在发现后需要进行补救。目前很多企业在一项政策执行后发现员工出现异常行为，认为只要简单地将此政策取消，员工就能恢复到原来的工作状态，现利用员工 CWB 突变模型对此方法有效性进行检验。

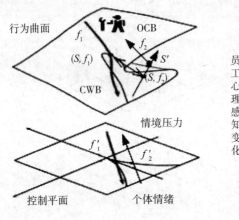

图 8.9　员工 CWB 补救措施　　　图 8.10　员工 CWB 恢复的迟滞性

在图 8.9 中，f'_1 和 f'_2 是行为曲面上员工行为轨迹 f_1 和 f_2 在控制平面上的投影。当员工行为曲线 f_1 在一种不当政策情境中在行为曲面的 S 点〔标注为 (S, f_1)〕处发生突跳，使得员工出现 CWB。此时企业发现这一情况，取消相应的情景压力政策，在控制平面上表现为沿 f_2 方向移动至与 S 点对应的 (S, f_2) 处时，由图 8.10 中可见在该点处员工行为依然停留在 CWB，并不能向 OCB 转变。所以此时企业需要在取消不当政策后采取进一步措施稳定员工情绪，使得员工行为沿曲线 f_2 到达奇点 S' 点处才能使员工心理感知得到足够的慰藉，回到原有工作状态。根据突变模型可得图 8.10，其中可以量化出奇点 S 与 S' 点对应不同的情景压力值，说明将不当政策取消恢复初态并不能使得员工行为回到初态，需要进一步做出努力从 (S, f_2) 到达 S' 处才能使员工行为恢复正常。

在管理实践中，企业对经济效益的一味追求，导致对员工心理关怀的缺失，将会使得员工极端行为屡屡发生。一旦发生之后，任何措施都将难以遏制其他员工早已累积的跟随心理或行为，直到企业持续出台一系列员工关怀计划，包括大规模加薪、加大公共设施建设、加强基层组织文化建设等，才能彻底平息极端事件，这和上述补偿滞后性理论分析十分一致。

8.5 本章小结

本章在考虑人的心理行为随机干扰的前提下构建了员工 CWB 突变模型，并采用随机突变理论和统计学方法对模型进行验证。

在对模型进行数值分析后得出以下结论：（1）突变模型对员工反生产行为的解释优于传统的线性与非线性模型。（2）企业为节约成本而忽视员工的心理行为会导致 CWB 的发生，完善的组织制度和员工关怀可以有效避免员工异常行为的出现。（3）员工实施 CWB 的根源来自于深层的心理问题，对员工进行心理疏导要比改善组织情境更能有效降低 CWB 的危害。（4）在同样的情境压力下，心理状态的差异会造成截然不同的员工行为，而企业能通过调节心理阈值（控制关键点），能使严重 CWB 出现的概率明显降低。（5）员工心理感知的恢复具有滞后性，企业要在基本补救措施的基础上进行更多的努力，才能使员工恢复良好的工作状态。

本章也存在如下不足：初次尝试利用突变模型解释员工 CWB，尚不能考虑全部的影响因素。由于企业员工行为的复杂性，对 CWB 管理控制机制分析还有不足。

参考文献

［1］Katz D. The motivational basis of organizational behavior［J］. Behavioral Science，1964，9（2）：131-146.

［2］Spector P E，Bauer J A，Fox S. Measurement artifacts in the assessment of counterproductive work behavior and organizational citizenship behavior：Do we know what we think we know?［J］. Journal of Applied Psychology，2010，95（4）：781-790.

［3］Bowlinga N A，Gruysb M L. Overlooked issues in the conceptualization and measurement of counterproductive work behavior［J］. Human Resource Management Review，2010，20（1）：54-61.

［4］Harper D. Spotlight abuse，save profits［J］. Industrial Distribution，1990，79（3）：47-51.

［5］Krischer M M，Penney L M，Hunter E M. Can counterproductive work behaviors be productive? CWB as emotion-focused coping［J］. Journal of Occupational Health Psychology，2010，15（2）：154-166.

［6］Tucker J S，Sinclair R R，Mohr C D，et al. Stress and counterproductive work behavior：Multiple relationships between demands，control，and soldier indiscipline over time [J]. Journal of Occupational Health Psychology, 2009, 14 (3): 257-271.

[7] Spector P E, Fox S. An emotion-centered model of voluntary work behavior: Some parallels between counterproductive work behavior and organizational citizenship behavior [J]. Human Resource Management Review, 2002, 12 (2): 269-292.

[8] 彭贺. 知识员工反生产行为的结构及测量 [J]. 管理科学, 2011, 24 (5): 12-22.

[9] 彭正龙, 梁东, 赵红丹. 上下级交换关系与知识员工反生产行为——中国人传统性的调节作用 [J]. 情报杂志, 2011, 30 (4): 196-200.

[10] 刘玉新, 张建卫, 黄国华. 组织公正对反生产行为的影响机制——自我决定理论视角 [J]. 科学学与科学技术管理, 2011, 32 (8): 162-172.

[11] Graham R J, Seltzer J. An application of catastrophe theory to management science process [J]. OMEGA, 1979, 7 (1): 61-66.

[12] Weidlich W G, Huebner H. Dynamics of political opinion formation including catastrophe theory [J]. Journal of Economic Behavior & Organization, 2008, 67 (1): 1-26.

[13] Levine E L. Emotion and power (as social influence): Their impact on organizational citizenship and counterproductive individual and organizational behavior [J]. Human Resource Management Review, 2010, 20 (1): 4-17.

[14] Lawrence T B, Robinson S L. Misbehavin A. Workplace deviance as organizational Resistance [J]. 2007, 33 (3): 378-394.

[15] Hunt S T. Generic work behavior: An investigation into the dimensions of entry-level, hourly job performance [J]. Personnel Psychology, 1996, 49 (1): 51-83.

[16] Harris K J, Wheeler A R, Kacmar K M. Leader-member exchange and empowerment: Direct and interactive effects on job satisfaction, turnover intentions, and performance [J]. The Leadership Quarterly, 2009, 20 (3): 371-382.

[17] Kenneth T W, Cheung Y S. A catastrophe model of construction conflict behavior [J]. Building and Environment of construction, 2006, 41 (4): 438-447.

[18] Miles D E, Borman W E, Spector P E, Fox S. Building an integrative model of extra role work behaviors: A comparison of counterproductive work behavior with organizational citizenship behavior [J]. International Journal of Selection and Assessment, 2002, 10 (1-2): 51-57.

[19] Bennett R J, Robinson S L. The past, present, and future of workplace deviance research [M]. In Greenberg J (Ed.), Organizational behavior: The state of the science (2nd ed., pp. 247-281), 2003, Mahwah, NJ: Erlbaum.

[20] Rotundo M，Xie J L. Understanding the domain of counterproductive work behavior in china [J] . The International Journal of Human Resource Management，2008，19（5）：856-877.

[21] Cobb L，Zacks S. Applications of catastrophe theory for statistical modeling in the biosciences [J] . Journal of the American Statistical Association 1985，80（2）：793-802.

[22] Bennett R J，Stamper C L. Corporate citizenship and deviance：A study of discretionary work behavior [M] . In Galbraith C，Ryan M（Eds. ），International research in the business disciplines：Strategies and organizations in transition，Amsterdam，The Netherlands：Elsevier Science，2001.

第9章　个体员工压力心理的建模与分析

9.1　前　　言

　　一般认为压力对员工的工作行为及态度的影响具有两面性，在不同的条件下会形成负面或正面影响。为此，人们将工作压力分为好的压力和坏的压力，即挑战性压力和阻断性压力[1]。挑战性压力指对工作态度和工作相关的行为有积极作用的压力，而阻断性压力指对工作态度和工作相关的行为有消极影响的压力。当满足一定的条件时，两类压力的转换具有突变的特征。而随着企业运作和员工工作的节奏逐年加快，由工作压力引起的突发事件也逐渐增多，这些由工作压力引起的突发事件背后隐藏着怎样的规律？

　　目前工作压力的研究方面，压力源模型把压力来源分成了四个主要方面：个体层面、群体层面、组织层面和非工作方面[2]。此外，实证测量表明，工作负荷和工作职责是挑战性压力的来源，角色模糊和冲突是阻断性压力的来源；并且这些来源对工作压力与结果（满意度和离职意向等）之间的关系具有调节作用[3]。这些研究主要是分析影响员工压力的因素、或者通过截面性的测度来预测一定时期后员工压力水平。尽管已经将压力细分为阻断性压力和挑战性压力，但缺乏这两类压力相互演化的微观机理分析。

　　知识型员工的工作以脑力劳动为主，其工作绩效更容易受到心理压力的影响，因此，本章以知识型员工为研究对象，构建知识型员工的挑战－阻断性压力定性突变模型。首先对挑战－阻断性压力的特征进行描述，发现其符合尖点突变的基本特征；然后通过企业调研获得员工行为及心理压力的数据，并采用遗传算法在调研数据的基础上对突变模型平衡曲面的参数进行拟合，得到该企业员工心理压力的突变模型；接着集成突变论和定性模拟方法，在员工心理压力因果模型的基础上建立了定性突变模拟模型，并进行了模拟实验应用。

9.2　挑战－阻断性压力的特征分析

Karasek 提出的工作压力模型开创了工作压力管理的先河，他指出任务需求和工作控制是影响工作压力的两大源头，但是工作控制的调节作用经常受到管理实践和实证研究的质疑[4]。依据工作压力的交互作用理论，压力的产生是个体和环境相互作用的结果。只有当个体评价自身的能力和资源无法应对威胁时，才会产生压力[5]。因此，影响个体感知与评价的一些个体差异变量，必然会对压力的形成及其后果产生影响。研究显示，高自我效能感的个体不但体验到的压力小，而且在面临大的压力时，也能采取有效的应对策略来缓解压力[6]，这就是所谓的挑战性压力。当自我效能感低到认为自身难以胜任任务时，便会产生阻断性压力，这一过程中伴随着突变现象的发生。因此，本章关于挑战－阻断性压力演变关系的研究，引入了自我效能感的因素，并假定员工的工作控制可以完全满足任务需求，将影响工作压力的因素归结为任务需求和自我效能感两类。任务需求是存在于工作情景中反映员工所从事的工作任务的数量和困难程度的因素，而自我效能感是个体对自己是否有能力完成某一任务所进行的推测与判断。

根据尖点突变模型的要求，为了分析挑战－阻断性压力的演化规律，本章将压力选做状态变量，任务需求和自我效能感视为两个控制变量，三者之间的关系基本满足尖点突变模型的诸多特征：

（1）压力通常存在两种稳定状态，即挑战性压力和阻断性压力；

（2）高自我效能感员工，个人对自身能力的信心较强，认为成功应对任务需求的可能性较高，更积极采取行动，所以发生压力突变可能小。低自我效能感员工，个人能力信心较弱，对自己能否成功应对任务需求表示怀疑，当任务需求增加到一定值时，会突变产生阻断性压力；但此时任务需求如果逐渐减小到相同值时，员工压力不会形成，直到继续减小到一定程度，压力才突变到挑战性状态。这里面包含了突跳和逆向不重复两种突变特性。

（3）自我效能感或任务需求的微小变动，都可能会导致压力向另一个对立面突然变化，即发散性。

尖点突变的平衡曲面方程一般形式为

$$x^3 + aux + bv = 0 \tag{9.1}$$

其中，x 为员工心理压力，u 为自我效能感，v 为任务需求，a 和 b 是未知的调节参数，该平衡曲面的上叶为阻断性压力，下叶为挑战性压力，中叶为不可达区域。从尖点突变的函数形式容易发现，在确定为尖点突变的前提下，参数 a 和 b 决定了突变函数的曲面特征。假定我们通过实证调查已经采集了关于 (x, u, v) 的样本 N 个，那么求解参数 a 和 b 的问题，就可以转化为寻找使式 9.2 取最小值的 a 和 b 的组合，即最小化平衡曲面的离差平方和。

$$\min \sum_{i=1}^{N} (x_i^3 + au_ix_i + bv_i)^2 \qquad (9.2)$$

根据尖点突变的平衡曲面方程（见式 9.1），测量的样本 (x_i, u_i, v_i) 很难保证式 9.1 等于 0，因为样本与理想状态下总是有偏差的，所以求解参数实际上是保证 $x_i^3 + au_ix_i + bv_i$ 与平衡曲面的标准形式之间的偏差最小，即式 9.2。但是，因为 $x_i^3 + au_ix_i + bv_i$ 有可能是负，所以必须加上平方才能保证样本与平衡曲面之间的偏差最小。

9.3　突变模型参数求解

为了求解满足式 9.2 的参数组合 (a, b)，本章采用遗传算法进行参数求解。首先通过企业调研，获得员工在某个时间点自我效能感、任务需求和心理压力的 N 个实证样本，然后通过遗传算法寻找使式 9.2 达到最小的参数 a 和 b，具体步骤如图 9.1 所示。

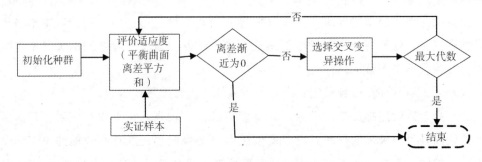

图 9.1　参数求解步骤

9.3.1　数据获取

为了度量员工心理状态和工作绩效，也为了建立自我效能感－任务需求－压力之间的关系模型，我们使用具有可操作性的有效量表。一般自我效能感量表（General Self-Efficacy Scale，GSES），采用德国柏林自由大学的著名临床和健康心理学家 Schwarzer 教授和他的同事于 1981 年编制的，共 10 个项目，中文版 GSES 已被证明具有良好的信度和效度。工作需求问卷来自 Karasek[4]。压力量表采用 Cavanaugh 等人[7]开发的量表，共 11 个项目，其中 6 个项目测量挑战性压力（例如，"我所承担项目或任务的数量"），5 个项目测量阻断性压力（例如，"无法清楚了解自己的工作标准"）。各量表我们都采用 Likert 5 点记分法，各项目得分从低到高分别为 -2、-1、0、1 和 2。我们在武汉某 IT 企业研发人员中随机发放了 310 份问卷，有效问卷达到 256 份，调研的对象包含 5 年以上工龄员工 130 名，2 年以上工龄员工 221 名，2 年以下工龄员工 35 名。对测量数据，我们利用因子载荷分析将各测量量表分别统一到单一的指标，形成能够被处理的学习样本。

9.3.2 基于遗传算法的参数求解

为了求解平衡曲面的系数 a 和 b，我们利用遗传算法的全局寻优能力求解参数，对个体采用二进制编码方式，码长 Lind$=40$，种群规模为 40，采用随机遍历抽样的方式进行个体选择，以 $P_c=0.7$ 的概率进行单点交叉，默认概率 $P_m=0.7/$Lind 进行离散变异，适应度函数就是式 9.2，其值越小，就给个体赋予越高的适应度，遗传算法的输入是调研得到样本数据，算法迭代 100 次，得到参数的最优解：$a=1.5$，$b=-2$，种群均值和解的变化过程如图 9.2 所示。

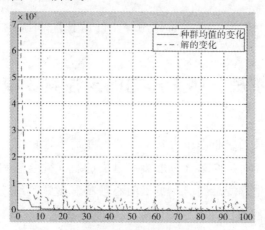

图 9.2 遗传算法训练过程

因此挑战-阻断性压力的尖点突变模型平衡曲面如式 9.3，其效果图见图 9.3。

$$x^3 + 1.5ux - 2v = 0 \tag{9.3}$$

通过分析，我们得到式 9.3 根的判别式如式 9.4。当 $\Delta > 0$ 时，有一个实根；$\Delta < 0$ 时，有三个互异的实根，两个连续的控制变量 (u, v) 处在突变区域内；当 $\Delta = 0$ 时，有一个二重根（u、v 均不为 0），或为一个三重根（$u=v=0$），此时 (u, v) 处在突变的临界点，即曲线 A 或 B 上。

$$\Delta = v^2 + \frac{u^3}{8} \tag{9.4}$$

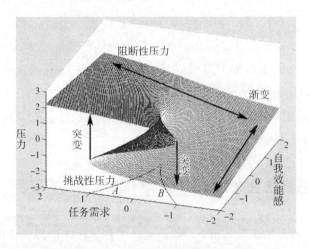

图9.3 挑战－阻断压力曲面

进一步，对式9.3求导得：

$$3x^2 + 1.5u = 0 \tag{9.5}$$

联立式9.3和式9.5消去 x 后，得到分歧点集为

$$u^3 + 8v^2 = 0 \tag{9.6}$$

此即图9.3中控制平面上的 A 和 B 两线，当 u 小于0时，才可能发生突变。

9.4 挑战－阻断压力的定性突变模拟模型

由于在现实中，员工的心理压力状态，并不能简单地根据员工当前的自我效能感和任务需求计算得到，而是要综合考虑员工过去的自我效能感和任务需求，从而判断员工心理压力是否发生突变。同时，员工的心理状态影响其绩效水平，绩效的变化也会带来员工心理状态的改变，因此，任务－心理的变化是一系列动态的过程。此外，员工的心理和行为状态，也很难用精确的数值度量，员工对于心理和行为状态的认知往往具有抽象、模糊和定性的特征。为此，我们根据文献[8]的方法，先构建一个员工压力转换过程的因果模型，再将定性模拟和突变论结合起来，对员工压力的心理和行为进行定性突变的模拟研究。

我们在现有的压力模型基础上，增加任务执行效果变量即绩效，因此模型中主要包含自我效能感、任务需求、任务绩效和压力四个变量，它们之间的关系如图9.4所示。

其中，实线箭头旁边的"＋"表示箭尾因素的增强会导致箭头所指因素的增强，"－"表示箭尾因素的增强会导致箭头所指因素的减弱，虚线箭头连接的变量一起形成突变关系。在组织运行中，各种难度和工作量的任务不断到达，员工在执行任务的过

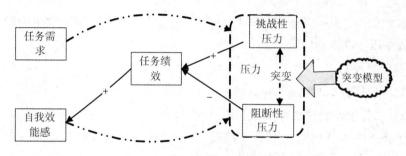

图 9.4 压力因果模型

程中，心理属性不断发生变化，而变化的心理又对员工执行任务的效果产生影响，同时心理压力在这个过程中还可能发生突变，面对这样一个复杂的任务－心理互动问题，单纯依靠解析模型无法描述员工的心理变化和任务绩效变化过程。

基于图 9.4，我们集成定性模拟和突变模型，对自我效能感、任务需求、任务绩效和心理压力进行动态模拟。在模拟的每个时间阶段，首先随机分配任务，然后利用定性模拟推理任务绩效和自我效能感的定性值，接着根据任务需求和自我效能感来判断员工的心理是否发生突变，最后根据尖点突变方程确定心理压力的值，如此反复循环至模拟结束，如图 9.5 所示。

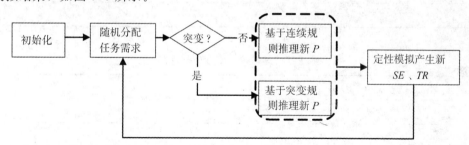

图 9.5 定性突变模型原理

1. 变量名称及取值

定义变量如下：TR 为任务需求、SE 为自我效能感、TP 为任务绩效、P 为心理压力。其中，TR 是组织随机分配的，P 由突变模型确定，因此，TR 和 P 是一元变量，即它们只包含定性值不包含变化方向。其他变量都是二元组变量，即变量同时包含状态值和变化方向，部分变量的含义及路标取值如下：

$$TR=\begin{cases}-2, & \text{任务需求很小}\\-1, & \text{任务需求小}\\0, & \text{任务需求一般}\\1, & \text{任务需求大}\\2, & \text{任务需求很大}\end{cases} \qquad qdir=\begin{cases}-2, & \text{表示强减}\\-1, & \text{表示弱减}\\0, & \text{表示不变}\\1, & \text{表示弱增}\\2, & \text{表示强增}\end{cases}$$

各变量的取值空间为 {-2、-1、0、1、2}，定义压力小于 0 时为挑战性压力，

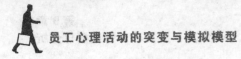

当压力值大于 0 时为阻断性压力, 当压力值等于 0 时, 则根据均匀分布的抽样值来确定属于挑战性压力或阻断性压力。

2. 状态转换规则

规则 1: 任务需求为随机产生。

规则 2: 二元组变量的定性值只能连续变化, 例如, 当前某个变量的值是 "2", 下一步的可能取值是 "1" 或者 "3", 不能取 "4" 或者 "5"。变量的变化方向可以发生跃变, 例如从 "−1" 变成 "+1"。

规则 3: 只受一个因素作用的二元组变量, 该作用因素当前变化方向主要受变量前因变量定性值的影响, 其转换规则分别见表 9.1 和表 9.2。

表 9.1 绩效变化方向的规则

qval (P)	qdir (TP)
+2	−2
+1	−1
0	0
−1	1
−2	2

表 9.2 自我效能感方向的规则

qval (TP)	qdir (SE)
+2	+2
+1	+1
0	0
−1	−1
−2	−2

规则 4: 二元组变量 (qval, qdir) 在下一阶段的取值规则如表 9.3 所示。

表 9.3 二元组变量转换规则

Qval (t)	Qdir	Qval (t+1)	概率 (%)
value	+2	value +1	100
value	+1	value+1、value	50/50
value	0	value	100
value	−1	value−1、value	50/50
value	−2	value−2	100

规则 5：为了将突变模型计算出的压力值 x，映射成 $\{1，2，3，4，5\}$ 中的定性值 X，我们定义绝对压力值和压力定性值之间是三角函数隶属关系 $f(x,a,b)$，见式 9.7，其中 x 为绝对压力值，a 和 b 为参数。

$$f(x,a,b) = \begin{cases} 0, & x \leqslant a \\ \dfrac{2(x-a)}{b-a}, & a < x \leqslant \dfrac{a+b}{2} \\ \dfrac{2(b-a)}{b-a}, & \dfrac{a+b}{2} < x < b \\ 0, & x \geqslant b \end{cases} \quad (9.7)$$

规则 6：通过尖点模型计算的压力值，存在多重实根时，根据压力的尖点突变模型得到压力在下一阶段的取值规则如表 9.4 所示，其中，Δ 为一元三次方程根的判别式。

表 9.4　压力转换规则

原压力状态（$Ti-1$）	Δ	压力状态（Ti）
挑战性	$=0$	挑战性
阻断性	$=0$	阻断性
挑战性	<0	挑战性
阻断性	<0	阻断性

3. 系统运行过程

步骤 1 变量初始化。设定各变量的初始值，再设定模拟阶段数和模拟次数；

步骤 2 调用随机数发生器，根据规则 1 产生任务需求的值；

步骤 3 根据规则 5 和规则 6 确定当前的心理压力状态；

步骤 4 根据心理压力值和规则 3 确定绩效的变化方向 $qdir$；

步骤 5 根据推理规则 4，产生任务绩效水平的 $qval$；

步骤 6 由绩效水平的 $qval$，根据规则 3 确定自我效能感的 $qdir$；

步骤 7 根据通用推理规则 4，推理产生新的自我效能感 $qval$；

步骤 8 重复步骤 2－7，直到系统运行到最大模拟阶段数；

步骤 9 系统运行记录的统计分析。

9.5　定性突变模拟模型的验证与应用

我们用 Matlab 开发了挑战－阻断性压力的定性突变模拟模型，假设员工每一个时间阶段都会接受新的任务，并在该时间阶段完成任务，企业会在每一阶段末对员工的绩效进行评估。在每组实验中均设定模拟次数为 1 000，时间阶段为 50。

9.5.1　模型验证

假设初始情况良好。设定员工的自我效能感 $SE=1$，处在挑战性压力的稳定状态，并且 $P=-1$，任务绩效水平 $TP=0$，员工的任务需求是随机产生的，统计员工处于各种压力水平的员工数分布如图 9.6 所示。

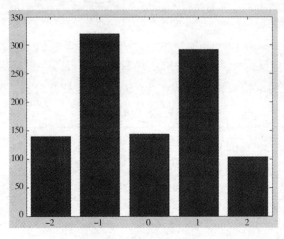

图 9.6　群体压力分布

从图 9.6 可以看到压力 $P=-1$ 和压力 $P=1$ 的比率最高，而 $P=0$ 比率比这两者都低，其原因在于现实中当员工的自我效能感比较低时，存在压力的突变现象。在自我效能感小于 0 的情况下，虽然员工的任务需求逐渐减小，但是员工仍然认为自身能力不足以胜任工作，因此压力仍然处在阻断性状态，直到任务需求非常小，员工完全能够胜任的时候，员工的压力以突变的方式转变为挑战性压力；在同样的情况下，虽然员工的任务需求逐渐增加，但是自我效能感小的员工，往往为追求事业上的成功付出更大的努力，因此直到任务需求增加到员工实在不能应对时，员工的压力以突变的方式转变为阻断性压力。因此该群体压力分布特征是与现实相吻合的。

9.5.2　初始状态的影响

本实验分析了初始状态对员工压力的影响，如图 9.7 和图 9.8 所示，其中左图显示最终各压力水平的员工数量，右图显示 SE、P、TP 和 TR 均值的变化。情况 1，假设初始情况很差，设定员工的自我效能感 $SE=-2$，处在阻断性压力的稳定状态，并且 $P=2$，任务绩效水平 $TP=-2$，员工的任务需求是随机产生的，模拟结果如图 9.7 所示。情况 2，假设初始情况很好，设定员工的自我效能感 $SE=2$，处在阻断性压力的稳定状态，并且 $P=-2$，任务绩效水平 $TP=2$，员工的任务需求是随机产生的，模拟结果如图 9.8 所示。

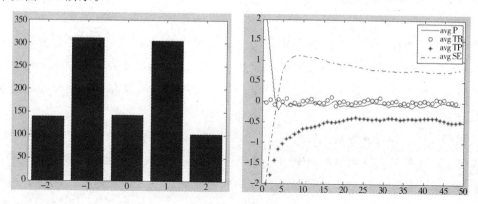

图 9.7　初始情况很差

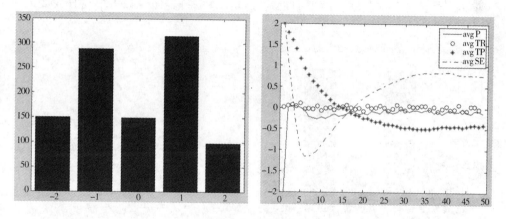

图 9.8　初始情况很好

图 9.7 左图与图 9.8 左图对比可以看出，在两种情况下员工的最终压力分布相似度非常高。进一步，图 9.7 右图与图 9.8 右图对比可以看出，在两种情况，员工的压力水平变化趋势相近度很高；初始状态差时，员工绩效水平先减小后增大，初始状态好时，员工绩效水平先增大后减小，但是两种情况下绩效水平的最终取值基本相等；初始状态差时，员工自我效能感先增大后减小，初始状态好时，员工自我效能感先减小后增大，但是两种情况下自我效能感的最终取值基本相等。因此，我们可以得出结论，员工现在的心理和行为状态，对相当长一段时间未来的心理和行为状态，没有太大的影响。

从实际情况来看也是如此，企业的新员工因技术能力、学习能力等因素的差异，各种心理状态的员工都存在，但在工作一段时间后，其心理特征同质性增加，也形成了各企业不同的文化特征。

9.5.3 任务分配策略的优选

员工的工作绩效是企业的核心话题，但是在现代的"以人为本"的企业中，企业还关注员工个人的发展，比如员工的心理负荷和员工的自我效能感等心理因素。那么企业应该怎样安排员工任务，在提高员工的绩效的同时，又提高员工自我效能感和降低心理压力？

我们设计三种任务方案，如图9.9、图9.10和图9.11所示，其中左图显示最终各压力水平员工数量，右图显示 SE、P、TP 和 TR 均值的变化。具体来说：方案一，随机安排任务，假定员工的其他初始属性都随机产生；方案二，固定员工的任务难度和任务数量，即固定每一位员工在每一阶段的任务需求；方案三，充分利用人力资源，每一位员工的任务需求根据其最近的自我效能感来安排，即任务需求与自我效能感成正比。

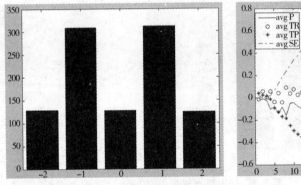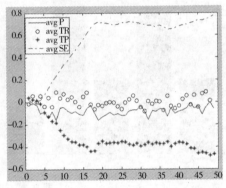

图 9.9 方案一，随机安排任务

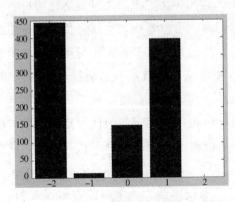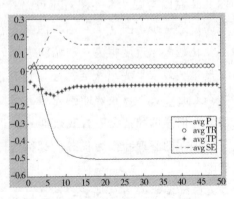

图 9.10 方案二，固定员工的任务难度和任务数量

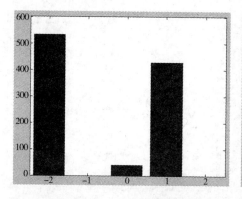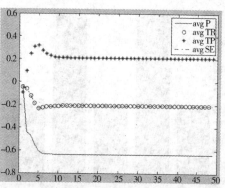

图 9.11   方案三，充分利用人力资源

通过对比图 9.9、图 9.10 和图 9.11 三种方案的输出，我们发现，方案三比方案二挑战性压力员工数多，最终平均挑战性压力也大，即方案三比方案二更能降低员工阻断性压力，提高挑战性压力。方案二则比方案一更能降低员工阻断性压力，提高挑战性压力，因此，从这个角度考虑，方案三最优，方案二次之，方案一最差。

对比最终员工自我效能感，我们则发现方案一最优，方案二次之，方案三最差。

对比最终员工的工作绩效，我们则发现方案三最优，方案二次之，方案一最差。

考虑到企业的目标是追求员工工作绩效，与此同时，尽量优先降低员工的心理负荷，因此，我们认为方案三是首选的任务安排方案，方案二是次选的任务方案。完全随机的任务安排方式，使心理压力的控制参数在控制平面上大幅移动，容易导致心理压力突变，造成员工心理不稳定，同时这种方案对提高员工绩效也没有帮助，因此，建议尽量不采纳方案一。

9.5.4   不同抗压特征对工作绩效的影响

虽然 9.3 节已经求解出了知识型员工的心理压力突变模型的参数，但其结论只反映了大多数员工的心理状况，员工的心理特征从理论上讲是异质的，也就是说心理压力突变模型的参数 a 和 b 存在其他的组合。$a>1.5$，突变的分歧点集开口越大，即员工情绪越稳定，对任务需求越不敏感；$b<-2$，突变模型上下页距离越大，即员工压力突变时落差越大。

设定 $b=-2$，任务需求随机发布，当 $a=1$ 和 $a=2$ 时，模拟结果分别如图 9.12、图 9.13 所示，左图显示最终各压力水平员工数量，右图显示 SE、P、TP 和 TR 均值的变化。对比图 9.12 和图 9.13，a 越大，虽然员工的心理压力越均衡，但是平均任务绩效越低。因此，对任务需求不敏感的员工，既体会不到阻断性压力也体会不到挑战性压力，工作绩效状况欠佳。

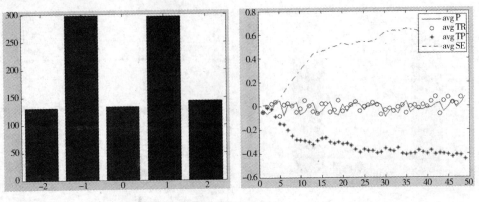

图 9.12 不同抗压特征的影响，$a=1$，$b=-2$

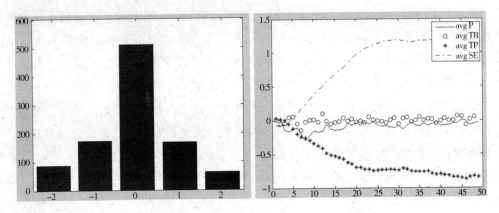

图 9.13 不同抗压特征的影响，$a=2$，$b=-2$

设定 $a=1.5$，任务需求随机发布，当 $b=-1$ 和 $b=-2$ 时，模拟结果分别如图 9.14、图 9.15 所示。b 越小，员工挑战性压力越大，因而任务绩效越高；b 增大，员工逐渐呈现出阻断性压力，工作绩效低。因此，压力感突变落差较大的员工工作绩效状况欠佳。

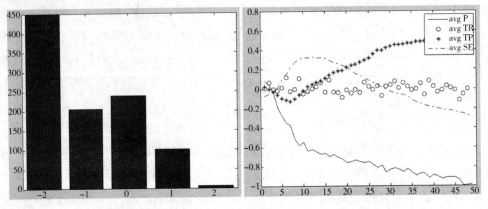

图 9.14 不同抗压特征的影响，$a=1.5$，$b=-1$

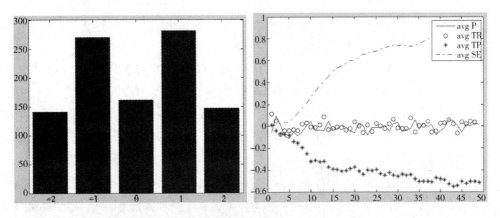

图 9.15　不同抗压特征的影响，$a=1.5$，$b=-2$

9.6　本章小结

　　本章针对自我效能感、任务需求、任务绩效与压力之间的关系问题及挑战—阻断性压力突变问题，将定性模拟和突变论相结合，开发了员工心理压力的定性突变模拟模型。该模型的贡献在于：一，通过突变论模型表达员工的工作压力状态的演变过程，即同时允许工作压力的逐渐的变化和跳跃式的变化，更客观地描述了工作压力的变化过程；二，针对管理问题中突变函数难以确定的问题，提出了基于遗传算法的求解平衡曲面参数的方法，使基于某时间点的数据就能拟合出较优的突变模型；三，将工作压力的突变模型嵌入到了模拟系统中，通过定性模拟技术推动工作压力和任务的不断交互，实现了对工作压力的动态分析。

　　本章的模拟实验表明：初始的心理状态对员工工作压力的影响不明显；根据员工的自我效能感安排任务需求的方案，比随机安排任务需求的方案和固定任务需求的方案都要优秀；对任务需求不敏感的员工和压力感落差大的员工绩效低于其他员工的可能性较大。

　　当然本章也存在不足之处，需要在未来的研究中更加深入：本章选定各变量的定性值为 5 个，如何选取定性值使得模拟结果更加合理需要进一步探讨；本章定性模拟是建立在压力参数固定不变的前提下的，但是这些参数是否动态变化的问题也需要进一步探讨。

参考文献

［1］ Cavanaugh M A，Boswell W R，et al. An empirical examination of self-repor-

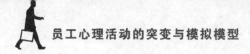

ted work stress among U. S. managers [J]. The Journal of Applied Psychology, 2000, 85: 65-74.

[2] Johns G, Xie J, Fang Y. Mediating and moderating effects in job design [J]. Journal of Management, 1992, 18 (4): 657-676.

[3] Webster J R, Beehr T A, Love K. Extending the challenge-hindrance model of occupational stress: The role of appraisal [J]. Journal of Vocational Behavior, 2011, 79 (2): 505-516.

[4] Karasek R. Job Demand, Job decision latitude, and mental strait: Implication for job redesign [J]. Administrative Science Quarterly, 1979, 24 (2): 258-306.

[5] Lazarus R S, Folkman S. Stress, appraisal, and coping [M]. New York: Springer, 1984.

[6] Semmer N K, Meier L L. Individual differences, work stress and health [M]. In Cooper C L (Eds.), Handbook of International Handbook of Work and Health Psychology, John Wiley & Sons Ltd, 2009.

[7] Cavanaugh M A, Boswell W R, ea al. An empirical examination of self-reported work stress among U. S. managers [J]. Journal of Applied Psychology, 2000, 85 (1): 65-74.

[8] Hu B and Xia G. Integrated description and qualitative simulation method for group behavior [J]. Journal of Artificial Societies and Social Simulation, 2005, 8 (2).

Part 5
模拟模型建模与应用：从个体模拟建模到群体模拟分析

Agent 建模方法是个体人行为建模的主流方法，其特点为：将个体人视为物理"粒子"，对人的行为进行建模，而不是从人的底层心理活动入手来建模。

本部分则将心理学理论或模型嵌入 Agent 建模方法之中，建立个体人的心理活动模拟模型，基于此，再进行群体人心理活动与行为表现的模拟建模与模拟分析。

第10章 员工满意度的建模与分析

10.1 前 言

员工的满意度的研究对企业的现实意义毋庸置疑，然而，已有的研究大多集中在对影响工作满意度的因素识别上，而对员工之间薪酬公平感与工作满意度变化关系的研究都没有涉及，即当员工的相对收入比同事低的时候，人们会调整自己的工作行为来达到内心的平衡。另一方面，已有的研究能够得到满意度的结构模型，但是这些模型都考虑的是静态的环境，员工一般都处在既定的社会场[1]中，员工的行为受社会场引力的长期作用和约束，处于一种均衡状态，当外部因素发生变化时，比如工作绩效等，容易引起人群心态的波动，尤其是满意度。因此，在动态的工作环境下，工作满意度演化机理是一个需要探索的科学问题。

从方法上看，目前的研究一般采用社会统计学方法，往往只能获得系统当前的状态及其关系，分析的结果作为一个静态模型存在，不能反映员工心理的动态变化。而单纯依靠解析建模也很难丰富地表达个体的心理和行为演化等特征[2]。因此，在研究心理行为问题时，采用模拟的方法从而避免静态模型的缺陷，将成为未来的一种重要研究方向。如通过运用定性模拟技术对员工离职行为进行模拟，能获得较好的员工离职行为预测效果[3]。在模拟领域，越来越多的模型采用数据驱动的方法[4]。实证数据可以与模拟模型以多种方式结合在一起：利用实证数据设置 Agent 的属性，利用实证数据对模型进行配置，利用实证数据验证模拟输出。

为了研究工作绩效变动、薪酬公平感等因素对员工工作绩效的动态影响，本章将实证和模拟结合在一起。首先在 Spagnoli 等人提出的工作满意度模型[5]的基础上，在武汉某 IT 企业研发部门采集了大量工作满意度及其影响因素的数据，并首次将基因表达式程序设计（GEP）方法引入到心理模型构建体系，建立了关于工作满意度的评价模型，克服了传统结构方程方法把人的心理简化为线性过程的不足。然后，为了研究群体层面的满意度动态变化过程，本章利用多 Agent 方法在工作满意度评价模型基础上，从微观层面模拟员工的互动演化过程，并通过自组织特征映射神经网络（Self-Organizing Map，SOM）方法将实证数据和模拟数据进行对比，以验证模型。最后，分析交流范围、不同薪酬策略、企业内员工网络及其他变量对员工工作满意度水平的影响。

10.2　个体满意度建模

工作满意度受综合因素的影响，包括员工个体因素、相关工作因素，以及所在单位总体经营状态和发展前景、甚至员工的家庭与生活等非工作因素[6]。目前国内外的大量研究也主要集中在工作满意度的测量及影响因素的识别问题上[7]，主要包括单一总体满意度测量和多维满意度测量两种方法。

单一整体测量法就是从整体上考察员工的工作满意度。密西根组织评估问卷包括三个问题：（1）总的来说，我对我的工作感到满意；（2）总的来说，我不喜欢我的工作；（3）总的来说，我喜欢在这里工作[8]。Nerkar 等人也提出整体满意度的量表，该问卷要求被试者把工作的各个方面概括成单一综合的回答[9]。

多维结构观认为员工的工作满意度是由与其工作相关的各个方面的满意度组成。如最早期的明尼苏达工作满意度量表将工作满意度分为 4 个主要方面：工作本身、工作中的人际关系、报偿和发展[10]。Knoop 进一步将工作满意度划分为五个维度[11]。近年来，Spagnoli 等人又提出工作满意度主要受工作氛围、管理实践、报酬和工作本身四个方面因素的影响。

从方法上看，已有的这些研究大多采用线性回归和结构方程模型等统计方法。然而，在社会学和行为科学中，不仅存在线性关系，也存在非线性关系[12]。行为和心理隶属于典型的复杂系统范畴，具有较强的不确定性和非线性等特征，因此采用这些传统的线性方法处理这类问题时，往往使人的复杂心理和行为过程简单化了。尽管目前统计研究采用的软件包都是基于线性结构方程，专家们已经认识到如果采用非线性理论将会使模型更加准确[13]。因此，统计学习和数据挖掘等方法，在将实证数据和模拟模型结合在一起方面具有独特的优势。Remondino 等指出数据挖掘技术既可以作为 Agent-based model 的组件，也可以作为 Agent-based model 的设计工具[14]。

10.2.1　问卷设计与分析

我们使用 Spagnoli 等人提出的工作满意度模型（图 10.1）刻画影响员工工作满意度的各种影响因素，其各个方面所包含的条目及整体信度系数见附录 10.1，其中报酬和工作本身的信度已经由 Kline 进行了检验[5]，同时验证性因子分析表明，该量表具有较高的效度。在问卷设计中，我们采用 Likert 5 点计分法，每一个条目的选项包含：

很不满意、不满意、一般、满意、很满意。

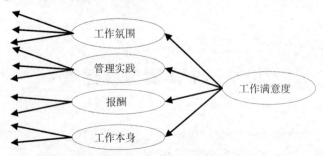

图 10.1 Spagnoli 的工作满意度模型

为了测试这个工作满意度模型，我们在武汉某 IT 企业实地调研，共调查了 310 名研发人员，获得了 218 份有效的答卷。为了保证测量数据具有较好的稳定性和内部一致性等特征，我们对问卷中每个潜变量的信度进行计算，结果见表 10.1。从中可见，量表 Cronbaca's Alpha 系数均在 0.7 以上，且总量表的 Cronbach's Alpha 系数达到了 0.806，根据 De Vellis 的理论，Cronbaca's Alpha 系数在 0.7 以上表明可信性是非常好的，所以此量表的可靠性水平较高。

另一方面，为使模拟模型更接近于客观现实，本章在实证数据的基础上，用 Arena 5.0 提供的 Input Analyzer 工具对各变量的取值频率分布进行拟合，得出各变量分布函数如表 10.2，这为模拟模型的初始化奠定了良好的基础。

表 10.1 可信度分析

变　量	Alpha	可测变量的个数
工作氛围	0.748	3
管理实践	0.810	3
报酬	0.864	2
工作本身	0.805	2

表 10.2 各变量的分布函数

变　量	分布类型	分布函数
工作氛围	韦伯	0.26 ＋ WEIB (0.49, 3.75)
管理实践	三角	TRIA (0.14, 0.797, 1)
报酬	正态	NORM (0.597, 0.176)
工作本身	韦伯	0.13 ＋ WEIB (0.605, 4.63)

10.2.2　基于 GEP 的工作满意度评价模型

现有的关于工作满意度度量方面的研究基本上都是基于线性方法的。这种方法比较直观，在现实的操作中也比较容易实现。但是员工心理上对工作的感知，是一个非常复杂的过程。其多个影响因素与满意度之间的关系是一个非线性的、不确定的和包含突变特征的，比如，某些员工对工作的大多数方面都比较满意，却会因为一次不公正任务评估或与领导的一次冲突而感到不满意，并在心理上把个体体验放大，突发离职行为。从这个角度上讲，如果简单地采用线性模型刻画员工的工作满意度水平，则不能揭示员工心理活动的动态性、非线性等复杂特征。所以，我们尝试使用演化建模技术建立员工工作满意度评价模型。

基因表达式程序设计——GEP（Gene Expression Programming）是由葡萄牙科学家 Ferreira 于 2001 年在遗传算法和遗传程序设计的基础上提出来的一种演化建模方法[15]，通过对函数表达式进行遗传、交叉和变异等操作，从而精确地拟合出各种线性和非线性数学模型。GEP 采用了线性的编码方式，遗传操作比遗传规划（GP）简单，同时稳定性良好，被广泛应用到各个领域。

我们将原始调研数据分成两部分，其中的 200 个样本为训练样本，另外 18 个样本作为检验样本。利用 GEP 程序，对训练样本进行学习。其中部分运行参数设置如表 10.3 所示，经过 20 次训练，每次迭代 1 000 次，选择适应度值最高的染色体作为演化结果，运行结果显示员工的工作满意度和其各子维度变量之间具有如下关系：

$$satisfaction = (x_4 - x_1) \cdot (-x_2 x_4) + x_4 - 2 \cdot x_2 \cdot (x_1 - x_3)(x_1{}^2 - x_2) \quad (10.1)$$

其中，x_1、x_2、x_3、x_4 分别代表员工对工作氛围、管理实践、报酬和工作本身四个方面的满意度水平。当然基于 GEP 建模的方法最大的缺陷是表达式难以解释。为了检验我们得出的模型的有效性，我们利用式 10.1 对检验样本进行计算并与线性回归进行对比，见表 10.4，表中 18 个样本的氛围、管理、报酬、工作本身和满意度值是实证数据，GEP 检验值和线性检验值是以样本的测量值（氛围、管理、报酬和工作本身）为输入计算出的满意度值，残差表示模型的检验值与满意度实证数据的误差。表 10.4 中结果显示 GEP 的误差都在比较小的范围内波动，且精确度比线性回归高，因此，我们建立的工作满意度评价模型，能较好地反映员工真实的工作满意度心理。

表 10.3　GEP 部分运行参数设置

参　　数	描　　述
适应度函数	基于相对误差的适应度函数
进化代数	1 000

续表

参　数	描　述
种群大小	80
函数集	＋，－，＊，／，ln，sin，cos，e，sqrt
终止符	x1，x2，x3，x4
头部长度	8
尾部长度	9
单点重组概率	0.3
两点重组概率	0.3
基因重组概率	0.1
变异概率	0.011

表 10.4　检验数据的拟合结果对比

序号	氛围	管理	报酬	工作本身	满意度	GEP 检验值	GEP 残差	线性检验值	线性残差
1	0.8	0.533	0.6	0.8	0.8	0.777	0.023	0.820	−0.020
2	0.867	0.733	0.8	0.7	0.8	0.784	0.016	0.732	0.068
3	0.667	0.533	0.6	0.6	0.6	0.628	−0.028	0.552	0.048
4	0.8	0.8	0.8	0.8	0.8	0.8	0	0.786	0.014
5	0.733	0.733	0.6	0.7	0.8	0.755	0.045	0.723	0.077
6	0.667	0.4	0.4	0.6	0.6	0.607	−0.007	0.610	−0.010
7	0.6	0.4	0.5	0.6	0.6	0.603	−0.003	0.523	0.077
8	0.667	0.4	0.3	0.6	0.6	0.603	−0.003	0.652	−0.052
9	0.733	0.733	0.8	0.8	0.8	0.799	0.001	0.811	−0.011
10	0.733	0.533	0.6	0.5	0.6	0.562	0.038	0.510	0.090
11	0.8	0.6	0.7	0.8	0.8	0.795	0.005	0.791	0.009
12	0.733	0.533	0.6	0.8	0.8	0.771	0.029	0.774	0.026
13	0.6	0.2	0.2	0.2	0.2	0.190	0.01	0.258	−0.058
14	0.8	0.733	0.8	0.9	0.8	0.834	−0.034	0.862	−0.062
15	0.533	0.4	0.4	0.6	0.6	0.596	0.004	0.519	0.081
16	0.467	0.4	0.6	0.7	0.6	0.615	−0.015	0.479	0.121
17	0.8	0.8	0.6	0.8	0.8	0.851	−0.051	0.869	−0.069
18	0.8	0.8	0.9	0.8	0.8	0.774	0.026	0.288	−0.088

10.3 群体满意度模拟模型建模

10.3.1 基本模型

用 Agent 表示独立完成任务的个体员工，用 patch 表示 Agent 的工作环境，设置网格规模为 32 * 32，Agent 个数为 100，模型原理如图 10.2 所示。

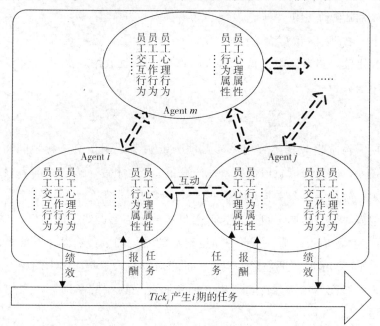

图 10.2 模型原理

定义 Agent 表达为

worker = {$satisfaction$, $climate$, $management$, pay, $work$, $tech$, $performance$, pay}

其中，$satisfaction$ 为该 Agent 在当期的满意度水平，$climate$、$management$、pay、$work$ 分别表示员工在当期结束时对工作氛围、管理时间、薪酬和工作本身的满意水平的感知，tech 表示员工的技能水平，$performance$ 表示员工的绩效水平，pay 表示员工所获得的报酬水平。

定义 Agent 互动方式为：员工 Agent 可以在环境中随机游走，步长为 2，在每次任务结束并分配报酬之后，与视野（$vision$）范围之内的员工进行互动。定义状态空间为：$S = \{high, middle, low\}$，分别表示员工工作满意度水平的高（$satisfaction \geqslant$

0.8)、一般和低（$satisfaction \leqslant 0.2$）。

定义 Tick_i 为模拟时间阶段：$\text{Tick}_i = \{1, 2, \cdots, n\}$。

10.3.2　模拟规则

规则 1，系统初始化规则

根据表 10.2 的概率分布的抽样，初始化每位员工 Agent 的工作氛围、管理实践、工作本身、报酬值和技术能力。在每一个时间阶段，员工 Agent 都执行该阶段的任务，并以当前的能力为依据产生绩效水平。

规则 2，薪酬互动规则

回避不平等心理 FS 模型[16]认为，人们为了判断收益分配是否公平，会把自己收益与他人进行比较，当自己收益低于他人时产生嫉妒负效用，高于他人时产生同情负效用，总效用函数为

$$u_i = x_i - \frac{\alpha_i}{n-1} \sum_{j \neq i} \max(x_j - x_i, 0) - \frac{\beta_i}{n-1} \sum_{j \neq i} \max(x_i - x_j, 0) \tag{10.2}$$

其中，第一项为物质收益直接效用，第二项为嫉妒负效用，第三项为同情负效用；α_i 为嫉妒心理强度，β_i 为同情心理强度，一般满足 $\alpha_i > \beta_i$ 和 $1 > \beta_i \geqslant 0$，前者表示收益低于他人时的嫉妒负效用大于收益同等幅度高于他人时的同情负效用，后者表示虽然当自己收益高于他人时会产生同情负效用，但是仍然偏好自己得到相对多的收益。

FS 模型主要是基于回避不公平的角度建立的效用函数，然而，根据美国心理学家 Adams 于 1965 年提出的公平理论，当员工的相对收益大于其他员工的相对收益时，会对自身产生正的激励效用，因此，我们在回避不公平模型的基础上，增加了高收益产生的激励效用，即：

$$u_i = x_i - \frac{\alpha_i}{n-1} \sum_{j \neq i} \max(x_j - x_i, 0) - \frac{\beta_i}{n-1} \sum_{j \neq i} \max(x_i - x_j, 0) + \frac{\eta \alpha_i}{n-1} \sum_{j \neq i} \max(x_i - x_j, 0)$$

$$\tag{10.3}$$

其中，$\eta < 1$ 且 $\eta > 0$。前景理论的研究表明，当面临相同大小的收益和损失时，员工对损失的敏感程度大，因此设置 $\eta < 1$ 且 $\eta > 0$。

规则 3，两种不同的薪酬策略

报酬方案 1：采用线性报酬方案 $S(x)$，即报酬由底薪和一份与绩效 x 成正比例关系的奖金组成，具体形式为

$$S_t(x) = S_{t-1}(x) + ax \tag{10.4}$$

其中，$S_{t-1}(x)$ 为员工前一期所获得的报酬，作为底薪，a 为奖励系数。

报酬方案 2：采用完全固定的薪酬制度。

规则 4，技术能力变化规则

当员工在每 n 次任务执行过程中，有 x （$x < n$）次及以上为胜任，则员工会在多次任务执行中提升自身的业务能力水平；反之，当有 x 次及以上为失职，则使得员工在多次失败中产生倦怠负效应，其业务能力水平也会降低。

10.3.3　基于实证与 SOM 的模型验证

我们尝试将实证数据和自组织特征映射网络（SOM）结合的方法，用于模拟模型的验证。SOM 是一种无导师学习算法，其工作思想是让竞争层各神经元通过竞争与输入模式进行匹配，最后获胜的神经输出就代表对输入模式的分类。

我们将采集到的 218 个样本数据及模型运行 715 时间单位时输出的 100 位员工的心理数据，作为 SOM 神经网络的输入，通过神经网络的自学习功能对现实数据和模拟数据分别进行分类，观察现实数据和模拟数据的分类是否存在显著的差异。这里设置竞争层的组织结构为 4 * 4，训练后的神经网络共产生 12 个分类（如表 10.5），原始数据和模拟数据的聚类模式如图 10.3 所示。从图中可知，原始数据和模拟数据的样本分类模式基本吻合，因此，可以认为通过了模拟模型的验证。

表 10.5　SOM 输出结果

类号	激发神经元号	样本数量	模拟样本数
1	1	35	15
2	3	8	4
3	4	14	6
4	5	21	10
5	6	7	3
6	9	21	10
7	10	9	4
8	12	21	10
9	13	12	5
10	14	35	16
11	15	21	11
12	16	14	6

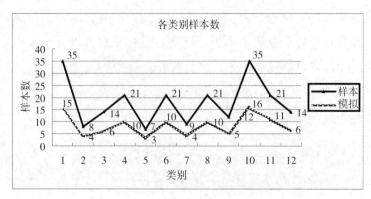

图 10.3　各类样本数分布

10.4　群体满意度模拟分析

10.4.1　各参数对工作满意度的影响

1. 交流范围对工作满意度的影响

在 $\alpha = 0.2$，$\beta = 0.1$，$\eta = 0.85$，总员工数＝100 的环境下，分别设置员工的交流范围 $vision$ 为 1 和 3，模拟结果分别如图 10.4（a）和（b）所示。

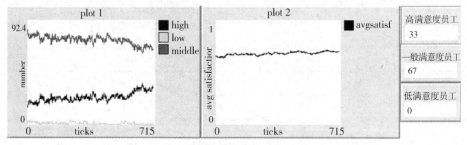

（a）交流范围 $vision=1$

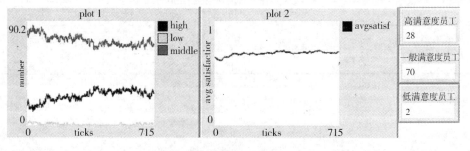

（b）交流范围 $vision=3$

图 10.4　不同的交流范围的影响

模拟结果说明,员工的交流范围比较大时,员工的满意度水平呈现下降趋势。发生这种现象的原因是,当交流范围扩大时,员工在每期任务结束时,都将和更多的同事沟通薪酬,此时员工产生嫉妒负效用的几率大大提升。虽然在这个过程中,员工也可能从薪酬对比中获得满足感,但是相同的损失带来的负效用比收益产生的正效用更大。从这个角度看,当员工交流范围扩大时,其满意度水平将大打折扣。正因为如此,知识型企业都不约而同地对员工的薪酬采取保密的措施,使同事之间对对方的薪水都互不了解,以保持员工积极向上的乐观心态。

2. 技能、表现、报酬与满意度之间的关系

为了分析各变量之间的关系及其对工作满意度的影响,在 $\alpha = 0.2$,$\beta = 0.1$,$\eta = 0.85$,总员工数=100 的环境下,随机选取某员工,将其运行过程中的变量的值保存在文本文件中,经过多次实验,对这些变量进行相关性分析,如表 10.6 所示。

表 10.6 各变量之间的相关关系

		pay	performance	satisfaction	tech
pay	Pearson 相关性	1	0.168**	0.955**	−0.065
	显著性(双侧)		0.000	0.000	0.082
performance	Pearson 相关性	0.168**	1	0.141**	0.221**
	显著性(双侧)	0.000		0.000	0.000
satisfaction	Pearson 相关性	0.955**	0.141**	1	−0.074*
	显著性(双侧)	0.000	0.000		0.049
tech	Pearson 相关性	−0.065	0.221**	−0.074*	1
	显著性(双侧)	0.082	0.000	0.049	

通过相关性分析结果,我们发现报酬和工作满意度之间相关系数比较大,其他各变量之间的相关系数比较小。因此,员工的报酬对工作满意度水平的高低,有着重要的影响,并且呈现正的相关关系;而报酬提升对员工表现提升有帮助,但效果不是特别明显;报酬对工作技能的提升基本上没有什么影响,管理者不必通过提高报酬的方式提升员工的技能,而应通过更多的类似于培训实验等方式提升员工的技能水平;工作技能对工作满意度的提升,也没有明显的影响,技能高的员工不一定能获得更高的工作满意度。

10.4.2 不同的薪酬策略对员工满意度水平的影响

社会公平理论产生的重要前提之一是员工之间报酬的差异化,因此,薪酬在工作满意度评价时起着举足轻重的作用。为了研究不同的薪酬制度对员工工作满意度水平

的影响，在 $\alpha=0.2$，$\beta=0.1$，$\eta=0.85$，$vision=1$，总员工数$=100$ 的环境下，设计两种不同的薪酬策略：一是"基本工资＋绩效"的模式，二是固定工资制度，即绩效工资的比例为 0%。

两种薪酬策略下的工作满意度模拟过程，如图 10.5 所示。

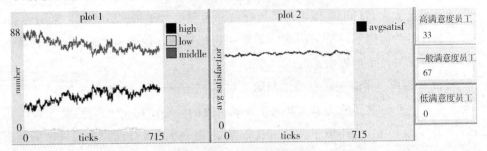

（a）奖惩力度为20%的情况下

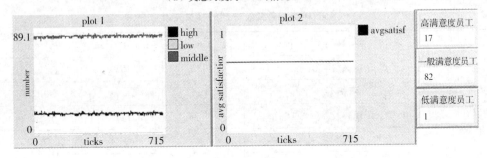

（b）固定工资

图 10.5　薪酬策略的影响

实验表明，当薪酬制度不具备竞争特性时，员工满意度水平大多为一般满意。当薪酬制度和个人绩效紧密联系在一起，尤其在奖惩力度相对增加的情况下，员工的满意度水平在各种不同层次拉开距离，高满意度水平的员工增多，他们将愿意为工作付出更大的努力；低满意度水平的员工，因个人能力水平无法适应企业的要求，在企业中长期处于低满意度水平，当不满意维持一段时间后，这些员工可能出现离职行为，为新员工的加入提供了机会。从这个意义上讲，在企业中实行"固定工资＋奖金"的薪酬制度模式，有利于保持企业的生机和活力。

10.4.3　企业内员工网络对员工工作满意度的影响

考虑到企业中经常存在大量的非正式组织，为了考察非正式组织对员工工作满意度的影响，随机生成三个具有不同拓扑结构和参数的网络，它们的平均结点度分别为5、10 和 20，其值的大小反映了非正式组织的规模。通过 20 次随意模拟，得出各种不同满意度水平的员工数目分别如图 10.6 第 1、2、3 组柱状图所示。

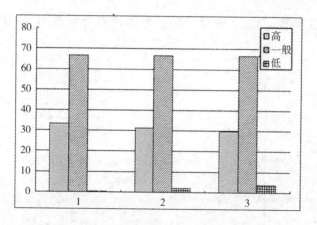

图 10.6　非正式组织规模的影响

结果显示，随着非正式团体规模的增大，员工的整体满意度水平呈不断下降的趋势。其原因就在于，随着组织规模的扩大，人员之间薪酬沟通更加频繁，这样员工在不断比较的过程中，满意度水平逐渐下降。因此，我们认为，企业中非正式组织的存在，对员工工作满意度存在消极的影响，主要表现在：加快了员工之间薪酬的传播，使得员工对个人的收入水平变得更加敏感，从而不利于企业员工的整体满意度水平提升。

为了进一步研究组织结构对满意度的影响，将平均结点度为 6 的网络中每个员工的满意度值、每个员工的邻居员工的数目、每个员工的邻居员工中高满意、一般满意和低满意的员工的数目分别记录下来，共 100 组数据。每个员工的邻居员工中高满意员工数目、一般满意员工数目、低满意员工数目的频率统计分别如图 10.7 中三个子图所示。

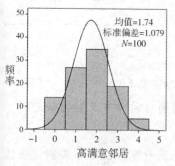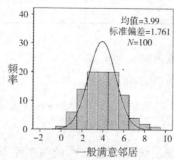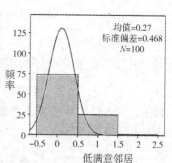

图 10.7　不同满意度员工数的分布特征

约 80% 以上的小组织中有 1 到 3 个高满意员工，约 90% 的小组织有 2 到 6 个一般满意的员工，低满意员工则在各小组织中都比较少，即在每个小组织中都存在不同满意层次的员工。

将 100 组数据按照高满意度邻居数目进行分类，然后计算每个类别中员工的平均满意度水平，反复实验 10 次，统计结果进行曲线拟合如图 10.8 所示，拟合效果如表 10.7所示。

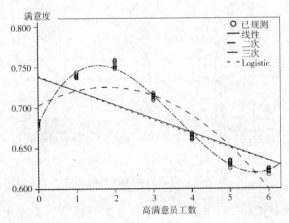

图 10.8 员工平均满意度水平与其周围高满意邻居数之间关系

表 10.7 模型拟合效果

模型汇总和参数估计值

因变量：平均工作满意度；自变量：周围高满意邻居数量

方程	模型汇总					参数估计值			
	R^2	F	df_1	df_2	Sig.	常数	b_1	b_2	b_3
线性	0.525	75.133	1	68	0.000	0.738	−0.017		
二次	0.791	126.531	2	67	0.000	0.703	0.025	−0.007	
三次	0.993	2 928.481	3	66	0.000	0.680	0.102	−0.042	0.004
Logistic	0.540	79.786	1	68	0.000	1.353	1.026		

其中拟合效果最好的函数为：

$$avgsatif = 0.004n^3 - 0.042n^2 + 0.102n + 0.68 \tag{10.5}$$

其中，n 为员工周围高满意度员工的数目，$avgsatisf$ 是周围高满意员工数为 n 的员工的平均工作满意度。

从中可知，按一般满意或低满意数目分类的员工平均满意度，没有呈现出较强的规律性。当员工周围高满意员工数目达到 1.7 左右时，平均工作满意度虽然处于一般满意的状态，但是达到相对比较高的水平；当高满意员工数目偏离 1.7 时，平均满意度水平呈下降趋势。由于当前网络的平均结点度为 6，周围超过 6 个员工为高满意的员工比率极低，尽管此时平均工作满意度有上升的趋势，但是这种可能发生的概率极低。在企业中，往往也很难让某个组织或部门的人全部都处于高满意度水平，但是管理者可以通过政策使高满意度员工数量维持在一个合理的水平，从而保证群体的平均满意度维持在相对高的水平。在该网络中，保证每个小组中有大约 1.7 个高满意度的员工，对提高整体的工作满意度水平是有很大帮助的。

10.5 本 章 小 结

本章对员工的满意度心理建立了计算模型，并嵌入到模拟系统中分析满意度的动态演化。该模型的贡献主要有：一、从工作氛围、管理实践、报酬和工作本身四个维度采集数据，并利用 GEP 演化建模的方法，训练出了员工工作满意度的评价模型，该模型克服了传统线性方法简化员工心理复杂过程的缺陷，为满意度的计算奠定了基础；二、在社会公平理论的基础上，通过多 Agent 模拟方法，模拟了员工执行任务并获得报酬过程中满意度水平的演化过程，并通过 SOM 方法将实证数据和模拟数据进行对比，以验证模型的有效性。

模拟实验表明：员工关于薪酬交流范围的扩大不利于工作满意度的提升，IT 企业由于存在绩效难以考核等客观现实，应该采用薪酬保密制度；采用"固定工资＋奖金"这一具有竞争特性的薪酬策略，更容易提高员工的工作满意度水平；报酬和满意度之间影响比较显著，而员工技能、员工表现与工作满意度之间相关关系比较弱；企业中非正式组织的存在以及非正式组织规模的增大，也不利于工作满意度水平的提升；员工周围高满意度邻居数与平均工作满意度水平高低之间存在某种函数关系，当员工周围高满意度邻居数为某特定值时，员工平均满意度水平相对比较高，当高满意度员工数偏离这个值，员工平均满意度水平就会下降。

本章也存在如下不足：通过 GEP 建立的满意度心理的计算模型，其数学表达式难以解释，探寻更可靠的计算模型建立方法是未来的一个重要研究方向。

参 考 文 献

[1] 胡斌，邵祖峰. 企业关键岗位管理人员甄选定性模拟方法及原型系统 [J]. 系统工程理论与实践，2004，24（11）：15-21.

[2] 张维. 社会计算与证券市场 [A]. 社会能计算吗？[C]. 北京：中国科学技术出版，2009，10.

[3] 夏功成，胡斌，张金隆. 基于定性模拟的员工离职行为预测 [J]. 管理科学学报，2006，9（4）：81-91.

[4] Boero R，Squazzoni F. Does empirical embeddedness matter? Methodological issues on agent-based models for analytical social science [J]. Journal of Artificial So-

ciety and Social Simulation，2005，8（4）．

[5] Spagnoli P，Caetano A，Santos SC. Satisfaction with job aspects: Do patterns change over time? [J]. Journal of Business Research. 2012，65（5）：609-616．

[6] Ilies R，Wilson K S，Wagner D T. The spillover of daily job satisfaction onto employees' family lives: the facilitating role of work-family integration [J] . Academy of Management Journal，2009，52：87-102．

[7] Reza N. Factors influencing job satisfaction among plastic surgical trainees: Experience from a regional unit in the United Kingdom [J] . European Journal of Plastic Surgery，2008，31：55-58．

[8] Seashore S E，Lawler E E，Mirvis P H，et al. Assessing Organizational Change: A guide to methods, measures, and practices [M] . New York: Wiley-Interscience，1983．

[9] Nerkar A A，McGrath R G，Macmillan I C. Three facets of satisfaction and their influence on the performance of innovation teams [J] . Journal of Bussiness Venture，1996，11：167-88．

[10] Staw，B M，Cummings L L. Research in organizational behavior [J] . Greenwich: JAI Press，1996．

[11] Knoop R. Workvalues and job satisfaction [J] . Journal of Psychology，1994，128：683-690．

[12] Karin S E，Christina S W，et al. Nonlinear structural equation modeling: Is partial least squares an alternative? [J]. Advances in Statistical Analysis，2010，94（2）：167-184．

[13] Lee S Y，Song X Y，et al. Maximum likelihood estimation of nonlinear structural equation models with ignorable missing data [J] . Journal of Educational and Behavioral Statistics，2003，28（2）：111-134．

[14] Remondino M，Correndo G. MABS validation through repeated executing and data mining analysis [J] . International Journal of Simulation，Systems，Science & Technology，2006，7（6）：10-21．

[15] Ferreira C. Gene expression programming: A new adaptive algorithm for solving problem [J] . Complex System，2001，13（2）：87-129．

[16] Fehr E，Schmidt K M. A theory of fairness competition and cooperation [J] . Quarterly Journal of Economics，1999，114（3）：817-868．

附 录 10.1

Paola Spagnoli 的工作满意度问卷

因　素	系　数	条　目
工作氛围	$\alpha = 0.75$	工作环境
		与直接领导的关系
		真诚的交互意见
管理实践	$\alpha = 0.73$	绩效评估
		公司管理
		工作的组织
报酬	$r = 0.28$，$p = 0.01$	报酬
		公司带来的社会效益
工作本身	$r = 0.33$，$p = 0.01$	已履行的工作
		公司的服务

第 11 章　员工合作与冲突的建模与分析

11.1　前　　言

员工合作与冲突行为的理论基础是博弈论的"囚徒困境"原理[1,2,3]，研究的基本手法是基于"囚徒困境"的得益矩阵来建立多 Agent 模拟模型[1]。

其存在的问题是，"囚徒困境"原理面向的是个体人的经济的、选择性的行为，个人的行为选择都以自身利益最大化为目的，没有其他的想法，不受社会性环境所影响，每个参与者就像物理系统中的"粒子"一样相互交互，随着物理交互，粒子（即博弈论中的参与者）的"获胜"策略逐步涌现出来。但是当参与者由于心理因素而使行为发生偏差时，"获胜"策略将偏离它的理论上的方向[4,5]。

这种研究被人们称为统计物理学[6]，在该领域，所有的动物个体，比如鸟、鱼、蚂蚁以及其他群居性动物或者所有的人类个体都被认为是粒子，粒子之间的交互产生了涌现，宏观行为随着时间的推进而发生，这实际上是一个物理过程。在这种物理环境和条件下涌现的合作和冲突行为，不符合现实的社交环境[7]。因此，社会心理学也应该作为员工合作与冲突行为研究的理论基础。

同时，经济心理学中的前景理论提出以后，人们发现完全的经济行为，即便是在现实的经济系统里也是不存在的，受心理因素的影响，人们的行为选择在不同的时间阶段也有全然不同的规律，这就是 Kahneman 和 Tversky 在前景理论中提出的两阶段行为模型[8]，即编辑阶段和评价阶段，而评价阶段又存在着两个不同的活动过程（即直觉和深度推理）。直觉是"快速的、自动的、容易的、关联的并且难以控制和修改的"，而深度推理是"缓慢的、连续的、需要花费脑力的"[9]。根据前景理论两阶段理论而建立的 Agent 模型[10]，可以显现出人类的真实行为特征，即直觉决策和有限理性决策。

正如 1.1.1 节所阐述的心理活动快速响应机制和精细计算机制，在外部环境面前，对于人的选择行为，我们可以从两层次的观点来看，第一层是对外部环境不加思考的出于本能的快速反应，第二层是在该人做出决策前，有一个强化的计算过程。例如人的情绪被分为"primary"情绪和"secondary"情绪[11]。primary 情绪是对外部刺激的即刻反应，而 secondary 情绪则是认知过程的产物。

人在公共场合的决策选择是一种集体行为，Paris 和 Donikian 建立了一个五层次模型来描述行为决定的过程[12]。这五个层次分别是：生理的、反应性的、认知的、理性的和社会性的。它显然可以被归纳为两大层：快速反应和强化计算。前景理论的直觉与深度推理，则分别对应着快速响应与强化计算。

Kahneman 和 Tversk 的前景理论还提出了风险决策的价值函数[8]，即人们在不同场景下做决策时会有不同的价值体验。因此，前景理论更应该作为员工合作与冲突行为研究的理论基础。

本章的研究对象是营利组织中的知识型员工，我们根据 Kahneman 和 Tversky 的两阶段原理，将知识型员工的决策过程分为两个阶段：非理性决策和理性决策[8]。但是与 Zhang 和 Leezer[10] 的工作不同的是，我们不直接使用建立在博弈论"囚徒困境"得益矩阵之上的效用函数，而是运用前景理论风险型决策的价值函数来改进效用函数。这意味着我们不仅将两阶段模型，而且将前景理论中的风险价值函数，嵌入到员工 Agent模型中。由于研究对象员工群体的规模不是很大、结构不太复杂，我们使用元胞自动机来建立群体行为的模拟模型。

11.2 系 统 模 型

由于任务的复杂性，知识密集型员工主要以扁平化组织即团队的方式开展工作，因此，合作是一种常见的行为。当然，与合作行为相反的冲突行为也是不可避免的，因为知识员工的独立性较一般员工更强。

我们建立了员工合作与冲突行为的概念模型，如图 11.1 所示。

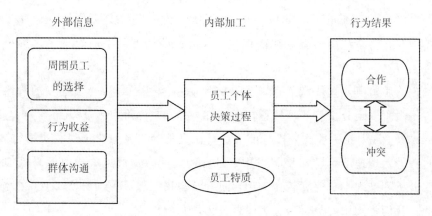

图 11.1 知识型员工合作与冲突的概念模型

在概念模型中，我们认为合作与冲突行为是员工个体决策的结果，这种决策依赖于外部信息，以及该员工的心理特征。外部信息包括邻居员工的决策、该员工的决策的利益以及组织沟通，而对于心理特征，本章只关注心理特质。

11.2.1　心理特征与员工分布

Bowles 和 Gintis 在以"囚徒困境"原理为基础研究群体的合作行为时，将群体成员分为三类：报答者、自私者和合作者[2]。报答者无条件工作并惩罚逃避者，自私者只是最大化自己的舒适度并且不惩罚逃避者，合作者也是无条件工作但从不惩罚逃避者。这种对员工的分类，涉及 Allport 的特质论[13]，人的心理特征是一组特征，在这之中一定有一个核心特征对行为有着主要影响。在本章中，我们选择其中与合作、冲突行为非常相关的"随和度"作为员工的核心特征。由此，我们将知识型员工分为三类：

（1）随和员工。这类员工非常容易被邻近员工的行为影响。

（2）中立员工。这类员工会在一定程度上被邻近员工影响，但不会绝对地追随他们。

（3）独立员工。这类员工很难被邻近员工影响，而是倾向于独立思考并做出理性的决策。

由于大多数知识型员工都有着高度的自主权、独立性和很强的个人成就动机等特征，这三种类型的员工分布是不均衡的。我们假定随和员工、中立员工和独立员工的比例分别是 20%、20% 和 60%。

11.2.2　基于前景理论的员工决策模型

在 20 世纪后期，Kahneman 和 Tversky 发现个体决策与期望效用理论在一系列的心理实验中存在着系统的、有规律的偏差[8]。因此他们提出了前景理论来解释这种系统偏差。

前景理论用价值函数代替效用函数，将风险决策过程分为两个连续的阶段：编辑与评价。编辑阶段是分析和处理信息，而评价过程则是评价实施过程。

Kahneman 认为除了理性分析与推理，基于直觉的启发对决策过程也有重要影响。启发式过程的处理速度快、几乎不占用心理资源、无意识反应、相对容易被他人影响等特征。分析和推理则是速度较慢的理性过程，占用心理资源，很难被他人影响[14]。

因此，我们将知识型员工的决策过程分为两个阶段：

（1）非理性决策

在这个阶段，知识型员工在开始决策时对基于直觉的外部信息可以快速响应，也就是启发式决策。员工先识别前一时间阶段采取合作行为的邻近员工（邻近元胞）的比例，再做如下决策：

如果合作员工比例大于 75％，那么在当前阶段随和员工、中立员工和独立员工选择合作行为的可能性分别是 50％、30％和 10％；如果合作员工比例小于 75％，员工则进入理性决策阶段。

（2）理性决策

在这个阶段，员工使用效益函数分析其收益，再选择合作或冲突行为。基于"囚徒困境"原理[7]，我们为合作和冲突行为设计得益矩阵如表 11.1 所示。

表 11.1　合作和冲突行为的支付矩阵

员工 1 ＼ 员工 2	合作	冲突
合作	$b-c/2, b-c/2$	$b-c, b-\delta$
冲突	$b-\delta, b-c$	0，0

在表 11.1 中，b 代表选择合作行为时双方可以得到的利益，c 代表如果双方选择合作，双方共同担负的成本，即每一方支付 $c/2$。如果只有一方选择合作，那么该方将支付所有的成本 c。δ 是一个惩罚参数（它也可以被认为是激励参数）。根据文献 [7]，我们规定 $b-\delta > b-c/2 > b-c$。

由于员工的认知能力有限，该员工只能根据前一阶段邻近员工的行为来预期下一阶段的利益。假定在时间 t 时邻近员工选择合作行为的比例是 $x(t)$，$x(t) \in [0, 1]$，那么选择冲突行为的员工的比例就是 $1-x(t)$，在时间 $t+1$ 时员工选择合作与冲突行为的收益如下：

$$U_{cp}(t+1) = c/2 * x(t) + b - c \tag{11.1}$$

$$U_{df}(t+1) = (b-\delta) * x(t) \tag{11.2}$$

在上式中，U_{cp} 表示选择合作的员工获得的利益，而 U_{df} 是选择冲突行为的员工获得的利益。

在前景理论中参照点效应是一个重要概念，它意味着一个人在其经济活动中做决策时选择了一个参照点来对比。该人的决策选择，是根据其绝对利益相比于参照点的利益。

此处，我们将员工的所有邻近员工的平均利益定义为参照点，因此，对于该员工来说，参照点的值为 0，参照点的利益和该员工的绝对利益的差别（而不是绝对的利益），则被定义为用于决策的价值函数的一个独立变量。价值函数如图 11.2 所示。

价值函数在第三象限是一个凸函数，即当利益是净损失时决策者是有风险偏好的。这个凸函数在参考点是弯曲的，因为风险规避效应使得此凸函数在第三象限的斜率是

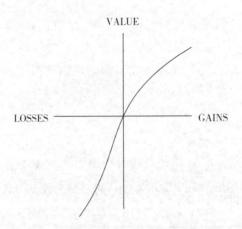

图 11.2　前景理论中决策风险性价值函数

第一象限的 2 到 2.5 倍[8]。

因此，员工在理性阶段的价值函数为

$$V = \begin{cases} \ln\ (\Delta U+1) & \Delta U \geqslant 0 \\ -\ln 2\ (1-\Delta U) & \Delta U < 0 \end{cases} \tag{11.3}$$

ΔU 表示在某一时刻的参照点的利益和该员工的绝对利益的差别，在这个模型中，邻近员工在时间 t 的平均利益为：

$$\overline{U}(t) = U_{cp} * x(t) + U_{cf} * [1-x(t)] \tag{11.4}$$

我们选择平均利益作为中间参考点，即 $V\ (\overline{U})=0$。所以在时间 $t+1$ 时，对于合作行为，有：

$$\Delta U_{cp}(t+1) = U_{cp}(t+1) - \overline{U}(t) \tag{11.5}$$

对于冲突行为，有：

$$\Delta U_{cf}(t+1) = U_{cf}(t+1) - \overline{U}(t) \tag{11.6}$$

将式 11.5 和 11.6 代入式 11.3，我们便能分别计算出合作与冲突在 $t+1$ 时的值。然后将两个值对比，较高的值将作为员工在时间 $t+1$ 的行为。

根据上述过程，当邻近员工选择合作行为的比例低于 75% 时，这个员工将进入理性选择阶段。

命题 11.1：当 $\delta > c/2$ 时，选择合作行为的期望利益比选择冲突行为的要高，即理性选择是合作。

证明：

$U_{cp} > U_{cf} \Leftrightarrow c/2x + b - c > (b-\delta)x \Leftrightarrow (b-c/2-\delta)x < b-c$

（1）当 $b - c/2 - \delta \leqslant 0$，即 $\delta \geqslant b - c/2$ 时，有 $(b - c/2 - \delta)\ x \leqslant 0 \leqslant b - c$，所以，$\forall\ x \in [0,\ 1]$，有 $U_{cp} > U_{cf}$。

（2）当 $b - c/2 - \delta > 0$ 时，即 $\delta < b - c/2$ 时，有 $(b - c/2 - \delta)\ x < b - c$，

我们可以得到 $x \leqslant \dfrac{b-c}{b-c/2-\delta}$ ，所以当 $\dfrac{b-c}{b-c/2-\delta} \geqslant 1$ 时，对于 $\forall\ x \in [0，1]$ ，有 $c/2 < \delta < b-c/2$ 。

结合（1）和（2），我们可以知道，当 $\delta \geqslant c/2$ 时，$\forall\ x \in [0，1]$ ，有 $U_{cp} > U_{cf}$ 时，合作行为的期望利益高于冲突行为，理性选择的结果是合作。

当 $U_{cp} > U_{cf}$ 时，我们可以得到 $U_{cp} - \overline{U} > U_{cf} - \overline{U}$ ，也就是 $\Delta U_{cp} > \Delta U_{cf}$ 。

我们可以发现价值函数是一个单调递增函数，当 $\Delta U_{cp} > \Delta U_{cf}$ ，$V_{cp} > V_{cf}$ 时，理性选择的结果总是合作。所以命题得证。

根据上述结论，我们可以得到推论 11.1。

推论 11.1：当 $\delta \leqslant c/2$ 时，如果 $x \leqslant \dfrac{b-c}{b-c/2-\delta}$ ，理性选择的结果是合作，如果 $x > \dfrac{b-c}{b-c/2-\delta}$ ，理性选择的结果则是冲突。

推论 11.1 表明当选择合作的邻近员工的比例很低时，该员工在理性阶段倾向于选择合作。否则，冲突行为的预期利益的诱惑大于合作行为。为了控制员工对于合作与冲突行为的选择，我们不应该只关注惩罚参数，还应该关注 $b - c/2 - \delta$ 的值。当我们将 $b - c/2 - \delta$ 的值设置在一个高水平时，我们能有效地减少员工的冲突行为。因为 $b - c/2 - \delta$ 的重要性，我们将它定义为控制因子 ξ 。

上述研究是关于员工在个体层面上对于合作与冲突行为的选择机制，接下来我们运用 Anylogic 6.5 建立模拟模型，探索员工合作与冲突群体行为的演化。

11.3　模拟模型建模与验证

11.3.1　设置模拟环境和类

根据第一部分描述的概念模型，我们用 Anylogic 6.5 编写模拟模型，如图 11.3 和图 11.4 所示。

图 11.3 是一个元胞自动机模型，$Person$ 类表示一系列的知识型员工，参数 $Number\ of\ people$ 代表知识型员工的数量，环境表示知识型员工的工作场所。在 11.2.2 节定义了参数 b、c 和 δ ，参数 $Number\ of\ people$、b、c 和 δ 是可以调节的。主要的统计变量是 $Chara1$、$Chara2$、$Chara3$、Cp 和 Cf 。$Chara1$、$Chara2$ 和 $Chara3$ 分别表示心理特征为随从、中立与独立的员工的数量。Cp 和 Cf 分别记录选择合作与冲突行为的员工的比例。

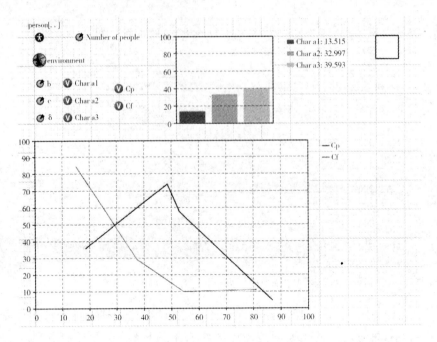

图 11.3　主模型

图 11.3 的底部是 Cp 和 Cf 的曲线，其中 x 轴表示时间，y 轴表示 Cp 和 Cf 的值，粗曲线代表 Cp，浅色曲线是 Cf。

图 11.4 描述了 $Person$ 类，每一个员工都是 Person 对象，即一个元胞 Agent，Person 类的属性变量主要包括：$Behavior$、$Character$ 和 $Neighbors$。

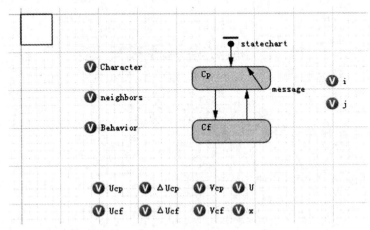

图 11.4　Person 类

（1）$Behavior$ 表示在某一时刻员工的行为状态，类似于 $StateChart$。$Behavior = \{0，1\}$，其中"1"表示合作行为 Cp，"0"表示冲突行为 Cf。

（2）$Character$ 表示员工的心理特征，也就是随和的、中立的和独立的。$Character = \{1，2，3\}$，"1""2"和"3"分别代表随和的、中立的和独立的。

（3）*Neighbors* 表示一系列的邻近员工的 *Agent*，它是一组 *Agent*。在 *Anylogic* 中，*Neighbors* 的类型有 *Moore*（8 个邻居）和 *Euclidean*（4 个邻居）两种类型。

图 11.4 中的其他变量都是个体行为决策过程的辅助变量。i 记录邻近员工的数量，j 为最后时刻选择合作的邻近员工的数量，x 是邻近员工中选择合作的员工的比例，即 $x=j/i$。

为了分析组织内员工之间的交流对于个体员工行为的影响，我们假设邻居员工以一定概率互相交流：选择合作行为的员工主动给选择冲突行为的员工发送消息，"劝说"他们选择合作。如果选择冲突行为的员工接受了"劝说"信息，就可能转向选择合作，这取决于该员工的心理特征和要遵从的规则：

随和员工转向合作的可能性为 50%，中立员工为 30%，而独立员工则为 10%。

如果收到信息的是选择合作的员工，那么其行为将不会改变。为了实现组织交流，如图 11.4 所示，我们增加了一个命名为"*message*"的"*Transition*"，它转向 Cp，表示合作者的信息的传递。以概率 P 随机触发并发送"劝说信息"，P 的值域为 $[0, 1]$。

11.3.2　模型的验证

我们假设元胞空间是一个 10 * 10 的网格，邻近员工的模式为 4 个的 Euclidean 类型。设置模拟时间为 100 个时间阶段，模拟实验的参数如表 11.2 所示。

表 11.2　验证模拟实验的参数

Parameters	Values
Number of people（The population of employees）	100
b	22
c	20
δ	8
Fraction of cooperative employees at time $t=0$	30%
Fraction of defective employees at time $t=0$	70%
Group communication p	0

我们用 3 个极端的员工比例特征设计实验方案如下：

（1）所有员工都是独立的，没有随和员工和中立员工，模拟结果如图 11.5（a）所示。

（2）所有员工都是随和的，没有独立员工和中立员工，模拟结果如图 11.5（b）所示。

（3）所有员工都是中立的，没有独立员工和随和员工，模拟结果如图 11.5（c）所示。

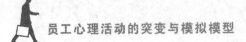

（4）随和员工、中立员工和独立员工的比例分别为30％、10％和60％，模拟结果如图11.5（d）所示。

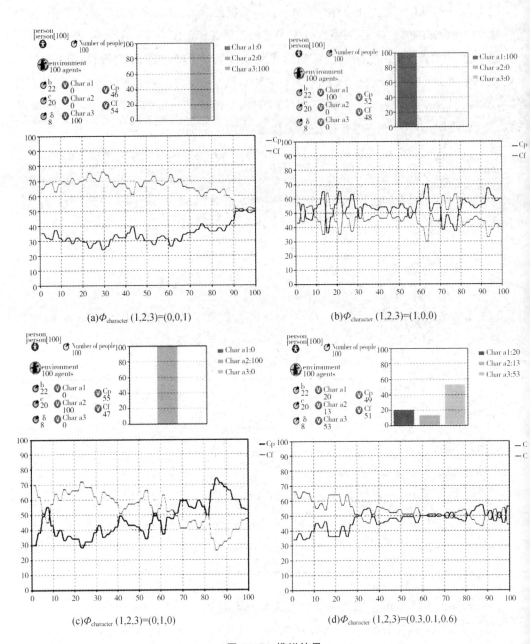

(a)$\Phi_{character}$ (1,2,3)=(0,0,1)

(b)$\Phi_{character}$ (1,2,3)=(1,0,0)

(c)$\Phi_{character}$ (1,2,3)=(0,1,0)

(d)$\Phi_{character}$ (1,2,3)=(0.3,0.1,0.6)

图 11.5　模拟结果

图 11.5（a）表明，尽管合作员工的比例趋近于一个固定的水平，但是它增长得十分缓慢。其中一个原因就是独立员工倾向于追求个人成就，并且与他人合作会增加自己的互动成本和减少利益。另一个原因是独立员工很难被邻近员工影响，所以冲突行为很难改变。

图 11.5（b）表明，当合作员工的数量有一个增长的趋势时，将会有一个"峰值"状态，它表明随和员工倾向于无理性思考并且在邻近员工选择合作行为比例大时也会选择合作。但是当选择合作行为的员工偏离一个特定水平时，他们之中会有一些员工理性决策并选择利益较高的冲突行为，这导致了图 11.5（b）中的"峰值"现象。

对比图 11.5（a）和图 11.5（b），我们可以发现中立员工的行为在图 11.5（c）中有着以上两个情况的所有特征。

图 11.5（d）表明，当选择合作的员工的比例达到一定水平时，选择合作与冲突行为的员工的比例的曲线，趋向于稳定与平滑。

以上实验表明模拟结果与我们的常识相一致，因此模拟模型得以验证。

11.4　模 拟 实 验

为了研究群体员工合作与冲突行为的演化机制，我们通过得益参数 b、c、δ 和组织交流 p 来设计实验方案。员工数量 $Number\ of\ people = 100$，设置模拟实验的次数为 100 个时间阶段。

11.4.1　得益参数

我们设计了几个得益参数 b、c 和 δ 的组合来观察模拟结果，进而分析得益参数和控制因子对合作与冲突行为的影响。

1. 实验 1

模拟实验参数如表 11.3 所示。

表 11.3　模拟实验 1 的参数

Parameters	Values
b	24
c	20
δ	12
Fraction of cooperative behaviorat time t＝0	40%
Fraction of defective behaviorat time t＝0	60%
Group communication p	0

从而有 $\delta > c/2$，模拟结果如图 11.6 所示。

这表示当 $\delta > c/2$ 时，在理性阶段合作行为是最佳选择。因此，所有的员工选择合作。

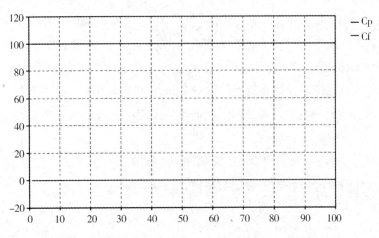

图 11.6　参数 $(b, c, \delta) = (24, 20, 12)$ 时模拟结果

2. 实验 2

模拟实验参数如表 11.4 所示。

表 11.4　模拟实验 2 的参数

Parameters	Values
b	24
c	20
δ	8
Fraction of cooperative behaviorat time $t=0$	40%
Fraction of defective behaviorat time $t=0$	60%
Group communication p	0

从而惩罚系数 $\delta \leqslant c/2$，且控制因子 $\xi = 0.8$，模拟结果如图 11.7 所示（标记的 A、B、C 和 D 点将在 11.4.3 节分析）。

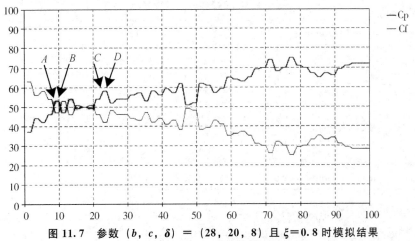

图 11.7　参数 $(b, c, \delta) = (28, 20, 8)$ 且 $\xi = 0.8$ 时模拟结果

这表明当选择合作行为的员工的比例在低水平时，选择合作员工的数量将逐渐增加。当这个比例达到 50％ 即选择合作行为与冲突行为的员工的比例为 1∶1 时，选择合作与冲突行为的人数在短时间内将会有波动。在波动之后，选择合作的员工将继续增长，会稳定在控制因子的水平。

3. 实验 3

模拟实验参数如表 11.5 所示。

表 11.5　模拟实验 3 的参数

Parameters	Values
b	24
c	20
δ	4
Fraction of cooperative behaviorat time $t=0$	25％
Fraction of defective behaviorat time $t=0$	75％
Group communication P	0

这时 $\delta \leqslant c/2$ 且控制因子 $\xi=0.4$，为了得到足够的模拟结果，我们调整选择合作与冲突行为的员工的初始比例分别为 20％ 和 80％，模拟结果如图 11.8 所示。

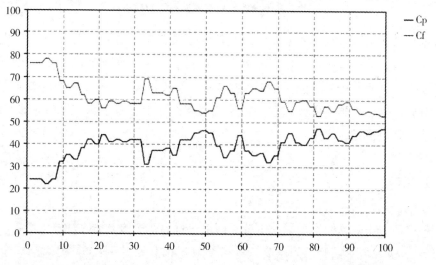

图 11.8　参数 $(b, c, \delta) = (24, 20, 4)$ 且 $\xi=0.4$ 时模拟结果

它表明当选择合作行为的员工的比例低于控制因子 ξ 时，这个比例有上升趋势。否则，选择合作员工的比例是下降趋势。一般它保持在 0.4 左右，在后期它的轻微上升可能是源于员工的非理性决策。

以上模拟实验表明惩罚系数 δ 和控制因子 ξ 对员工的行为选择有重大影响。当 $\delta > c/2$ 时，选择合作行为显然多于冲突行为。但是当 $\delta \leqslant c/2$ 时，则有两种不同的情形：

（1）如果邻近员工选择合作的比例高于控制因子 ξ，选择冲突行为的人数会多于合作行为；（2）如果邻近员工选择合作的比例低于控制因子 ξ，选择合作行为的人数会多于冲突行为。

总之，非理性决策导致了一些波动。

11.4.2 组织交流

为了分析交流概率 p 对员工决策的影响，我们使用实验 2（即表 11.4）的参数，但是令 $p=0.2$、0.4 和 0.8，使选择合作与冲突行为的比例在 $t=0$ 时分别为 60% 和 40%，模拟结果如图 11.9 所示。

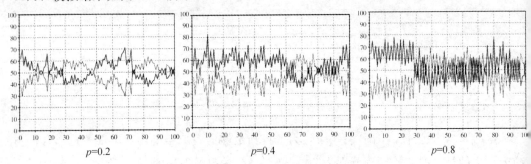

图 11.9　在不同的组织交流概率下的模拟结果

模拟结果表明了两点，一是，组织交流对于员工决策有着重大影响，它导致了选择合作员工的数量的增加，增加的范围将会随着 p 的增加而增加；二是，组织交流导致了选择合作与冲突行为的员工的比例的波动，当把图 11.9 和图 11.7（或者图 11.8）对比的时候，这点将非常明显。这个现象说明在组织中存在组织交流时，员工行为在总体水平上是不稳定的。

11.4.3 讨 论

在模拟实验中，我们发现了关于员工的组织行为独特的关系的另一个现象。

与图 11.9 比较，实验 2 的模拟结果（图 11.7）中合作与冲突行为比例的曲线，在总体上是较为平坦的，至少在邻近点 A 和 B 以及 C 和 D 之间是较为稳定。

为了分析图 11.9 不稳定的原因，我们重新做实验 2，但是只考察 $p=0.2$ 的情形，记录 $t=9$，10 和 23，24 时的模拟结果，即记录图 11.7 中点 A、B、C、D 处的模拟结果，见图 11.10。

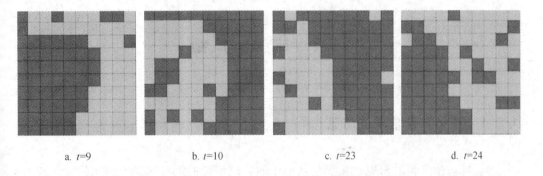

a. t=9   b. t=10   c. t=23   d. t=24

图 11.10　当 $p=0.2$ 时组织行为的聚集效应

图 11.10 的显著现象是，员工的群体行为在两个相邻时间阶段之间存在着集体反转的现象，这意味着，员工群体行为在局部水平上是不稳定的（尽管在总体上它们是稳定的）。原因可以分析如下：

员工的认知能力是有限的，他们只能收集邻近员工的信息，然后进入了两个决策阶段：非理性决策和理性决策阶段。如果不经过非理性决策阶段而直接进入理性决策阶段，此时，针对邻近员工的信息，每个员工的行为由博弈规则和追求利益最大化所驱动，这导致了员工脆弱的利益关系：要么一起损失利益，要么一起得到利益。

在图 11.10（b）和图 11.10（d）中，冲突行为员工并不处在一个整体的集结区域（见灰色）中，而是有小群体的合作员工（黑色）分散在其中。究其原因，是模拟模型中考虑了员工的特质差异，并且更重要的是，模拟过程中存在非理性决策，以及组织交流。

为了证实这一点，我们在 $p=0.8$ 的情况下再做实验 2，并且在时间 $t=9$、10、23、24 抓取模拟结果，如图 11.11 所示。与图 11.10（b）、11.10（d）相比，冲突行为群体（灰色）中掺杂的合作员工（黑色）更多。说明组织交流概率更大时（$p=0.8$），冲突行为员工更难以集结成一个整体的区域，也就是说，组织交流可以阻止群体的冲突行为在局部（即相邻时间）的极端化。

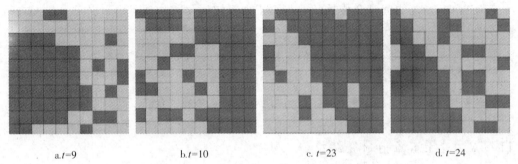

a.t=9   b.t=10   c. t=23   d. t=24

图 11.11　在 $p=0.8$ 时群体行为的聚集效应

11.5　本　章　小　结

11.5.1　关于本章的研究方法

过去对合作行为的研究，主要是从个体的、经济性的策略选择机制出发，例如 tit-for-tat、win-stay[4, 5]或者 all-D[7]等策略选择机制。本章则考虑了心理学因素，从博弈支付矩阵的参数组合角度，研究员工合作与冲突机制。

策略选择机制需要员工善于分析、并且精于运用博弈效用函数进行强化计算。而我们的方法是将心理学模型嵌入效用函数，再运用多 Agent 模拟进行推演。

实际上，并没有理想的策略选择机制，因为偏差和干扰经常存在于博弈中[4]。在本章中，偏差和干扰视为心理因素。这些心理因素由特质理论[13]、前景理论[8]，以及其他心理因素（也就是组织交流）来描述。

根据特质理论[13]，员工被分为三个子群，即随和的、中立的和独立的。根据知识型员工的特点，独立子群的比例常常高于其他两个子群，因此被设计为 60%（见11.2.1 节）。不同的心理特征会导致在偏差和干扰下做出的不同行为决策。在这里偏差和干扰用不同子群选择合作或者冲突行为的不同可能性来处理（见 11.3.1 节）。

根据前景理论[8]，非理性决策处于现实中的人的决策的第一阶段。而在以往的研究中，人被视为物理系统中的一个粒子[6]，而本章考虑了人的非理性决策过程，这就使得模拟模型中的 Agent 具有了情绪，而非物理系统的粒子[15]。而前景理论的嵌入，则将博弈论的传统效用函数转化为个体决策的价值函数，当员工运用得益矩阵做决策时，该员工就有了风险规避效应的心理。

本章考虑的其他心理因素是组织交流，人的观点会相互传播。因此，本章认为合作行为在邻近员工之间是会传播的。与粒子之间均一化的物理行为不同，人与人之间的行为表现是多样的，和另一个人的关系不同，则行为表现就会不同。组织交流参数是用来表示关系的，它是一个概率值，其大小用来表达员工与其邻居之间的关系远近（见 11.3.1 节）。

当考虑上述诸多心理因素对员工行为选择的交互影响时，我们不得不选择模拟方法。

11.5.2　关于本章的研究结论

通过多种参数组合的一系列模拟实验，我们得到了如下结论：

支付参数 b、c、δ 以及组织交流，以不同的方式影响知识型员工的合作与冲突行为。得益参数决定了选择合作与冲突行为的最终比例，组织交流影响合作与冲突行为的员工比例的变化范围。

对于得益参数 b、c、δ，当惩罚系数 $\delta > c/2$ 时，合作行为常常好于冲突行为。这将导致在短时期内所有的员工都选择合作行为。但是在现实生活中，知识型员工有一个重要特征：自主性。因此，设定惩罚参数在一个很高的水平可能导致知识型员工的不满。很显然这对于现实组织中的管理者来说并不是一个好的方法。而控制因子

$$\xi = \frac{b-c}{b-c/2-\delta}$$

则是一个可行的方法来控制员工的选择合作或者冲突行为的决策，适当地调整可以无形中引导员工选择合作行为。

组织交流可以促使合作员工的比例增长，这个增长幅度将随着组织交流 p 的增大而增大，但是其波动的幅度也比没有组织交流时（图 11.7）更快，使得合作与冲突行为的员工比例成为锯齿状（图 11.9）。它表明，组织交流虽然可以促使合作员工的比例增长，但同时也导致组织行为在总体上（即在整个时间范围上）不稳定。

显然，组织交流对于组织性能的稳定性有着负面影响。因此，为了保持组织的稳定性，管理者不应该过度增加员工之间的随机交流水平。

员工的认知能力是有限的，并且每个人只能从邻近员工搜集信息。在拥有的信息下，每个人根据博弈规则追求自己的最大利益，这导致了组织内员工"脆弱的利益关系"。在演进过程中两个相邻时间点发生组织行为的集体逆转，这意味着嵌入前景理论的博弈规则，能够导致组织行为在局部水平上（即相邻时间上）的不稳定。

进一步分析表明非理性决策和组织交流可以阻止组织行为在局部水平上（即相邻时间上）的不稳定。

综上所述，前景理论嵌入式的博弈规则，也是面向个体的、经济的、选择性行为的，这种目光短浅（即只顾经济利益）的员工会在局部上（短时间内）选择最大化利益的行为，从而导致不稳定状态。

而同时，员工合作行为的演化也受心理因素（本章只考虑了人格特质、组织交流）的影响，这可以增加合作者的比率。组织交流会导致群体行为在总体上不稳定，但在局部上比仅取决于博弈规则的行为要相对稳定。

对于人类的复杂的心理与行为来说，本章模拟模型仍然是简单的并且不能全面反映员工的心理和行为的变化。前景理论是探求个体的、选择性的、竞技性的行为。在现实组织中，我们在设计 Agent 时还要考虑很多社会心理因素，比如认知[16]、情感、情绪和性格[17]。为了设计博弈中的得益函数，这些心理因素也应当被考虑。例如，当计算报酬和效用值时，利他主义效用也应该被用到[18]。在将来对于这些因素做进一步的研究是十分必要的。

参 考 文 献

[1] Axelrod R. The complexity of cooperation: Agent-based models of competition and collaboration [J] . Princeton: Princeton University Press, 1997.

[2] Bowles S, Gintis H. The evolution of strong reciprocity: Cooperation in heterogeneous populations [J] . Theoretical Population Biology, 2004, 65: 17-28.

[3] Hanaki N, Peterhansl A, Dodds P S, Watts D J. Cooperation in evolving social networks [J] . Management Science, 2007, 53 (7): 1036-1050.

[4] Axelrod R. Launching "The Evolution of Cooperation" [J] . Journal of Theoretical Biology, 2012, 299: 21-24.

[5] Nowak M A. Five rules for the evolution of cooperation [J] . Science, 2006, 314 (5805): 1560-1563.

[6] Castellano C, Fortunato S, Loreto V. Statistical physics of social dynamics. http://physics. soc-ph, 2009, May, 11.

[7] Axelrod R, Hamilton W D. The evolution of cooperation [J] . Science, 1981, 211 (27): 1390-1396.

[8] Kahneman D, Tversky A. Prospect theory: An analysis of decision under risk [J] . Econometrica, 1979, 47 (2): 263-292.

[9] Kahneman D. Maps of bounded rationality: A perspective on intuitive judgment and choice [M] . The Nobel Prizes Lecture, 2002.

[10] Zhang Y, Leezer J. Simulating human-like decisions in a memory-based agent model [J] . Computational and Mathematical Organization Theory, 2010, 16: 373-399.

[11] Damasio A R. Descartes' error: Emotion, reason and the human brain [M]. Putnam Berkley Group, Inc. , 1994.

[12] Paris S, Donikian S. Activity-driven populace: A cognitive approach to crowd simulation [J] . IEEE Computer Society, 2009, July/August: 34-43.

[13] Allport G W. Concepts of trait and personality [J] . Psychological Bulletin, 1927, 24, 284-293.

[14] Tversky A, Kahneman D. Judgment under uncertainty: Heuristics and biases [J] . Science, 1974, 185 (4157): 1124-1131.

[15] Gebhard P, Kipp K H. Are computer-generated emotions and moods plausible to humans? [C]. IVA 2006, LNAI 4133: 343-356.

[16] Sun R，Isaac N. Social institution，cognition，and survival：A cognitive-social simulation [J] . Mind & Society，2007，6：115-142.

[17] Bendoly E，Donohue K，Schulz K. Behavior in operations management：Assessing recent findings and revising old assumptions [J] . Journal of Operations Management，2006，24（6）：737-752.

[18] Loch C H，Wu Y Z. Behavioral operations management [J]. Foundations and trends in technology，information and operations management. 2005，1（3）：121-232.

第12章　员工文化规范融合的建模与分析

12.1　前　　言

　　员工之间文化规范的差异，是导致企业并购风险的主要原因之一[1]，本章研究跨文化企业并购后文化规范的集成机制、及并购企业文化规范被反转的风险。

　　文化规范是一种能让大量以自我为中心的个体在一起合作和协作的机制[2]，它提供了一个社会秩序问题的解决方案[3]。因此，文化规范是特定群体的行为模式，比如"自由免费心得交流"[4]，这些行为是通过从同事、领导和其他人群那里学习到的，他们的价值观、态度、信念和行为适用在他们所在的组织规范环境。忽略文化规范可能导致对个体的负面影响，比如被某个群体排斥。文化规范代表了个体自由和社会目标的一种平衡状态。为了形成一种社会规范，群体中的一部分人必须放弃自身偏好的行为。

　　已有的文化规范演化研究中，很多模型是考虑二进制观点的[5]。由于观点是二进制值或离散值，这类模型都不能很好地区分顽固不化的极端分子和隐性支持者和不合作者的变化水平。而有界信心模型（Bounded confidence model）[6]放弃了二进制观点的假设，并采用了连续的点表示观点。只有当观点之间的距离低于某个阈值时，两个Agent才发生观点交互，这使得交互具有非线性的特征。有界信心模型应用领域十分广泛，包括观点演化的研究和规范涌现的分析。例如，基于有界信心模型的产业集群中本地文化形成的模拟模型[7]；用观点代表了外部行为（如说话方式、情感和身体语言），分析群体观点的一致性[8]。相对协议模型（Relative agreement model）是有界信心模型的一个扩展。在该模型中，两个 Agent 之间的影响力是由他们观点之间的距离和观点不确定程度决定的，而不是由预先设定的某个阈值决定的[9]。相对协议模型的假设已经被实验室实验所证实[10]。

　　然而，已有研究存在两方面不足。一方面，目前大量关于观点传播和极端分子的文献都是基于有界信心假设和相对协议模型。而这类模型只允许说服的作用（吸引用），而不允许观点之间的冲突作用（排斥作用）。社会判断理论允许两个 Agent 间存在排斥的效果[11]，元对比模型[12]也同时允许吸引作用和排斥作用的存在。但这两个模

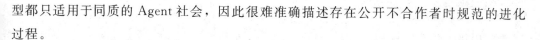

型都只适用于同质的 Agent 社会,因此很难准确描述存在公开不合作者时规范的进化过程。

另一方面,在文化规范融合的研究方面,已有的研究提出了文化规范四种整合模式[13],以及文化规范的四种类型[14]。这些研究成果影响深远,后来国内外学者的研究大多是以这些研究框架为基础。但是这些研究大多从定性角度分析何种文化类型适用于何种文化整合方式[15],而对具体并购情景下文化规范如何演化的问题,以及从微观层面研究公开不合作员工对并购企业文化规范被反转的风险等问题,都没有涉及。要研究这些问题,需要同时对文化规范形成的微观层面和宏观层面进行建模分析,传统的实证研究和数理模型很难做到这一点。

本章针对文化融合中的这些问题,提出异质相对协议的计算实验模型,分别为文化融合中多数派员工、普通少数派员工和公开不合作者,定义了不同的观点和行为更新规则,克服了经典相对协议模型所有个体都采用同一规则的不足;并在此基础上,分析了各种因素对公开不合作员工反转主流规范的概率的影响。

12.2　文化融合中的公开不合作现象

一般情况下,初始的主流观点更有可能控制群体的观点或行为。然而,在具备惯性效应的群体中,初始的少数派可能取胜并把他们的观点在整个群体中传播。这里的惯性效应是指,一种保持现有的观点被局部所有的成员所选择的趋势。为深入研究这种惯性,大量相关研究开始分析观点形成过程中的复杂的社会心理机制。尤其是,研究者很关注为什么多数派最终采纳了少数派人群的观点[16],特别是关注极端分子的影响。

在文化融合研究中,存在一种特殊的情景。一旦少数派成员中几个人在公开场合表达了他们强烈的不合作态度和行为时,整个群体的观点演化就会呈现出"星星之火,可以燎原"的态势,导致整个群体最终放弃初始的主流观点和行为。在这种情况下,其他持有相同观点的少数派成员不再担心他们的观点和其他人发生冲突了,因此变得更加自信。此时的情景与存在极端分子完全不一样了。首先,公开不合作者将会吸引少数派员工并且排斥多数派员工;其次,普通少数派的员工如果遇到公开不合作者将会变得更加自信,他们之间吸引的作用也更大,因为他们不再担心自己是唯一的持该观点的个体和害怕与其他员工发生冲突。这种情景使有界信心假设在某些问题上的解释能力降低,尤其是为什么少数人群能质疑甚至反转早期主流观点的问题[8]。

在现实中这种现象并不少见,南方某汽车公司作为一家民营企业在最近几年先后收购了几家国有汽车制造公司,由于国有企业四平八稳的文化和成长型民营企业奋斗的精神相违背，使得该公司在几轮收购后快速增长的势头不再了。再比如，某电器零售公司在几年前先后收购了几家知名电器公司成为中国最大的家电品牌，该公司的企业文化是"企业利益高于一切"，而被收购企业则是"快乐服务，幸福生活"，并购后两者文化冲突的结果却是收购方派到被购方的店长或员工往往难以执行各项工作并最终被同化，尤其在被收购企业的创始人担任收购方董事局主席后，这一趋势更加明显。为研究这种跨文化企业并购环境下，组织文化规范的融合和反转风险问题，本章通过相对协议模型来构建文化规范融合的模型。

12.3 基于异质相对协议模型的文化规范融合建模

12.3.1 基本模型

用 Agent 表示企业并购中的每个独体的员工，用 Agent 的网络关系表达员工之间的联系，只有 Agent 之间存在这种联系，才可能发生观点或行为的互动。定义

$$Agent = \{S, T, N, R, t\}$$

其中：

（1）S 为状态变量，每个个体 $Agent_i$ 包含两个状态变量，$S = \{x_i, u_i\}$，即观点 x_i 和观点的不确定性水平 u_i，这两个变量都是实数。假定每一个 Agent 的观点取值都满足 $x \in [-1,1]$，并且不确定性水平取值满足 $u \in (0,1)$。

（2）T 为员工类型，设定群体中总共存在 N 个 Agent，即组织的员工数目为 N，来自目标企业的个体数量为 m_1，即少数派，来自收购企业的个体数量是 m_2，即多数派，其中 $m_1 < N/2, m_1 + m_2 = N$。假定公开不合作者数量是 p，且 $p < m_1$。

（3）N 为员工之间的网络关系。$N = \{$规则网络，随机网络$\}$，规则网络中员工之间位置关系为 Moore 或 Von Neuman，Moore 网络中个体周围都有 8 个邻居，而 Von Neuman 网络中个体周围都有 4 个邻居；随机网络中个体周围的邻居数量是随机产生的。

（4）R 为沟通规则，在每一次交互中，其中一个个体 $Agent_i$ 被随机选取作为被动个体（观点接收方）；而另一个个体 $Agent_j$ 则被认为是活动个体。被动个体根据自身的类型 T 按照 12.3.2 节的规则更新自身的观点或行为。

（5）t 为系统时钟，有 $t = \{1, 2, 3, \cdots\}$。

12.3.2 规则设定

个体 $Agent_i$ 的观点片段表示为 $S_i = [x_i - u_i, x_i + u_i]$。对于交互对中的两个个体 $Agent_i$ 和 $Agent_j$，当且仅当观点重叠部 $h_{ij} = \min(x_i + u_i, x_j + u_j) - \max(x_i - u_i, x_j - u_j) > 0$，他们观点片段才重叠。那么，相对协议的大小就可以用式 12.1 表达[10]。

$$\frac{2(h_{ij} - u_i)}{2u_i} = \frac{h_{ij}}{u_i} - 1 \tag{12.1}$$

一旦少数派中有个别员工在公开场合表达了他们坚决不合作的态度时，相对协议模型单一的更新规则就不能很好地表达客观的现实。因此，个体观点和不确定性水平的更新规则可以根据交互个体的类型分成三类：普通员工的更新规则、公开不合作者的更新规则和当遇到公开不合作者时少数派的更新规则。不同类型个体间交互时将采用不同的规则，如图 12.1 所示。

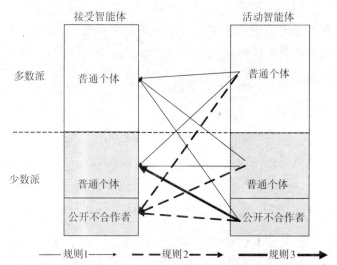

图 12.1 不同类型个体间观点交互规则（细线表示规则 1，虚线表示规则 2，粗线表示规则 3)

规则 1，一般个体更新规则

一般个体交互时观点和行为的更新规则是基于 Deffuant-Weisbuch 模型的，即连续观点相对协议模型[10]。在 DW 模型中，如果 $h_{ij} > u_i$，被动个体 $Agent_j$ 的行为和不确定性更新规则参照式 12.2 和式 12.3。

$$x_j = x_j + \mu\left(\frac{h_{ij}}{u_i} - 1\right)(x_i - x_j) \tag{12.2}$$

$$u_j = u_j + \mu\left(\frac{h_{ij}}{u_i} - 1\right)(u_i - u_j) \tag{12.3}$$

这里 μ 是一个收敛参数，$\mu \in \left[0, \frac{1}{2}\right]$；如果 $h_{ij} \leqslant u_i$，个体 $Agent_i$ 对个体 $Agent_j$

没有影响。

规则 2，公开不合作者的更新规则

公开不合作 Agent 代表目标企业中在公开场合表达了自己不合作态度的员工，即绝不采纳收购方的文化规范。我们假定公开不合作者的不确定水平处于比较低的极端水平，因此在交互中也显得更加自信。现实中，态度极端的人往往更有说服力，而温和的人则表现出态度的更大不确定[17]。

在经典的相对协议模型中，Agent 之间的交互发生且只发生在观点片段重叠部足够大处，即 $h_{ij} > u_i$。由于该模型的严格限制，相对协议模型不允许任何的反对态度在交互中发生。然而，公开不合作者的一个重要特征就是同时具有吸引作用和排斥作用。也就是说，当 $h_{ij} > u_i$ 时，他们的观点将被他们的同类吸引；当 $h_{ij} \leqslant u_i$，他们的观点将进一步远离交互者的观点。然而，这个排斥的机制在相对协议模型里并没有考虑。在现实生活中，个体之间的交互可能是吸引作用和排斥作用同时存在的。因此，我们参照文献[18，19]，进一步改进了相对协议模型，并且打破了更新因子的对称性，使得当观点片段重叠低于不确定性水平时，观点更新的幅度相对而言比较小。公开不合作者的观点和不确定性更新规则如式 12.4 和式 12.5。

$$x_j = x_j + \mu(\frac{h_{ij}}{2u_i})(\frac{h_{ij}}{u_i} - 1)(x_i - x_j) \tag{12.4}$$

$$u_j = u_j + \mu(\frac{h_{ij}}{2u_i})(\frac{h_{ij}}{u_i} - 1)(u_i - u_j) \tag{12.5}$$

其中，个体 Agent$_i$ 可以是不合作个体也可以是普通个体。缩放因子 $\frac{h_{ij}}{2u_i}$ 降低了公开不合作者观点的排斥作用，因为 $(\frac{h_{ij}}{2u_i})(\frac{h_{ij}}{u_i} - 1) \in [-0.125, 1]$，并且 $(\frac{h_{ij}}{u_i} - 1) \in [-1, 1]$（图 12.2）。此外，我们放宽了 DW 模型 $h_{ij} > u_i$ 的严格限制到 $h_{ij} > 0$，从而允许当 $0 < h_{ij} < u_i$ 时相对协议 $(\frac{h_{ij}}{2u_i})(\frac{h_{ij}}{u_i} - 1)$ 为负值。而当 $h_{ij} < 0$ 时，个体间观点和不确定性都没有重叠，保持不变。

规则 3，一般少数派与公开不合作交互时的更新规则

根据多元无知理论，那些不同意（或有疑虑）主流观点的个体，有可能错误地认为自己是群体中唯一不想屈从主流观点的人，因此选择了或者被迫选择了从众，因为他们不知道有多少人跟他们站在同一个立场。然而，当普通少数派员工遇到公开不合作者时，这种多元无知的现象就会消失。当 $h_{ij} < u_i$，根据有界信心假设，普通少数派不会对自己的观点和不确定性做任何调整；否则，他们的观点将比普通情况下做更大程度上的改变（图 12.2），个体 Agent$_j$ 的观点和不确定性更新规则如式 12.6 和式 12.7，因为公开不合作者增强了他们对自身观点的信心。

$$x_j = x_j + \mu \sin(\frac{\pi}{2}(\frac{h_{ij}}{u_i} - 1)) \cdot (x_i - x_j) \qquad (12.6)$$

$$u_j = u_j + \mu \sin(\frac{\pi}{2}(\frac{h_{ij}}{u_i} - 1)) \cdot (u_i - u_j) \qquad (12.7)$$

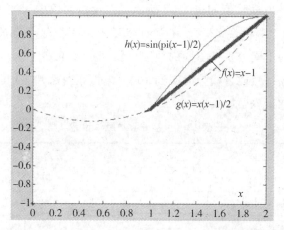

图 12.2 不同更新规则的函数示意图，粗线代表规则 1、虚线代表规则 2、细实线代表规则 3

12.3.3 模拟引擎

模拟引擎用来整合 Agent、行为规则和群体文化规范等，按照以下步骤驱动模型的运行：

步骤 1：产生所有的个体和每个个体的状态变量值，如观点值和不确定性值；

步骤 2：选定两个个体作为交互对，进行观点或行为的互动，其中一个个体为被动个体，另一个为活动个体；

步骤 3：被动个体按照自身的类型和活动个体所属的类型，根据图 12.1 选择观点或行为的更新规则；

步骤 4：被动个体根据所选择的更新规则对自身的观点值和不确定性值进行更新；

步骤 5：时间推进一个单位，回到步骤 2，开始新的循环；

步骤 6：系统运行一段时间后，员工的行为呈现出某些整体的特征。

12.4 模拟实验及分析

在模拟初始阶段，生成一个随机网络，初始群体规模设置为 $15 * 15$，Tichy[20] 和 Schweiger[21] 等的研究表明目标企业规模与并购绩效成反比，为排除文化规范之外因素对并购的影响，我们设置目标企业的规模只占收购企业的 $30\% \sim 40\%$，同时为重现反转的现象，我们将公开不合作者默认数设置得相对较高，见表12.1。在员工属性方面，参照文献[7]设置员工的观点和不确定性均服从均匀分布，此外，假定并购前两家企业分别形成了不同的文化规范，收购企业员工的观点值为正，目标企业员工观点值为负，因此设置Agent属性的默认值如表12.2所示。在模拟实验中，如无特别说明，所有参数的设置均参照表12.1和表12.2。在每次交互中，两相邻节点被随机地选取为交互对，并根据其类型的不同分别按不同的规则更新观点和不确定性。模拟系统持续运行，直到组织的观点达成一致或者模拟时间到100。模拟系统采用netlogo平台开发[22]，并且所有的模拟实验都运行1 000次。

表 12.1　系统参数默认设置

参　　数	默　认　值
邻居类型	Moore
模拟最大时间 T	100
群体规模 N	15 * 15
更新因子 μ	0.4
收购企业的规模 m_2	165
目标企业的规模 m_1	60
公开不合作数量 p	15

表 12.2　不同类型 Agent 的默认属性值

Agent 类型		属　性	默　认　值
多数派员工（收购企业的员工）		X	Uniform (0, 1) 分布
		U	Uniform (0.5, 1) 分布
少数派员工（目标企业的员工）	普通少数派员工	X	Uniform (-1, 0) 分布
		U	Uniform (0.5, 1) 分布
	公开不合作者	X	Uniform (-1, 0) 分布
		U	Uniform (0, 0.5) 分布

12.4.1　群体观点和不确定性的进化过程分析

默认设置下反复运行模拟系统表明，少数派能否最终战胜大多数人的观点，并统一整个群体的观点，是存在一个概率的。图12.3、图12.4、图12.5和图12.6分别展示了少数派统一和不能统一群体观点两种情景下，各观点值和不确定性值人数分布的进化过程。观点被反转的过程（图12.3）表明，在 $t=10$ 左右，整个群体的观点形成了两个局部团体，分别持正向的观点和负向观点，但是随着员工之间交互继续进行，持正向观点的个体逐渐被负向观点的个体同化，并且员工的观点的不确定值都降得很低。图 12.3 还表明，在观点最终统一于少数派观点时，整个群体观点虽然平均值为负，但是绝对值接近于零，也就是两个群体的观点互相吸收，形成了一种折中的文化规范。比如，我国两家著名的饮料公司合并后，合并企业的员工分成了两派，分别称为"新 ＊ ＊ ＊ 人"和"老 ＊ ＊ ＊ 人"。随着交流的深入，来自收购方的员工在一定程度上接受了被购方员工的规范，并形成了一种折中的工作文化。然而，被并购企业采纳了收购方的组织结构和业务流程并完全放弃了被购方原有的组织管理方法。这种不协调最终导致合并后的企业失去在饮料行业的领导地位。

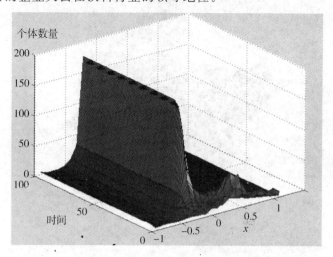

图 12.3　主流规范被反转时各观点值人数分布的演化过程

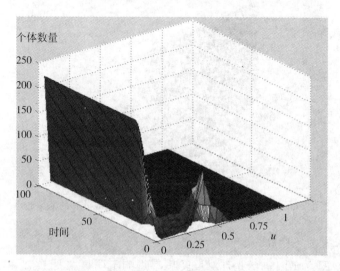

图 12.4　主流规范被反转时各不确定性值人数分布的演化过程

观点未反转的过程（图 12.5）表明在 $t = 10$ 左右，整个群体的观点也形成了两个

员工心理活动的突变与模拟模型

团体，但是，随着员工之间交互的持续进行，两种观点都没有被另一种同化，而且持负向观点的少数派员工的不确定性降得很低，因此很难被同化，而持正向观点的员工虽然不确定程度比较高，但是人数占有绝对优势，因此也很难被同化。比如，某电器零售商收购其他电器零售公司的初期，被购方的员工害怕将来在企业中受到排挤，互相抱团以对抗收购方派来的店长和员工，使门店的很多工作执行不顺，这一现象在很多门店中都存在。

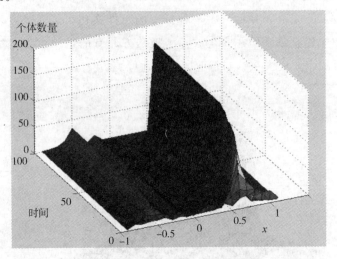

图 12.5　主流规范未反转时各观点值人数分布的演化过程

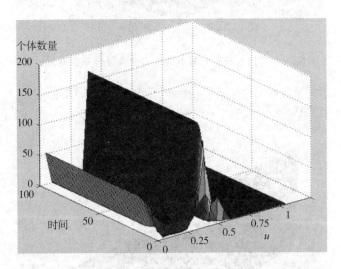

图 12.6　主流规范未反转时各不确定性值人数分布的演化过程

通过调整系统中各参数的取值并反复模拟运行，我们发现更新因子 μ 的取值是决定观点统一速度的主要因素，并且对反转概率影响不明显。图 12.7 和图 12.8 反映了 $\mu=0.1$ 时，各观点和不确定性值的人数分布的变化过程，图 12.9 则反映了少数派观点占优速度与 μ 取值之间的关系。实验表明，随着 μ 的减小，员工之间的每一次交互对员工态度改变的作用越小，因此，员工也就需要与其他员工进行交互更多次才能达成共识。在国内的某电器零售商的并购案中，合并后收购方新招的员工，由于他们还没有形成对某一种文化规范的认同，可塑性比普通员工要强得多，因此这些员工在进入公司后不久往往会很快通过员工培训接受企业的文化规范，对比之下，从被购方过来的员工很难短时间内接受收购方的文化规范。

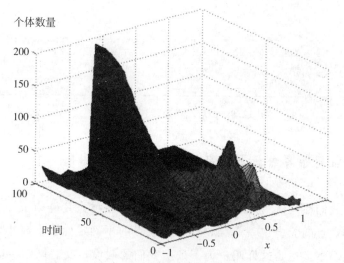

图 12.7　当 $\mu=0.1$ 时各观点值人数分布的演化过程

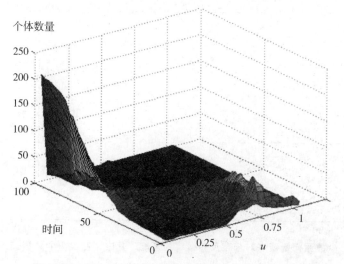

图 12.8　当 $\mu=0.1$ 时各不确定性值人数分布的演化过程

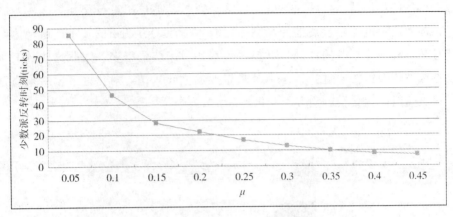

图 12.9　μ 对观点反转速度的影响

12.4.2　少数派初始观点和不确定性对规范反转的影响

根据常识，我们往往认为少数派的负向观点绝对值越大且越集中，观点凝聚力就越强，统一群体观点的能力也就越强；少数派观点的不确定性程度越小，统一群体观点的能力也越强。事实也是这样吗？为了证实我们的假设，我们调整少数派观点 x 和公开不合作个体的不确定值 u 的初始分布，模拟结果分别如图 12.10 和图 12.11 所示。

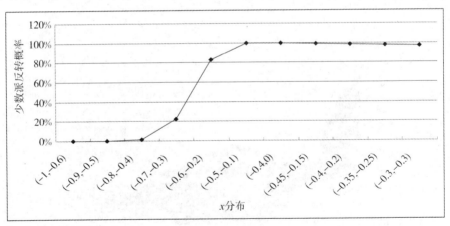

图 12.10　**少数派初始观点对规范反转概率的影响，其中，左边 7 个数据描述了初始观点增加，右边 5 个数据描述了初始观点的集中程度**

图 12.10 展示了少数派观点 x 初始分布与少数派反转的概率之间的关系，左侧 7个数据描述了观点值大小与反转概率的关系，右侧 5 个数据描述了观点集中程度与反转概率的关系。随着少数派初始观点绝对值的减小和观点集中程度的降低，少数派最终占优的概率增大。这与我们的假设是相反的，为什么会发生这样的情况呢？其原因是，当少数派观点初始值绝对值很大且比较集中时，少数派的观点虽然相对比较强势，

但是由于与多数派没有共识的区域，因此，也就丧失了改变对立派观点的机会了。在现实中，两个没有共同兴趣的陌生人在一起，肯定互相觉得对方没趣，交互的概率相对比较低；而两个都爱好篮球的陌生人在一起，则可能聊得不亦乐乎，随着聊天的深入，他们可能在另一方面达成共识。

图 12.11 展示了少数派中公开不合作者 u 初始分布与少数派反转的概率之间的关系，随着少数派中公开不合作者 u 初始值降低，少数派反转主流观点的概率逐渐增大。这与我们的假设是相吻合的。

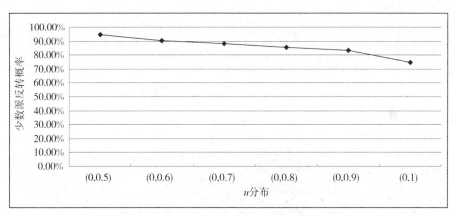

图 12.11 公开不合作者的初始不确定性对规范反转概率的影响

12.4.3 少数派和公开不合作者数量

Kurmyshev 等提出了一个混合的模型，并重点分析了不同的对抗 Agent 和一致 Agent 的比例下最终观点的分裂、极端化和一致[19]。本部分着重研究公开不合作个体的数量和少数派数量与观点反转概率的关系。图 12.12 展示了公开不合作个体的数量与观点统一概率之间的关系，图 12.12 表明，当公开不合作个体数量为 0 时，群体观点被少数派统一的概率几乎为零，当公开不合作个体的数量增加到 8 的过程当中，群体观点被少数派统一的概率迅速上升到 80% 以上，当公开不合作个体数量继续增加时，群体观点被少数派统一的概率缓慢增长。因此，当公开不合作者数量达到 8 以后，群体观点被统一的概率对公开不合作者数量就不再敏感。

图 12.13 展示了少数派数量与少数派最终统一群体观点的概率之间的关系。图 12.13 表明，少数派最终统一群体观点的概率随着少数派数量的增加而持续增长，但是增长速度缓慢，当少数派数量为 15 时，观点被少数派统一的概率接近为 80%，当少数派数量增加到 90 时，观点被统一的概率为 95% 左右。在某电器零售商的发展历程中，除了收购过强有力的竞争对手之外，还收购了一些地方上的小规模电器零售公司，

在收购这些公司的过程中，由于目标企业规模相对比较小，因此这些员工也能比较快地接受收购方的文化和行为规范。

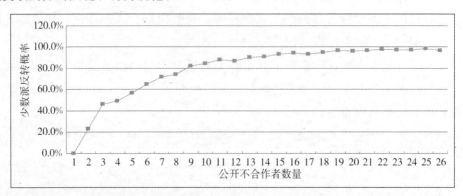

图 12.12　公开不合作者数量对规范反转概率的影响

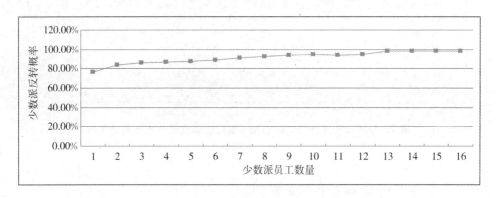

图 12.13　少数派员工数量对规范反转概率的影响

12.4.4　局部团体的内聚性

在默认的参数设定下，少数派能否最终统一整个群体的观点并非一成不变的，而是分别服从某特定概率的。在企业合并完成之后，来自收购企业和目标企业的员工将可能一起工作，此时的原有的组织结构和员工关系网络将被打破，这种新的人际网络对组织规范反转的概率会产生何种影响呢？

网络中局部团体员工的观点及态度和其他成员往往不一致，其中，局部团体的内聚性描述了团体内成员之间关系的紧密程度，以及他们之间观点的同质性程度。假定团体内的内聚性影响着团体的强度，比如我们往往和自己所在圈子内的人交往比较频繁。这将导致少数派之间交互相对比较频繁，从而使得公开不合作者的观点有更多的机会向同类传播，进而向整个群体扩散。为分析网络结构对少数派反转概率的影响，我们构建了一个平均节点度为 6 的随机网络。然后在其他各组实验中，分别增加少数

派或多数派内部的链接,使局部网络的节点度达到特定值,但保持其他群体之间链接
不变,如图 12.14 所示。

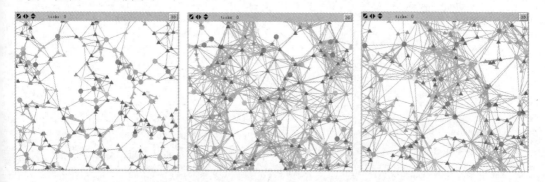

**图 12.14　模拟实验的网络结构,左图是参照组、
中图增强收购企业内部连接、右图增强目标企业内部连接**

考虑网络有 N 个节点,并且通过 $\dfrac{NK}{2}$ 条随机的边组成不同的交互对,其中 K 是网
络的平均节点度。假定 M 个节点($M \leqslant N/2$)构成了一个局部团体,该团体包括了整
个群体的一小部分员工。为了分析局部团体的内聚性,我们将局部子网络的度增加 R。
因此需要向该团体内部增加 $\dfrac{1}{2}M\left(R-K\dfrac{M-1}{N-1}\right)$ 条边,因为在增加边之前局部团体的内
部平均节点度是 $K\dfrac{M-1}{N-1}$。值得注意的是,在增加边之后,团体外面节点的平均节点
度仍然是 K,但是团体内节点的平均节点度不是 K 或 R,而是 $K\dfrac{N-M}{N-1}+R$。如
图 12.14所示,左图的平均节点度为 6;中图企业局部平均网络节点度增加 15,增加的
边数为 1 078;右图目标企业局部平均网络节点度增加 15,增加的边数为 1 551。

图 12.15 展示了增加少数派内部节点度时少数派员工统一群体行为的概率。不增
加少数派内部链接时,行为统一概率是 85.39%,当增加少数派内部节点度以后,少数
派统一群体行为的概率在 87%~88%之间震荡,即使增加内部节点度到 35,少数派统
一群体行为的概率仍然是 87.94%。图 12.16 展示了增加多数派内部节点度时少数派统
一群体行为的概率。图 12.16 表明,随着多数派内部节点度的增加,少数派统一群体
行为的概率逐渐降低,但是当内部节点度达到 30 之后继续增加内部网络平均节点度,
少数派统一群体行为的概率降低的幅度变得很小。

总体来说,子网络内部的凝聚力大小对少数派能否反转群体行为规范是有重要影
响的,当增加少数派内部凝聚力时,少数派最终反转群体行为规范的概率增加;当增
大多数派(收购企业)内部凝聚力,少数派最终反转群体行为规范的概率逐渐减小。
但是,当子网络内部凝聚力增加到一定程度后,反转概率的增幅或减幅变得不显著。
在某电器零售商的并购案中,被收购方的老员工相互抱成团,坚持原有的行为规范,

也正是这样他们才较好的维护了自身的利益。

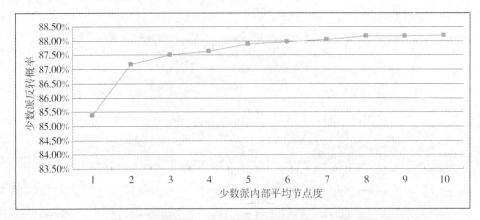

图 12.15 目标企业员工间平均节点度对规范反转概率的影响

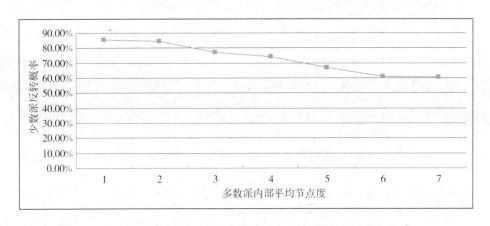

图 12.16 收购企业员工间平均节点度对规范反转概率的影响

12.5 本章小结

本章研究跨文化企业并购中的文化规范融合和反转现象，针对少数公开不合作员工对群体文化规范融合的影响，提出异质相对协议模型。该模型的贡献主要包括：一、考虑了在企业并购情景下，不同种类员工的心理与有界信心模型所表达的一般性从众心理的差异，为多数派、普通少数派和公开不合作者分别定义了不同的观点互动的计算模型；二、该模型使员工之间的观点既有吸引的作用力，也有排斥的作用力，从而克服了传统模型中观点改变仅依赖于初始观点分布和不确定性水平分布的不足。

通过模拟实验，我们得到了如下启示：在并购后不久，不同文化规范的员工将在各自的群体中高度集聚，这个时候是决定企业未来文化特征的关键时期，若不正确地引导，将导致文化规范的长期对抗或本企业文化规范被目标企业同化；公开不合作者对目标企业反转本企业文化规范有重要影响，当发现目标企业有个别员工公开表达态度和行为以后，一定要做好这类关键员工的文化宣传工作；当本企业呈现出被同化的趋势时应努力降低群体的更新因子 μ 值，比如通过宣传和教育等手段增强员工的态度免疫和个人承诺，从而延缓被目标企业同化的进程，为实施新的对策争取时间；最后，并购与本企业文化规范偏离度小且观点分散的目标企业，则更容易反转群体的行为规范，因此，在选择被并购的目标企业时，并购方也应该尽量考虑与目标企业的文化规范差异程度；适度加强本企业员工的联系网络，同时适度降低目标企业员工内部的联系网络，对降低被目标企业反转本企业文化规范的风险有利。

本章的不足之处在于，仅考虑在静态的随机网络中文化规范的融合，缺乏对其他网络结构下文化规范融合的研究，尤其是在动态网络的环境。

参 考 文 献

[1] Cox Jr T. The multicultural organization [J]. The Executive, 1991, 5 (2): 34-47.

[2] López F L Y, Luck M, d' Inverno M. A normative framework for agent-based systems [J]. Computational & Mathematical Organization Theory, 2006, 12 (2): 227-250.

[3] Horne C. Explaining norm enforcement [J]. Rationality and Society, 2007, 19 (2): 139-170.

[4] Zhu H, Hu B. Adaptation of cultural norms after merger and acquisition based on heterogeneous agent-based relative-agreement model [J]. Simulation: Transactions of the Society for Modeling and Simulation International, 2013, 89 (12): 1523-1537.

[5] Kacperski K, Hoyst J A. Phase transitions as a persistent feature of groups with leaders in models of opinion formation [J]. Physica A: Statistical Mechanics and its Applications, 2000, 287 (3): 631-643.

[6] Krause U. A discrete nonlinear and non-autonomous model of consensus formation [M]. In Elaydi S, Ladas G, et al (Eds.), Communications in Difference Equations, Malaysia: Gordon and Breach Science Publishers, 2000.

[7] Groeber P, Schweitzer F, Press K. How groups can foster consensus: The case of local cultures [M]. Journal of Artificial Societies and Social Simulation, 2009, 2 (24).

[8] Huang C Y, Tzou P J, Sun C T. Collective opinion and attitude dynamics dependency on informational and normative social influences [J]. Simulation, 2011,

87 (10)：875-892.

[9] Franks D W, Noble J, Kaufmann P, et al. Extremism propagation in social networks with hubs [J]. Adaptive Behavior, 2008, 16 (4)：264-274.

[10] Deffuant G, Amblard F, Weisbuch G, et al. How can extremism prevail? A study based on the relative agreement interaction model [J]. Journal of Artificial Societies and Social Simulation, 2002, 5 (4).

[11] Jager W, Amblard F. Uniformity. bipolarization and pluriformity captured as generic stylized behavior with an agent-based simulation model of attitude change [J]. Computational & Mathematical Organization Theory, 2004, 10：295-303.

[12] Salzarulo L. A continuous opinion dynamics model based on the principle of meta-contrast [J]. Journal of Artificial Societies and Social Simulation, 2006, 9 (1).

[13] Nahavandi A, Malekzadeh A R. Acculturation in mergers and acquisitions [J]. Academy of management review, 1988, 13 (1)：79-90.

[14] Cartwright S, Cooper C L. The role of culture compatibility in successful organizational marriage [J]. The Academy of Management Executive, 1993, 7 (2)：57-70.

[15] 陈菲琼，黄义良. 组织文化整合视角下海外并购风险生成与演化 [J]. 科研管理, 2011, 11：100-106.

[16] Pajot S, Galam S. Coexistence of opposite global social feelings：The case of percolation driven insecurity [J]. International Journal of Modern Physics C, 2002, 13 (10)：1375-1386.

[17] Windrum P, Fagiolo G, Moneta A. Empirical validation of agent-based models：Alternatives and prospects [J]. Journal of Artificial Societies and Social Simulation, 2007, 10 (2).

[18] Hales D, Rouchier J, Edmonds B. Model-to-model analysis [J]. Journal of Artificial Societies and Social Simulation, 2003, 6 (4).

[19] Kurmyshev E, Juárez H A, González-Silva R A. Dynamics of bounded confidence opinion in heterogeneous social networks：Concord against partial antagonism [J]. Physica A：Statistical Mechanics and its Application, 2011, 390 (16)：2945-2955.

[20] Tichy G. What do we know about success and failure of mergers? [J]. Journal of Industry, Competition and Trade, 2001, 1 (4)：347-394.

[21] Schweiger D M, Very P. Creating value through merger and acquisition integration [J]. Advances in mergers and acquisitions, 2003, 2：1-26.

[22] Delgado J. Emergence of social conventions in complex networks [J]. Artificial intelligence, 2002, 141 (1)：171-85.

Part 6

心理计算模型的嵌入与应用

员工行为对管理业务的运作过程有影响，这是行为运作管理的本意，而在现实中，员工心理活动和管理业务的运作是交互影响的。对于这样的交互现象，任何单独的研究方法都不足以承担起建模和分析任务。

本部分建立员工心理活动的多 Agent 模拟模型，将员工心理模拟模型嵌入业务处理（或流程）模型，开发系统，分析员工心理与业务处理（或流程）之间交互影响的机理。

第13章　自我效能感模型嵌入的业务流模拟系统

13.1　前　　言

基于计算机模拟的性能测试，通常用于系统设计或产品制造[1]，也应用于管理领域，离散事件模拟就经常当做性能测试的工具，这有助于生产车间布局或调度[2]。

这些性能测试不涉及人类因素及其影响。所有需设计的产品、机械系统以及生产调度问题都被视为物理系统。一旦在测试一个组织的性能过程中引入或考虑到人类因素，那么复杂性会大大增加。

这种复杂性包括两个方面：一方面，当考虑到一个组织时，人的因素就是指个人的心理属性（如动机、需求、兴趣、态度、理想和信仰）和行为，这些心理和行为对组织性能都有影响[3]。在现实社会，人类的心理属性和行为是最不确定的因素[4]，个人心理属性是随环境变化而波动的。到达的任务、处理任务的绩效和其他外部因素对于个人心理属性都有影响[5]。同时，每个人都是以团队的方式在工作，他们的行为对其他人会有影响[6]。这些相互的影响形成了一个非线性的动态过程。所以我们不能以一个线性的方式来看待人类的行为。

另一方面，人类心理属性和行为的变化毫无疑问影响着组织运作。组织运作可以被视为处理任务的业务流。业务流有着不同的路径并且每个活动都是由个人或团队来完成的。人类因素和活动的不同组合会导致不同的组织性能[7]。为了追求组织的性能，我们不得不把握人类心理属性和行为变化的机制。

在本章中，我们运用计算机模拟来测试组织的性能，以探索这两方面（员工心理属性/行为、处理任务的业务流）是怎样交互影响的。组织运作中的业务流可以通过离散事件模拟来建模[8]。个体心理学理论被包装为一个 Agent 模拟模型，该模型模拟了由个体人的心理活动到其行为的形成过程（也就是心理属性和行为的因果过程）。然后，该个体人的 Agent 模型被用来建立群体行为的多 Agent 模拟模型，并嵌入到业务流的离散事件模拟模型中。通过这种方法，可以实现组织运作和人类因素之间交互的模拟，以用于测试组织性能。

13.2 心理和行为变化的模拟模型

我们以某个项目管理组织运作过程（即任务处理过程）为例，来阐述心理学模型模拟化、并将之嵌入任务处理过程的方法。

13.2.1 示例：一个项目管理组织的运作

图 13.1 所示为管理组织的日常运作过程。各类业务即任务不断地到达要处理，任务属性包括：类型（如招标任务、协调任务等）、工序（即任务处理的步骤）、性质（如某道工序是技术型、交际型?）、难度、工艺时间（即经过统计每道工序的计划完成时间）。见图 13.1 左上部。

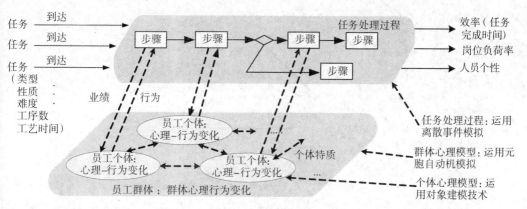

图 13.1　任务处理过程

对于管理组织的运作性能，我们拟从三项输出来评价（见图 13.1 右上部）：

（1）任务完成时间，即每类任务在项目管理组织内部停留多长时间。该指标反映了项目管理组织运行的效率。

（2）岗位负荷率，即每类岗位的工作负荷率有多大。该指标反映了项目管理组织员工配置是否合理。

（3）员工个体特征。用工作倾向来表达员工个体特征，有两种类型：一是埋头苦干型（定义为技术型）；二是社会交际型（定义为交际型），当然更多的是介于两者之间。每位员工的个体特征都有一个初始值，但经过某一段时间的工作以后，每位员工根据完成任务的绩效（完成任务的时间长短），以及组织文化的约束，其个体特征会发生演化。掌握该指标，可为管理者合理配置员工提供帮助。

任务处理过程可视为排队系统，可建立离散事件模拟模型来模拟（见图 13.1 右下部），得到组织的运行效率和岗位负荷率。在此过程中，员工个体的行为对任务处理的效率有影响（即图 13.1 中椭圆指向长方形的虚线），而员工个体的行为表现是取决于其心理属性的，心理属性的波动又受任务到达、任务处理效率的影响（即长方形指向椭圆的虚线），可用个体心理学模型来描述其相互作用，见图 13.1 下半部的椭圆。

员工个体处在群体之中，个体之间在工作倾向（即技术型、交际型，即个体特征）上是相互影响的，导致员工的工作倾向是不断演化的，可用群体心理学模型来描述其演化过程，见图 13.1 的整个下半部。

因此，在图 13.1 上半部所示的任务处理的表面运作，含有下半部心理学模型的底层运行。为此，要建立图 13.1 下部所暗含的个体和群体心理学模型。

13.2.2 心理模型

依据 Bandura 的交互决定论[9]，人的功效被视为个人、行为和环境交互影响的动态过程，如图 13.2 所示[10]。

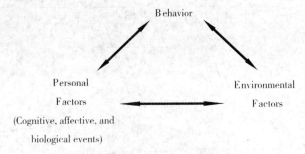

图 13.2 人、行为和环境影响的交互

基于上述分析，员工的心理、行为和外部环境的交互可以设计为图 13.3。环境因素包括任务、群体行为，员工心理属性包括个体特征（即工作倾向）、能力、自我效能感，行为表现即为实际绩效，用每道工序的实际完成时间来表达。

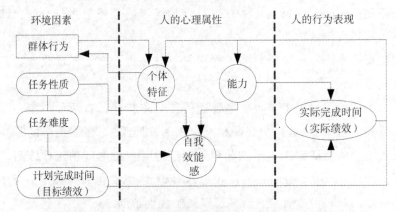

图 13.3 个体心理学模型：员工个体的心理—行为变化模型

任务到达以后，完成该任务（分解为各道工序）的员工将自己的个体特征与任务性质作比较，员工还将自己的能力与任务的难度作比较，两个比较的结果都会影响员工的自我效能感。自我效能感和能力，对完成任务的实际绩效产生影响，此处，实际绩效用实际完成时间来表示。实际绩效与目标绩效相比较，对员工的个体特征和能力又产生影响。同时，基于群体心理学原理，员工的个体特征是不断演化的，即员工的工作倾向受其他员工的影响而演化，即遵循群体心理学原理[11,12]。

我们分别使用 Agent 建模和元胞自动机（CA）方法来构建个体心理和群体行为变化的模型。

13.2.3　模拟模型

图 13.4 中显示了 Moore 邻域的 CA，每个元胞代表一个 Agent（或员工）。

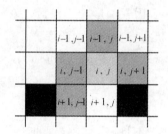

图 13.4　本章所用的 CA 模型

运用面向对象方法设计在 CA 中的每个元胞，如图 13.5 所示。

图 13.5　在类图中显示的员工

1. 组织行为的元胞自动机模型

元胞自动机模型的组成要素如下：

（1）元胞状态

每个元胞状态，代表每位员工的个体特征。如图 13.4 所示，设 $S_{(i,j)}(t)$ 为栅格板上第 (i, j) 个元胞在第 t 个时间阶段的状态，$S_{(i,j)}(t) = \{x \mid x \in \{0, 0.25, 0.5, 0.75, 1\}\}$，其中，"1" 表明该员工的类型为完全技术型，用黑色表示；"0" 表明类型为完全交际型，用白色表示。那么，"0.5" 表明混合型，"0.25" "0.75" 则表明不同程度的技术型、交际型，分别用程度不同的灰色表示。

设 $S_{(i,j)L}(t)$ 为其邻居的状态。见图 13.4，浅灰色元胞为第 (i, j) 个元胞，其邻居都标明了位置，其中，第 $(i-1, j-1)$、$(i-1, j+1)$、$(i+1, j)$ 个元胞为白色，第 $(i-1, j)$、$(i, j-1)$、$(i, j+1)$、$(i+1, j-1)$ 个元胞为深灰色，第 $(i+1, j+1)$ 个元胞为黑色。

（2）局部规则

局部规则即图 13.5 中的 "updateTrait（）"。员工（元胞）在某时间阶段的状态（即员工的个体特征）取决于多个因素的影响，包括：该员工（元胞）在上个时间阶段的状态、上个时间阶段邻居的状态、上个时间阶段群体行为（代表组织文化）。

设 $C(t)$ 为时间阶段 t 时的组织文化的值，$P(t)$ 为离时间阶段 t 最近的工作绩效，我们用该员工最近完成的一道工序的时间比率来表示其最近的工作绩效。所以，$P(t)$ 为：

$$P(t) = （实际完成时间 - 计划完成时间）/ 计划完成时间 \qquad (13.1)$$

其中，"实际完成时间" 为图 13.5 中的 "calculateActualPerformance（）" 所得，"计划完成时间" 由处理时间的分布中抽样决定。

根据 Moore 邻居模式中元胞状态的更新原理[6]，设计第 (i, j) 个元胞状态变化的一般规则为：

$if (S(i, j)(t) <= 0.5$ and $taskTrait <= 0.5)\ \{$

$$S_{(i,j)}(t+1) = S_{(i,j)}(t) + \sum_{k=1}^{m} (S_{(i,j)L}(t)_k - S_{(i,j)}(t))/m + \alpha 1^* (C(t) - S_{(i,j)}(t)) + \beta 1^* P(t)\ // \qquad (13.2)$$

$\}$

$else\ if\ (S_{(i,j)}(t) > 0.5$ and $taskTrait > 0.5)\ \{$

$$S_{(i,j)}(t+1) = S_{(i,j)}(t) + \sum_{k=1}^{m} (S_{(i,j)L}(t)_k - S_{(i,j)}(t))/m + \alpha 1^* (C(t) - S_{(i,j)}(t)) - \beta 1^* P(t)\ // \qquad (13.3)$$

$\}$

$else\ \{$

$$S_{(i,j)}(t+1) = S_{(i,j)}(t) + \sum_{k=1}^{m} (S_{(i,j)L}(t)_k - S_{(i,j)}(t))/m + \alpha 1^* (C(t) - $$

$S_{(i,j)}$ $(t))$　　　　//　　　　　　　　　　　　　　　　　　　　　　　　(13.4)

}

根据人－任务匹配和主观幸福感原理[13]，人的特征受工作特点影响，这些工作特点受特定的环境影响比如组织文化（由团体行为代表）、绩效等。这个概念模型用来设计式 13.2、13.3 和 13.4。

如果 $cell$ $[i,j]$ 和任务在特征上匹配良好并且都很低，如员工特征和任务特征都是社会型，那么，下一个 $cell$ $[i,j]$ 由式 13.2 计算。这分为四个部分，第一个部分表示 $cell$ $[i,j]$ 的下一个状态是基于当前的状态；第二个部分代表相邻的状态怎么影响 $cell$ $[i,j]$ 的状态，m 是与 $cell$ $[i,j]$ 有相同的特征的相邻元胞的数量；第三个部分是组织文化的影响；第四个部分表示员工绩效 P (t) 对于其状态有着好的影响。例如，如果 P (t) <0（即处理时间很短，这表示绩效好），那么员工就会变得更加倾向社会型。

如果 $cell$ $[i,j]$ 和任务在特征上匹配良好并且都很高，即员工特征和任务特征都是技术型，$cell$ $[i,j]$ 的下个状态将会由式 13.3 和与式 13.2 很相似的第四个部分来计算，除非在第四个部分中，员工的表现对于其状态有消极影响。例如，如果 P (t) <0（即处理时间很短，这表示绩效好），那么员工就会变得更加倾向技术型。

如果 $cell$ $[i,j]$ 和任务在特点上并不匹配，那么 $cell$ $[i,j]$ 的下个状态由式 13.4 计算，在第四个部分就不存在与其他公式的比较。这表示个人状态是由其自己的表现影响的。这符合人与组织匹配理论[14]，如果个体特征与组织文化不匹配，那么任务特征就不影响个体特征。

（3）阶梯函数

采用式 13.2、13.3、13.4 的算法计算下一时刻元胞的状态时，可能出现元胞状态集合是无限的情况。而 CA 规定状态集合必须是有限的，所以需要对计算结果进行修正。在此，我们使用离散化的方法，图 13.6 给出了阶梯函数。

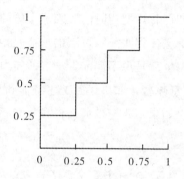

图 13.6　阶梯函数

这样一来，由式 13.2、13.3、13.4 所得的 $S_{(i,j)}$ $(t+1)$ 经过阶梯函数处理，得到

$S_{(i,j)}$（$t+1$）的离散形式的值，即如式 13.5 所示：

$$S_{(i,j)}（t+1）\rightarrow 图 13.6 所示的阶梯函数 \rightarrow S_{(i,j)}（t+1） \qquad (13.5)$$

2. 个人心理学的 Agent 模型

（1）属性的值域设计

①组织文化。[社会型、技术型]，对应值域：[0，1]。

②到达的任务。任务性质：[社会型、技术型]，对应值域：[0，1]；任务难度：[0，1]；任务类型：1，2，3，…；任务的工序：1，2，3，…；计划完成时间：即每道工序的工艺时间。

③员工的心理属性。即人格特征：[社会型、技术型]，对应值域：[0，1]；能力：即技术水平，[0，1]；自我效能感：[0，1]。

④员工的行为表现。即每道工序的实际完成时间。

（2）Agent 方法的设计

见图 13.5，有三个计算方法要设计，它们是更新能力、更新自我效能感、计算实际绩效。

根据图 13.2 中个体员工的心理属性与任务属性之间的关系，分别设计了三个方法的伪代码见附录 13.1、13.2 和 13.3，其中，γ、α_2、α_3、α_4、α_5、β_2、β_3 为调节参数，用于模拟系统的验证。

在附录 13.1 中，算法意味着，如果任务特征和员工特征匹配，任务工序的实际处理时间则通过式 13.6 来计算。如果不匹配，就由式 13.7 来计算。

式 13.6 中有三个部分。在第一部分的显示中，任务工序的实际处理时间在期望的处理时间附近波动。这个波动率是受两个因素影响的：员工能力的变动和其自我效率的变化。在式 13.7 中，均匀分布表明波动率是随机的。

在附录 13.2 中，在个体特征与组织文化的值的大小都在相同的一个范围的条件下，也就是它们两个要么在 [0，0.5]，要么在 [0.5，1] 范围内，这意味着个体特征和组织文化相匹配。"总繁忙时间/总期望时间"表示个体的现有能力。

因此，当个体特征与组织文化相匹配，员工的能力是由式 13.8 计算的。当个体特征和组织文化在不同的范围，也就是说不匹配，员工的能力就由式 13.9 计算。

在附录 13.3 中，该算法意味着，如果任务工序特征和员工特征相匹配，员工的自我效能感由式 13.10 来计算。如果不匹配，那么自我效能感不变。

13.3　嵌　入　方　法

接下来，我们把 CA 模型（其中每个元胞是一个 Agent）嵌入到业务流的离散事件模拟模型中。这里要解决两个关键技术：时钟同步和数据通信。

13.3.1 关键技术

1. 模拟时钟同步

我们知道对于 CA，模拟时钟是按固定步长来推移的，而离散事件模拟是按事件时间推移。如何使两者的时钟同步？这个问题必须要解决。

2. 数据通信

如何在两个不同的模型之间交换数据，应该通过模拟时钟同步来解决。在离散事件模拟中，模拟时钟总是移动到下一个事件时间点，然后，先安排其后面将要发生的事件，再在这个事件时间点计算和更新系统状态。因此，CA 模型只需要在这些事件时间点与离散事件模拟交换数据。因此，我们要设计好事件类型。

3. 事件类型的设计

传统的离散事件模拟的事件为实体的到达事件和离开事件，如图 13.7 所示。

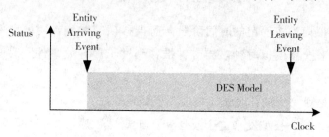

图 13.7　两个事件：实体的到达事件和离开事件

但是，为了实现离散事件模拟模型和 CA 模型的时钟同步、数据通信，我们设计事件为：

（1）Activity Start event，即工序开始事件；

（2）Activity End event，即工序结束事件。

当一个活动开始时，离散事件模拟模型会使用从 CA 模型而来的该员工的心理属性去计算任务需要多久完成。当这个活动结束后，完成任务的业绩（即实际处理时间）会被传回 CA 模型，这会影响该员工的心理属性的演化。图 13.8 展示了这个设计。

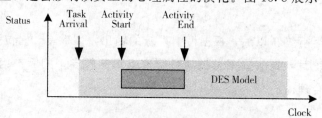

图 13.8　活动中的开始事件和结束事件

13.3.2 嵌入机制

图 13.9 展示了两个模拟模型的嵌入方法。

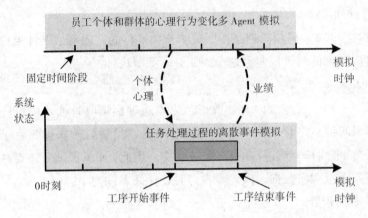

图 13.9 嵌入方案

多 Agent 模拟模型按固定的时间阶段向前推移模拟时钟，离散事件模拟模型按事件发生的时间点来推移模拟时钟，当时钟推移到"工序开始事件"时间点时，系统做如下工作：

首先，判断是哪一个或几个员工将要完成该道工序？

然后，由多 Agent 模型发来这个或这些员工离"工序开始事件"时间点最近的心理属性值，也就是员工的最新的心理属性值。

最后，由离散事件模拟模型中的某个方法，根据最新心理属性值，以及其他的已有的数据，计算员工完成该道工序的实际时间。

当离散事件模拟模型的模拟时钟推移到"工序结束事件"时间点时，除了离散事件模拟模型自身的统计、更新等工作要做以外，还要向多 Agent 模型发送员工刚刚完成任务的绩效，见式 13.1。

通过上述办法，可以实现两个模拟模型之间的模拟时钟同步和数据通信的问题。在具体开发实现时，由于这两个模拟模型的开发是基于两个不同的框架（即运用 AnyLogic 开发 CA 模型，运用 C♯ 开发 DES）。我们通过让它们共享第三方数据库来解决这个问题。

当模拟系统运行终止以后，根据模拟系统的输出，即效率、岗位负荷率、员工个体特征等指标的统计，这些数据可供项目管理组织的领导来判断本组织的员工配置、工作标准等是否合理。

13.4　模拟系统及其确认

由于离散事件模拟模型运行是系统的主控制流，如果采用专用的模拟工具来实现离散事件模拟，就不便于我们掌控模拟的进度，因此，我们采用面向对象的开发语言 C♯.net来开发离散事件模拟模型。而多 Agent 模拟模型，则采用 AnyLogic 6.4 来实现。

13.4.1　系统界面

图 13.10 展示了我们系统的用户界面。左边是任务处理过程的离散事件模拟，右边是人及人群的心理属性演化过程的多 Agent 模拟。

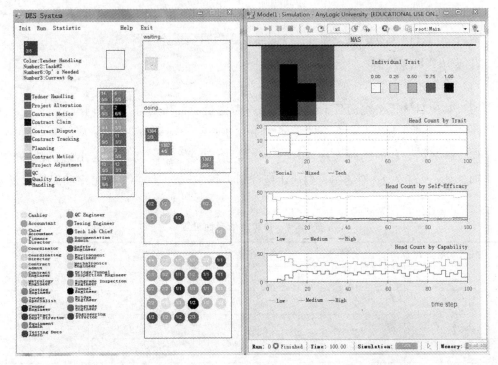

图 13.10　模拟系统界面

考虑到篇幅，系统的初始化、输入和输出都没有在这里展示。读者可以在 13.5 节看到模拟结果。

13.4.2 系统的确认

1. 确认算法

确认工作包含两个方面：（1）员工心理和行为变化对业务流的影响是否符合实际？（2）业务流（包括任务属性和性能）对员工心理和行为的影响是否符合实际？

我们设计的确认算法如下：

步骤 1，选取或设计一个示例，即某个管理组织及其所要完成的任务。

步骤 2，设计朴素实验方案，即将任务属性设计为极端值，将人的心理属性的初始值设计为极端值，经过组合后形成多个实验方案。

步骤 3，输入每一对组合，模拟运行得到输出。

步骤 4，如果输入/输出与人们的常识相符，那么，系统就通过了确认。

在步骤 2 中，实验方案都由输入变量的极端值组成，模拟输出后，就容易根据输入/输出来判断是否符合人们的常识。选择输入变量：任务类型、员工个体特征，那么，两者分别有两个极端值（即 0、1），可组合为四个实验方案。

2. 确认实施

（1）步骤 1

假设某项目管理组织的员工有 15 人，不考虑员工的所属部门，即假设员工都处于同一个部门。假设岗位有 6 个，15 名员工分属于该 6 个岗位。

假设任务的到达间隔时间服从参数为 6 的指数分布，时间单位为小时，任务有 3 类，即任务 1、任务 2、任务 3，到达比例分别为 0.3、0.3、0.4，各工序的属性设置如表 13.1 所示。

表 13.1　各工序的属性设置

任务名称	工序项数	工序编号	需求岗位	工艺时间
任务 1	3	1	1，2	2，2.5，4
任务 1	3	2	2	2，4，7
任务 1	3	3	5，6	3，4.5，6
任务 2	2	1	2，3	1.5，3.5，5
任务 2	2	2	3，4	1，2.5，4
任务 3	2	1	3	3，5，8
任务 3	2	2	1	2，3，5

（2）步骤 2

设任务难度为 0.5，即难度一般。员工能力初值、自我效能感初值皆为 0.5，即员工初始能力、自我效能感都一般，但随着模拟运行，都会发生演化。那么朴素实验方案及其相应的社会常识见表 13.2。

表 13.2　实验方案/社会常识

编号	实 验 方 案				社 会 常 识			
	输　　入		任务完成性能		员工心理属性演化方向			
	任务类型	员工个性	任务完成时间	岗位符合率	个性	能力	自我效能感	
1	0.75	0.75	偏小	不确定	技术型	较快升高	高	
2	0.25	0.25	偏小	不确定	社会型	较快升高	高	
3	0.75	0.25	偏大	不确定	不确定	较慢升高	低	
4	0.25	0.75	偏大	不确定	不确定	较慢升高	低	

（3）步骤 3

模拟时间为 200 小时，四项实验设计的模拟输出见图 13.11、图 13.12。

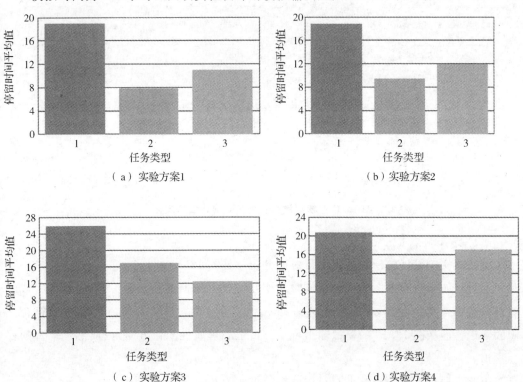

图 13.11　模拟输出：任务完成时间

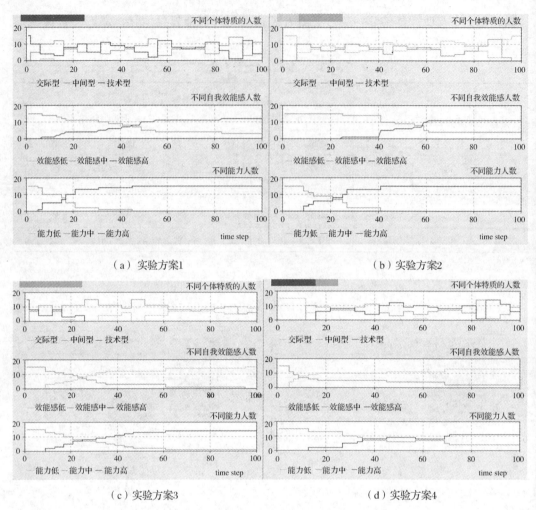

（a）实验方案1　　　　　　　　　　　　　　（b）实验方案2

（c）实验方案3　　　　　　　　　　　　　　（d）实验方案4

图 13.12　模拟输出：员工心理属性的演化

（4）步骤 4

对四项实验设计的模拟输出进行对比分析，见图 13.13。

通过对四个实验方案的任务完成时间相互比较可知，实验方案 1、2 的任务完成时间普遍偏小，实验方案 3、4 的普遍偏大，因此，对照表 13.2 可知，模拟结果符合人们的常识。而从图 13.12 的模拟输出可知，员工心理属性演化方向也符合表 13.2 的社会常识。

因此，根据上述模拟结果及对比分析，可认为系统通过了确认。

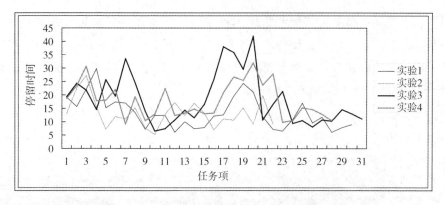

图 13.13　任务在组织中停留时间（即完成时间）的对比

13.5　应 用 示 例

13.5.1　企 业 介 绍

某项目管理公司承担一条高速公路建设工程项目，公司总共花费了 2 年时间完成这个建设工程。公司的组织和配置见附录 13.4 的表 13.7。工程部有一位主任和两个副主任（其中一位副主任是路基工程师，而另一位副主任是桥梁工程师）。合同部有一位主任和一位副主任（该副主任是造价工程师）。

每个雇员心理属性的初始状态可以用心理测量方法来获得。为了简化，我们假设每个员工的个体特征（即工作倾向）、能力和自我效率在初始阶段都是 0.5。

到达任务类型和每个类型的百分比/活动在附录 13.4 的表 13.8 上列出来了。每个活动都会设置以下属性：职位要求，预计处理时间（这是由给定的最小值、众数和最大值这三个参数的三角分布决定的），工作倾向（技术型、社会型或混合型）和难度水平（初始值都为 0.5）。

任务的到达时间间隔是由参数为 6 的指数分布决定。因为公司花费了两年时间来完成高速公路建设工程，所以模拟时间设置为两年。

13.5.2　模 拟

假设该公司每天运行 12 小时，每年按 360 天计算，那么总模拟时间按小时计算为 12 * 360 * 2＝8 640 小时。28 个职位的负荷率见图 13.14，其分析如下：

（1）在工程部，路基工程师和桥梁工程师的负荷率比其他岗位的要低。原因是在部门中有三个主任，一位副主任是路基工程师；另一位副主任是桥梁工程师。

（2）合同部、协调部门和财务部的岗位负荷率与工程部的相比要低很多。原因是11种类型任务中的大多数都流经工程部。

根据上面负荷率的分析，不同部门之间的工作量并不平衡，工程部内不同岗位的工作量也不平衡。

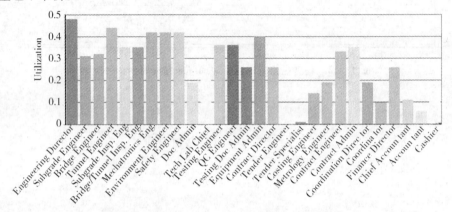

图 13.14　岗位负荷率

经过两年的模拟时钟，公司完成了 1 380 项任务。任务到达的时间、实际处理时间和任务在公司的停留时间都被统计出来。图 13.15 显示了每项任务的实际处理时间和期望处理时间之差（即实际处理时间 — 期望处理时间），实际处理时间基本上比期望处理时间长一些，说明员工的绩效有待提高。图 13.16 显示了每种类型任务的平均停留时间，表明了组织的效率。

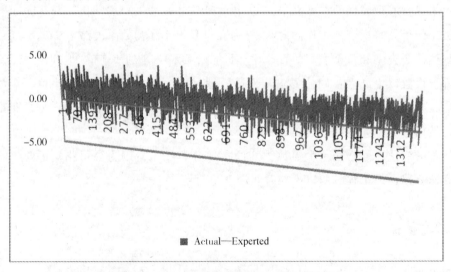

图 13.15　真实处理时间与期望处理时间的差别

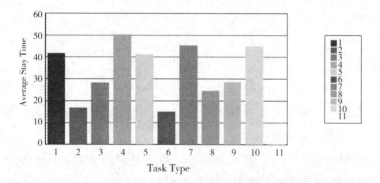

图 13.16　每类任务的平均停留时间

图 13.17 是 46 个员工的个体特征、自我效能感和能力的变化过程。从中可知，大多数员工偏好技术型，公司缺少社会型和混合型员工。

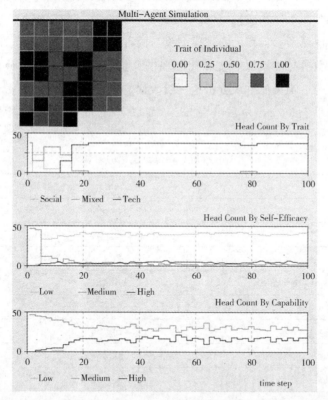

图 13.17　员工工作倾向、自我效能感和能力的演化

自我效能感高的员工数也不是很多，自我效能感为中的员工数最多。这个模拟结果符合图 13.15 中揭示的员工绩效不高的现象。原因在于，大多数员工倾向技术型，而在一个项目管理公司的日常事务中，既需要技术型，更需要社交型员工。这导致员工自我效能感不高。

能力的演化属于正常范围，员工能力的增长很缓慢，这也符合图 13.15 员工绩效不高的模拟结果。

13.5.3　讨论

为了进一步研究心理和行为变化对任务处理产生影响的内在机理，我们使用模拟系统进行了一些实验。实验设计如下：

保持所有的初始输入不变，我们按如下两种方式运行系统：一是仍然运行原系统（图13.10），我们称这种模拟实验为"有心理模型参与的"；二是从系统中抽出嵌入进去的CA模型，只运行业务流的离散事件模拟部分（如图13.10的左边部分），我们称这种模拟实验为"无心理模型参与的"。分别运行五次，得到五次模拟输出的平均值。

模拟输出为每种类型任务在企业组织中的平均停留时间、每个岗位的平均负荷率和员工个体特征（即工作倾向）、自我效能感。所得统计和分析如下。

（1）在有心理模型参与和无心理模型参与两种实验中岗位负荷率的显著差异分析。

对有心理模型参与的模拟系统和无心理模型参与的模拟系统，分别运行5次，分别得到每个岗位的平均负荷率，分析这两组数据的差异的显著性。

因为样本量小于30（岗位数量为28），所以进行 $\sigma = 0.05$ 的 t 检验，分析结果见表13.3。

表 13.3　t 检验：岗位负荷率的差异分析

	Variable 1	Variable 2
Mean	0.233 357	0.232 743
Variance	0.022 86	0.023 036
Observed value	28	28
Poisson coefficient of correlation	0.999 454	
df	27	
t Stat	0.644 756	
P（$T \leqslant t$）single tail	0.262 263	
t single tailed critical	1.703 288	
P（$T \leqslant t$）double tail	0.524 526	
t double tail critical	2.051 83	

因为 $P = 0.524\ 526 > 0.5$，所以，可以判定两组数据之间没有显著差异。这意味着，员工心理属性对他们的工作负荷率没有影响，不论员工心理属性怎么变化，他们的工作负荷率总是保持在一个稳定的水平。

（2）在有心理模型参与和无心理模型参与两种实验中每种类型任务在企业中停留

时间的显著差异的分析。

对有心理模型参与的模拟系统和无心理模型参与的模拟系统，分别运行 5 次，分别得到每种类型任务在企业中的平均停留时间，分析这两组数据的差异的显著性。

因为样本大小比 30 大很多（完成的任务数量超过 1 000），所以进行 $\sigma = 0.05$ 的 Z 检验，分析结果见表 13.4。

表 13.4　Z 检验：每种类型任务停留时间的差异分析

	Variable 1	Variable 2
Mean	42.669 93	44.196 81
Observed value	402	402
Z	−30.613 7	
P（$Z \leqslant z$）single tail	0	
z single tailed critical	1.644 854	
P（$Z \leqslant z$）double tail	0	
z double tail critical	1.959 964	

因为 $P = 0 < 0.05$，所以，可以判定两组数据之间存在显著差异。这意味着，员工心理属性对任务的完成效率有影响。

为了进一步分析，员工心理属性（即员工工作倾向、自我效能感）对任务完成效率的影响机制，我们对员工工作倾向、自我效能感和任务完成效率之间做回归分析。

（3）任务完成效率与员工倾向、自我效能感的回归分析。

根据常识，员工能力对于任务处理效率有正面影响，因此，在此处的分析中我们就不考虑员工能力这个心理属性。定义 y_i、x_1 和 x_2 为

$y_i =$ 有心理模型参与时第 i 类任务在企业组织中的停留时间 $-$ 无心理模型参与时第 i 类任务在企业组织中的停留时间

$$x_1 = \frac{1}{n} \sum_{j=1}^{n} (\text{inclination value of the jth employee} - 0.5)$$

$$x_2 = \frac{1}{n} \sum_{j=1}^{n} (\text{self efficacy of the jth employee} - 0.5)$$

其中，n 是员工的总人数，0.5 指在无心理模型时，将员工工作倾向和自我效能感都设置为中间值。回归分析的结果见表 13.5。

表 13.5　多元回归：y，x_1，x_2

Multiple R	0.037 061
R Square	0.001 374
Adjusted R Square	−0.004 11

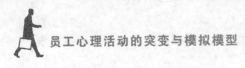

续表

	Coefficients	Standard error	t Stat	P-value	Lower 95%	Upper 95%
Standard error S						4. 167 589
Observed value						367
Intercept	− 0. 279 84	1. 798 228	− 0. 155 62	0. 876 42	− 3. 816 06	3. 256 383
x_1	0. 594 033	3. 665 849	0. 162 045	0. 871 36	− 6. 614 87	7. 802 934
x_2	− 0. 604 21	0. 902 846	− 0. 669 23	0. 503 775	− 2. 379 66	1. 171 24

t 统计和 P 值表明回归是失败的。这意味着，任务完成效率和员工心理属性之间的关系不是线性的。图 13.1 和图 13.3 也显示了这一点，个人行为的表现和心理属性之间的关系在图 13.3 中有解释。在个体的交互中涌现出了团体行为，然后行为与任务处理彼此之间相互影响（图 13.1）。因此，员工行为（即任务完成效率）和员工心理属性之间的关系不能由回归方法分析出来。

这说明该企业员工行为，是以群体行为而不是个人行为体现出来的，这也是我国企业员工行为的普遍现象。为了进一步验证此结论，我们做以下实验。

（4）员工以群体方式行动现象的分析。

实验设计如下：在系统的初始态，随机改变 46 个员工的工作倾向和自我效能感的初始值，例如，将初始的工作倾向和自我效能感分别设置成（0.99，0.78，0.01，0.35，…）和（0.54，0.38，0.9，…），保持其他的所有输入不变。通过模拟运行，我们得到了下面的输出 A 和 B：

A. 每种类型任务在企业组织中的平均停留时间；

B. 随时间推移的员工工作倾向和自我效能感。

对输出 A 和本节第 2 小节有心理模型参与实验得到的任务完成效率均值（即每种类型任务在企业组织中的平均停留时间，对应表 13.4 的 Variable 1）进行差异分析。

因为样本大小比 30 大很多，所以进行 $\sigma = 0.05$ 的 Z 检验，分析结果见表 13.6。

表 13.6 Z 测试：每类任务完成效率的差异分析

	Variable 1	Variable 2
Mean	58. 669 77	52. 048 728
Observed value	558	558
Z	3. 381 23	
P ($Z \leqslant z$) single tail	0. 036 107	
z single tailed critical	1. 644 854	
P ($Z \leqslant z$) double tail	0. 072 214	
z double tail critical	1. 959 964	

因为 $P=0.072\ 214>0.05$，所以可以判定两组数据之间没有显著差异。这意味着，员工工作倾向和自我效能感的初始值大小，对任务完成效率没有影响。

通过本节第 2 小节和此处的分析表明，任务完成效率是受员工心理属性影响的，但不受这些心理属性的初始值影响。

此结论对我国企业管理者的启示是，对于流程式企业而言，企业在招聘员工时，不要太在意员工心理属性，而是应该在建立良好的组织文化上下功夫（组织文化会影响员工入职后的心理属性演化）。

对输出 B，我们则将之与有心理模型参与的原系统的输出（图 13.17）做比较。图 13.18 显示了随时间推移不同工作倾向和自我效能感员工的数量变化。

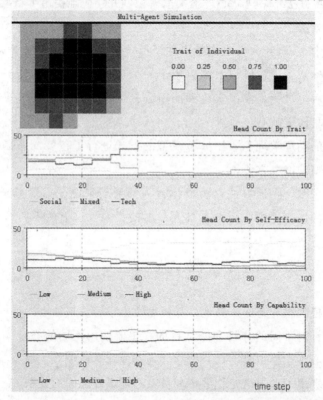

图 13.18　输出 B（即改变员工心理属性初值后的心理属性演化）

与图 13.17 进行比较可知，两个图形中员工心理属性随时间演化的趋势是大体相同的，特别是在模拟的后一段时间。这意味着，无论员工心理属性的初始状态如何，员工心理属性的演化随时间推移都接近相同的趋势（在相同的任务属性下）。

对输出 B 的分析进一步说明了该企业员工在工作中是随时间调整自己的行为的，这再次证明了该企业员工是以群体方式来工作和生活的。

13.6 本章小结

通过计算机模拟来测试组织性能，可以探索企业组织运作的底层机制。由于组织运作的复杂性（包括业务流和人的心理属性之间的交互），我们就要集成心理学理论和业务流模拟模型开发模拟系统，以进行性能测试。

业务流是通过离散事件模拟来建模的，这是模拟系统的主要控制流。为了描述人心理和行为变化和业务流之间的交互，运用 Agent（本章为面向对象方法）和多 Agent 方法（本章为 CA 方法）来建立心理学模拟模型，并相应地提出了将 CA 模型嵌入离散事件模拟模型的方法。

在模拟系统中，C♯用来开发离散事件模拟模型，AnyLogic 用于实现 Agent 和 CA 模型。通过系统确认后，将模拟系统应用于一个项目管理公司，分析了该公司两年中的性能表现。随后，进行了模拟实验和四项分析工作，探索了组织效率和员工心理属性之间的关系。具体贡献有：

（1）把定性的心理学理论，用模拟模型的方式进行了包装，并提出了相应的将之嵌入其他计算模型的嵌入方法。

在社会模拟领域，主流方法认为群体行为的涌现来源于物理粒子之间的交互[15]。粒子只遵循简单的局部规则，而没有真人一样的灵魂，这显然不符合现实社会中人的实际情形。

在本章中，我们尝试把心理学理论包装成模拟模型，相应提出的嵌入方法有两个优点：

①心理模拟模型很容易嵌入其他计算模型，也很容易被抽出。

②如果我们针对不同的分析和测试目的，想要使用不同的心理学模型，我们可以另去开发相应的心理学模拟模型，并把它嵌入其他计算模型。

（2）在我国环境下，探索组织效率和员工心理属性之间的关系。

通过实验及其分析，我们发现了如下机制：

①对于业务流方式运作的企业而言，员工的岗位负荷率与员工心理属性无关。

②企业员工是以群体方式而非个体方式表现其行为的。组织运作的效率是受员工心理属性影响的，但它并不依赖于员工心理属性的初始值，因为员工随时间推移会在群体中彼此调整各自的行为。因此，管理者应该把注意多放在组织文化的建设上，而不要太在意每位员工刚招聘来时的心理属性。

不过，本章的模拟系统考虑的企业情形比较简单，"组织性能"只以任务完成效率来体现员工心理属性，只考虑了员工工作倾向、自我效能感和能力（在后期模拟分析中没有考虑员工能力）。其原因是，如果考虑太复杂，模拟系统的确认将难以被人认可。今后对模拟系统的确认及完善，还需要依靠大量现实企业的数据来完成。

参 考 文 献

［1］ Valasek M. Software tools for mechatronic vehicles：Design through modelling and simulation ［J］. Vehicle System Dynamics，1999，Supplement：214-230.

［2］ Li J，Burke E K，Curtois T，et al. The falling tide algorithm：A new multi-objective approach for complex workforce scheduling ［J］. Omega，2010，40：283-293.

［3］ McAdams P D. A conceptual history of personality psychology. in Hogan R，Johnson J，Briggs S （Eds），Handbook of Personality Psychology ［M］. Elsevier Store，1997.

［4］ Flay B R. Catastrophe theory in social psychology：Some applications to attitudes and social behavior ［J］. Behavioral Science，1978，23 （5）：335-350.

［5］ Jiang G Y，Hu B，Wang Y T. Agent-based simulation approach to understanding the interaction between employee behavior and dynamic tasks ［J］. SIMULATION：Transactions of the Society for Modeling and Simulation International，2011，87 （5）：407-422.

［6］ Hegselmann R，Flache A. Understanding complex social dynamics：A plea for cellular automata based modelling ［J］. Journal of Artificial Societies and Social Simulation，1998，1 （3）.

［7］ Edwards J R. Person-job fit：a conceptual integration，literature review，and methodological critique，in Cooper C L，Robertson I T. （Eds），International Review of Industrial and Organizational Psychology ［M］. New York：Wiley，1991.

［8］ Kamrani F，Ayani R，Moradi F，et al. Estimating performance of a business process model ［C］. Proceedings of the 2009 Winter Simulation Conference.

［9］ Bandura A. Social foundations of thought and action：A social cognitive theory ［M］. New Jersey：Prentice Hall，1986.

［10］ Pajares F. Overview of social cognitive theory and of self-efficacy，http：// www. uky. edu/～eushe2/Pajares/eff. html，2002.

［11］ Lewin K. Field theory in social science ［M］. New York：Harper，1951.

［12］ Crano W D. Milestones in the psychological analysis of social influence ［J］. Group Dynamics：Theory，Research，and Practice，2000，4：68-61.

[13] Park H I, Monnot M J, Jacob A C, Wagner S H. Moderators of the relationship between person-job fit and subjective well-being among Asian employees [J]. International Journal of Stress Management, 2011, 2: 67-87.

[14] Kristof A. Person organization fit: An integrative review of its conceptualizations, measurement, and implications [J]. Personnel Psychology, 1996, 49 (1): 1-49.

[15] Castellano C, Fortunato S, Loreto V. Statistical physics of social dynamics. http: //physics. soc-ph, 2009, May, 11.

附录 13. 1: Update actual performance

update Actual Processing Time (task Trait, task Count, expected Processing Time, employee Privious Capability, employee Current Capability, employee Trait)

{

if(task Trait≤0. 5 and employee Trait<0. 5 or task Trait>0. 5 and employee Trait>0. 5){

actual Processing Time = expected Processing Time (

1 + (

$\beta3$ * (this. current Capability-this. previousl Capability)/ this. previous Capability

+

$\beta2$ * (this. current Self Efficacy-this. previous Self Efficacy)/ this. previous Self Efficacy

) / 2

); //(13. 6)

}

else{

actual Processing Time=expected Processing Time (1+uniform(0. 1,0. 5));*

//(13. 7)

}

}

附录 13. 2: Update capability

update Capability(){

$if($

$\quad (0 \leqslant this.\ trait \leqslant 0.5\ and\ 0 \leqslant Organization\ Culture \leqslant 0.5)$

$\quad or$

$\quad (0.5 < this.\ trait \leqslant 1\ and\ 0.5 < Organizational\ Culture \leqslant 1)$

$)$

$\{$

$\quad this.\ capability = this.\ capability^*$

$\quad (1 + |total\ busy\ time / total\ expected\ busy\ time\ -0.5|^* ()\ ; \qquad //(13.8)$

$\}$

$else\{$

$\quad this.\ capability = |total\ busy\ time / total\ expected\ busy\ time - 0.5|^* (\ ;$

$$//(13.9)$$

$\quad \}$

$\}$

附录 13.3：Update self-efficacy

$update\ Self\ Efficacy(activity\ Difficulty,\ activity\ Trait)\{$

$\quad if\ ($

$\quad (activity\ Trait <= 0.5\ and\ this.\ trait < 0.5)\ or\ (activity Trait > 0.5\ and$

$this.\ trait > 0.5)$

$\quad)\{$

$\quad this.\ self\ Efficacy\ += ($

$\quad (this.\ capability^* (2 - activity\ Difficulty^* (5) / this.\ capability^* (2$

$\quad +$

$\quad (this.\ trait^* (3 - taskTrait^* (4) / this.\ trait^* (3$

$\quad)/2\ ; \qquad //(13.10)$

$\quad \}$

$\quad //else, self\text{-}efficacy\ is\ unchanged.$

$\}$

附录 13.4：表 13.7 和表 13.8

表 13.7 岗位和员工人数

部门名称	岗位配置	人数配置
工程部	主任	3
	路基工程师	3
	桥梁工程师	3
	隧道工程师	2
	路基巡检工程师	2
	桥梁隧道巡检工程师	2
	机电工程师	2
	环境工程师	2
	安全工程师	2
	资料业务管理	1
	技术实验室主任	1
	试验工程师	2
	检测工程师	2
	实验资料管理员	1
	设备管理员	1
合同部	主任	2
	招标工程师	1
	招标专员	2
	造价工程师	2
	计量工程师	2
	合同工程师	1
	合同管理员	1
协调部	主任	1
	协调员	4
财务部	主任	1
	主管会计	1
	会计	2
	出纳	1

续表

部门名称	岗位配置	人数配置
	主任	1
	机料业务员	1
综合部	人事助理	1
	后勤管理员	1
	秘书	1

表 13.8　任务描述表

任务类型	任务比例	任务名称	任务的工序
			格式：工序名（完成岗位、……，工艺时间）→工序名（完成岗位、……，工艺时间）→……
1	0.05	招投标工作	确定招标代理（合同部主任、招标工程师，2）→招标文件审批（合同部主任、招标工程师、合同工程师、招标专员，3）→资格预审文件审批（合同部的招标工程师、造价工程师、计量工程师、合同工程师、招标专员，4）→资格评审（合同部主任、招标工程师、财务部主任，2）→标前会议现场考察（合同部主任、招标工程师、财务部主任，4）→评标（合同部主任、财务部主任，3）
2	0.15	工程变更处理	变更协商（财务部主任、工程部路基工程师、桥梁工程师、隧道工程师、路基巡检工程师、桥梁隧道巡检工程师、机电工程师、环境工程师、安全工程师、协调部主任、协调员，3）→变更审批（工程部主任，1）→存档（资料业务管理，0.5）
3	0.1	合同计量支付	计量审查（工程部路基工程师、桥梁工程师、隧道工程师，2）→计量审查（合同部造价工程师、计量工程师，4）→签字审批（工程部主任，0.5）→支付（财务部会计、出纳，3）
4	0.05	合同索赔处理	整理索赔理由和证据（合同部合同工程师、合同管理员、财务部主管会计、会计，4）→计算索赔值（合同部造价工程师、计量工程师、财务部主任、主管会计、财务部会计，4）→编写索赔申请报告（合同部合同工程师、合同管理员、财务部主管会计，3）→审批（合同部主任，1）→索赔执行（合同部主任、合同部合同管理员、财务部主任、财务部会计、出纳、协调部主任、协调员，4）→存档（合同部合同管理员，0.5）

续表

任务类型	任务比例	任务名称	任务的工序
			格式：工序名（完成岗位、……，工艺时间）→工序名（完成岗位、……，工艺时间）→……
5	0.05	合同纠纷处理	整理资料说明纠纷情况（合同管理员，3）→作出决策（合同部主任，2）→报送地区仲裁委员会（协调部主任、协调员，2）→修改合同（合同部合同工程师、合同管理员，4）→审批（合同部主任，1）→存档（合同部合同管理员、财务部会计，1）
6	0.05	合同数据处理	更改合同（合同部合同工程师、合同管理员，3）→审批（合同部主任，1）→存档（合同部合同管理员、财务部会计，1）
7	0.05	编制计划	编制总体进度计划（工程部路基工程师、桥梁工程师、隧道工程师、机电工程师、环境工程师、安全工程师，6）→编制年月季度计划（工程部主任、路基工程师、桥梁工程师、隧道工程师、机电工程师、环境工程师、安全工程师、资料业务管理、财务部主管会计，3）→分发给各施工单位和监督单位（工程部资料业务管理员，1）→审批施工单位进度计划（工程部主任，1）
8	0.2	计划执行检查和监督	进场验收（工程部路基工程师、桥梁工程师、隧道工程师、路基巡检工程师、桥梁隧道巡检工程师、机电工程师、环境工程师、安全工程师，3）→工程进度的动态管理和实施（工程部技术实验室主任、试验工程师、检测工程师、实验资料管理员、设备管理员，4）→工程进度的控制（工程部主任、路基工程师、桥梁工程师、隧道工程师、路基巡检工程师、桥梁隧道巡检工程师、机电工程师、环境工程师、安全工程师、资料业务管理、技术实验室主任、试验工程师、检测工程师、实验资料管理员、设备管理员，3）
9	0.05	工程调整	确认工程变更申请和下发变更图纸（合同部主任、计量工程师、合同工程师，3）→现场审查（合同部造价工程师、计量工程师、合同工程师、合同管理员，6）→签字确认（合同部主任，1）→合同签订（合同部主任、造价工程师、合同工程师，6）

任务类型	任务比例	任务名称	任务的工序
			格式：工序名（完成岗位、……，工艺时间）→工序名（完成岗位、……，工艺时间）→……
10	0.2	质量控制管理	制定质量管理规划目标制度（工程部路基工程师、桥梁工程师、隧道工程师、路基巡检工程师、桥梁隧道巡检工程师、机电工程师、环境工程师、安全工程师、试验工程师、检测工程师，3）→施工前抽查、对重要工程工段抽检（工程部路基工程师、桥梁工程师、隧道工程师、路基巡检工程师、桥梁隧道巡检工程师、机电工程师、环境工程师、安全工程师、试验工程师、检测工程师，3）→质量事故处理（工程部试验工程师、检测工程师、设备管理员、协调部协调员、合同部计量工程师，6）→考核监理单位的质量管理（工程部路基工程师、桥梁工程师、隧道工程师、路基巡检工程师、桥梁隧道巡检工程师、机电工程师、环境工程师、安全工程师、试验工程师、检测工程师，1）→评价施工单位的信誉（工程部主任、技术实验室主任，1）
11	0.05	质量事故处理	调查和分析重要的质量事故（工程部路基工程师、桥梁工程师、隧道工程师、路基巡检工程师、桥梁隧道巡检工程师、机电工程师、环境工程师、安全工程师、试验工程师、检测工程师、协调部协调员，2）→签发某些重要的质量事故的复工（工程部主任，0.5）

第14章 拖延心理模型嵌入的业务处理模拟系统

14.1 前　言

在网络时代，知识密集型组织的许多任务要以计算机为平台、通过知识工作者与信息系统交互来完成。现阶段员工除了要处理信息系统上到达的各种任务，还要处理各种无法电子化的任务，频繁的线上线下的切换。面对完全不同种类的任务，员工需要更加合理的规划，才能提高自身的效用和企业的效率。因此，在这种复杂的任务环境下，员工处理任务的过程不再是一个简单的排队论的问题。已有研究分析了信息系统效率的影响因素，但停留在技术因素的层面，比如通过改善信息设备、优化信息系统界面、增强信息系统功能等方式来提高员工与信息系统的交互效率[1]。此外，人的因素在员工－信息系统交互的研究中也越来越受到人们的重视。大多数企业的信息系统普遍存在界面不友好、信息系统不符合用户的使用习惯、操作较复杂、不容易学习、易引起疲劳等问题，这会引发用户生理与心理上的压力，这种生理与心理变化反过来会影响用户决策的准确性与决策效率、影响信息系统的运行质量，最终降低了员工完成信息系统上任务的效率[2]。但是已有的研究大多集中在影响人－信息系统效率的因素上面，对随时间演进环境下，知识型员工与信息系统的互动过程的研究较少，也没有考虑混合任务环境下，员工工作的心理有何差异。从研究方法来看，现有关于人－信息系统互动方面的研究主要利用静态的实验研究和数理推演，这些方法是自上而下的研究方法，所建模型存在以下问题：（1）所建模型为静态模型，当系统边界发生改变时，模型缺乏自适应调整特性；（2）对不同的工作参数，需重新建模和推演，缺乏可重用性；（3）所建的模型大多停留在宏观层面，无法反映人－信息系统互动的微观过程。

本章考虑了线上线下任务切换情景下，拖延心理对知识型员工－信息系统合作效率的影响，这是目前的研究中没有考虑到的。知识型员工－信息系统的互动主要是通过员工不断完成信息系统上陆续到达的任务来体现的。因此，本章以任务到达过程的离散事件模拟为主线，将拖延心理包装为计算模型并嵌入到任务流中，实现拖延心理与信息系统任务的不断交互，从而分析知识型员工－信息系统互动中员工的拖延心理的影响及企业效率等问题。

14.2 知识型员工－信息系统合作过程的拖延心理

14.2.1 基于拖延心理的知识型员工－信息系统合作问题描述

Milgram 等把拖延看作一种特质或者是行为倾向，具体表现为延迟执行一项任务或者做出某一决定[3]。每个人都可能在一些场合下表现出拖延行为。Ferrari 等人将拖延行为区分为唤起性和回避性两类：唤起性拖延的动机是为了寻求冲刺目标时的快乐，这类拖延者认为自己在时间压力下工作会更有效率；回避性拖延的拖延动机在于如果任务没有按时完成，希望别人会认为自己是没有付出足够努力而不是没有完成任务能力，从而可以回避他人对自己的负面评价以保护自尊和自我价值。

这些拖延行为在知识型组织中普遍存在，尤其在当今企业信息化水平不断提高的条件下更是流行。我们通过对江西某国有知识型组织员工在办公自动化系统上办公行为的调研发现，大部分工作人员都有不同程度的任务拖延行为。通过访谈，我们了解到，信息系统上任务的到达过程，并非连续不断的；而知识型组织的员工在日常的工作中，需要处理大量信息系统以外的工作，因此，员工无法守候在机器旁等待无规律到达的任务，而必须在线上线下任务之间进行切换。在这种混合任务环境下，员工往往需要找到一个合适的平衡点，做好合理的规划，才能同时提高自身的效用和企业的效率。此时，拖延心理就在员工中表现得非常明显，员工往往按照一个时间周期或规律，比如每天刚上班时，登录信息系统来集中处理已经到达的任务。由于信息系统上的任务往往都设置了最长等待处理时间以提高企业运作的效率，因此，拖延行为往往会导致任务转移给其他人员，甚至流程取消。而反复不断地登录办公系统处理到达的任务，又不符合员工的工作习惯或大量浪费员工的时间，因此，知识型组织的员工经常处在与信息系统进行以何种程度合作的博弈中。

14.2.2 拖延心理的单人博弈与有限理性

由于信息系统上流程的发起者是组织中其他的员工，任务处理的延迟和流程的取消都不涉及信息系统的得益，因此，知识型员工－信息系统的博弈退化成了单人博弈问题。信息系统上工作人员的态度代表了不同程度的合作或不合作，具体表现为合作的员工积极处理信息系统任务，不合作的员工呈现不同程度的拖延行为。这里合作的程度我们用处理信息系统任务的时间周期 T 来表示，T 越小表明员工合作程度越高；

T 越大表明员工合作程度越低。为了处理问题的方便,我们设定员工在不同合作程度下的效用函数 U 为

$$U = bn - mc \tag{14.1}$$

其中,bn 代表了员工的收益,mc 代表了因流程超时或取消带来的成本,b、n、c 和 m 分别代表了每项任务的收益、系统中成功处理的任务数、每项超时任务的成本和在周期 T 内超时的任务数。

从认知心理学的角度来看,员工的行为可以看作是其决策过程的结果[4]。Simon 提出的有限理性理论在个体决策领域越来越被人们认可,该理论的核心观点是,人们往往无法准确计算每一种行为结果的效用,而是采用直觉或启发式的方法来决定某种方案是否优于另一种方案。Kahneman 和 Tversky 也认为人的决策过程遵循直觉和有限理性的原则[5],员工往往对自身所处的环境条件无法全面了解,因此,在决策时更多通过不断改进决策来达到效用最大化。

知识型组织中的员工,通过不断选取最佳的合作水平来获得最大的效用。但是在面临选择时,员工往往不能表现出绝对的理性,更多是通过不断根据已有策略和收益来优化工作策略。因此,知识型员工-信息系统合作程度的博弈是一个不断调整的自适应的过程,这个调整过程可以通过二阶段决策模型和基于强化学习的策略优化来实现。

14.2.3 二阶段决策模型与策略优化

现实社会中,个体会根据历史经验做出当前的决策,因此记忆对个体的策略选择有重要的作用。心理学的研究也表明,在面临决策时,人们对事物的评价很大程度上受已经存储在大脑中的信息的影响[6]。因此,记忆在博弈中的作用逐渐受到人们的关注[7,8]。但是目前的研究,大多是在记忆长度固定的前提下,然而现实当中,人的记忆长度,明显是因人而异的,因此,不同记忆长度的影响也是本章的一个重要研究问题。

根据 Kahneman 和 Tversky 提出的编辑和评估二阶段决策模型(图 14.1),人们在评估阶段有直觉和强化计算两种认知模式。强化计算模式的认知复杂、缓慢,这是因为决策不仅根据记忆选择最优的策略,而且要通过获得的所有重要信息,根据式 14.2 进行综合决策,有时可能产生记忆中不存在的策略,其中 π 是可选的策略,$\pi*$ 是根据当前的状态选出的最优策略,R 是在当前的策略和情景下得到的收益,γ 是一个时间折扣因子,t 是时间变量;直觉模式的认知容易、快速并且难以控制和修改,这是由于决策者仅根据当前状态 s 和记忆中出现过的状态,进行匹配,从而寻找最类似的状态 $s*$ 及对应的策略。

$$\pi^*(S_m) = \text{argmax} E\left[\sum_{t=0}^{\infty} \gamma^t R(S_t) \mid \pi\right], 0 < \gamma < 1 \tag{14.2}$$

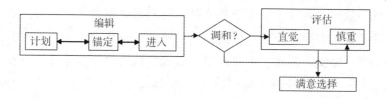

图 14.1　Kahneman 二阶段决策模型

在动态的环境中，人们为了获得长期的效用最大化，需要不断通过获得的新知识来更新记忆中的关于决策的知识，这个过程就是学习。当 Agent 必须通过尝试错误来适应动态环境时，强化学习能够较好地反映这种行为过程[9]，已有的工作证明了该算法具有逼近人的思维特征的能力[10]。

该算法是动态规划的有关理论及动物学习心理学的有力结合，以求解具有延迟回报的序贯优化决策问题为目标。在 Q 学习算法中对 Markov 决策过程的行为值函数进行迭代计算，其迭代计算公式为[11]

$$Q(s_t,a_t)\Leftarrow Q(s_t,a_t)+l(r(s_t,a_t)+\gamma \max_{a_{t+1}}Q(s_{t+1},a_{t+1})-Q(s_t,a_t)) \tag{14.3}$$

其中，(s_t,a_t) 为 Markov 决策过程在时刻 t 的状态—行为对，s_{t+1} 为 t+1 时刻的状态，$r(s_t,a_t)$ 为 t 的回报，$l>0$ 是学习速率，γ 是一个时间折扣因子，且 $0<\gamma<1$。Q 的值越大，则对应的行为策略被选中的机会越大。

14.3　知识型员工－信息系统合作的模拟模型与模拟系统

员工－信息系统合作过程为：信息系统上不断有其他用户发起新的流程，因此对于某个特定的员工而言，会面临不断到达的任务；而员工除了要处理信息系统上的任务之外，还要处理其他任务，因此，员工会通过连续不断的单人博弈，达到最优的合作水平；由于员工有着不同程度和类别的任务拖延心理，因而员工往往采取对任务集中处理的方式来解决混合任务的困扰，这会导致任务在系统中排队的现象；当员工不合作的态度导致任务在信息系统中停留时间过长甚至取消，员工会受到一定的惩罚，因此，员工会加强与信息系统的合作；另外，当员工与信息系统合作十分密切时，往往会出现系统中只有少量任务或没有任务需要处理，而他们却需要不断地检查有没有新到达的任务，这也会导致员工的效用降低，从而延长对信息系统访问的周期。这个过程不断反复进行，只有既不受到组织的惩罚，又能适度的拖延才真正符合员工行为习惯。

本章在 Kahneman 和 Tversky 提出的二阶段决策模型的基础上，利用 Q-learning 算法进行强化学习，使员工不断适应环境，从而达到整体效用的最大化，并分析此条件下信息系统的效率。若将员工作为任务处理的资源，不考虑其心理和行为因素，则一项任务从到达员工、等待处理、处理到完成的整个过程即为一个任务处理流程，这是一类典型的排队系统，因此，本章的模型系统将以离散事件系统为主线。本章的基于心理学的员工－信息系统博弈模型原理如图 14.2 所示。任务不断在信息系统中排队，员工根据二阶段强化学习算法对拖延心理进行调整，即对自身的任务处理周期进行改变，并将当前拖延状态下自身的收益存入或更新任务处理的记忆。反复不断循环这个过程，使员工和信息系统之间的博弈达到均衡状态。

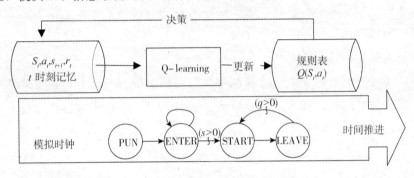

图 14.2　模型原理

14.3.1　拖延心理嵌入模拟系统原理

拖延心理是人们在日常工作中的一种行为倾向，表现为习惯性地将任务拖延一段时间甚至最后时刻才处理。员工的拖延行为经常会导致任务的堆积和排队，但是组织并不会完全放任这种现象。一旦由于任务堆积导致业务流程阻塞或者组织运作不流畅，员工就会受到各种形式的惩罚。因此，员工会调整心态，加快任务的处理，但是员工毕竟不是机器，他们会感到烦闷和无聊，当长时间实时处理任务后他们又会在拖延心理影响下延长任务处理周期。

如图 14.3 所示，业务流程平台中不断有新的任务到达，但是任务的到达时间并不是均匀的时间分布，有时任务密集到达，有时系统处于空闲状态。如在管理组织中员工经常面临信息系统上到达的任务，但同时也要处理信息系统之外的任务，往往难以每时每刻都在电脑设备上等待到达的任务，他们可能需要接待访客、开会，甚至看报纸来打发守候在电脑旁的无聊时间。这些各种各样的原因都会导致员工拖延心理的产生。因此员工每隔一个周期 T 处理一次信息系统上面的任务，任务处理周期 T 的选择过程即是拖延心理的自我调整过程。拖延心理自我调整过程如图 14.4 所示。

在系统的初始时刻，员工会主观地选择的一个任务处理周期 T，当这个任务处理周期导致员工受到惩罚时，员工的记忆系统中就会保留该任务处理周期和对应惩罚的

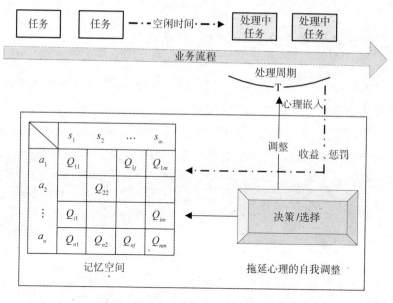

图 14.3 拖延心理嵌入排队系统原理

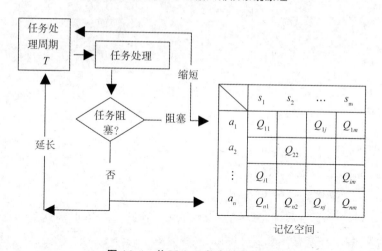

图 14.4 拖延心理自我调整流程

记忆，并延长任务处理周期；当这个处理周期 T 使得员工没有受到任何惩罚，员工的记忆中也会产生该处理周期和对应心理收益的记忆，如图 14.4 所示。随着任务的不断随机到达，员工的记忆中便保存了足够的关于任务处理周期和奖惩的记录，便能较好选择任务处理周期 T。当然员工的记忆产生后并不是一成不变的，而是在任务处理过程不断更新，使得员工能够灵活应对任务到达规律的变化。员工对延长或缩短任务处理周期 T 值的选择，会优先从记忆空间中查找记忆面临当前奖励或惩罚时最优的 T 值，当记忆不存在该记录时，才自动延长或缩短某一个幅度，在该任务处理周期结束时，员工会更新或增添相应的记忆。

14.3.2 二阶段决策心理的 Q-learning 算法实现

基于二阶段决策心理的 Q-learning 算法原理如图 14.5 所示。在系统运行的初期，员工记忆中缺乏当前状态下应采取何种策略的经验，因此，员工通过强化计算的决策模式，确定采取的行动 a_t，在执行该策略后，员工将本次的经验存储到记忆的规则表中；随着任务处理不断进行，员工逐渐掌握了各种状态下采取措施的记忆，因此，员工根据当前的状态直接到记忆中进行匹配，直接采用过去在类似当前状态下采取的策略，并用本次任务执行的经验更新记忆中的规则表。

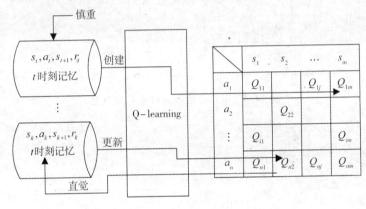

图 14.5　二阶段决策的算法实现原理

给定决策过程的状态集 s 和行为集 a，折扣总回报目标函数 r，其中折扣因子为 γ，以表格形式存储的行为值函数估计值 $Q(s,a)$，本章中 Q 设置为员工的得益，即式 14.3。因此，基于决策心理的 Q-learning 算法的完整描述如下：

第一步，初始化记忆系统。设置回报函数 $r(s_t,a_t)$、行为值函数 $Q(s,a)$ 和学习因子 l，其中报酬回报函数 r 如式 14.4，并令时刻 $t=0$。

$$r(s_t,a_t)=U=bn-mc \tag{14.4}$$

第二步，循环第三至第五步，直到结束。

第三步，对当前状态 s_t，在规则表中进行匹配，每一个行为策略 a_t 被选中的概率根据式 14.5 进行计算，然后根据轮盘赌法则，为下一阶段选择一个最优的策略，并观测下一时刻的状态 s_{t+1}。

$$P(a_i \mid s_t)=\mathrm{e}^{Q(s_t,a_i)/T}\Big/\sum_i \mathrm{e}^{Q(s_t,a_i)/T} \tag{14.5}$$

第四步，该策略执行完毕后，根据式 14.4 计算当期回报 $r(s_t,a_t)$，然后根据式 14.3 计算 $Q(s_t,a_t)$，并将该 Q 值记录到规则表，但若规则表中已存在该 (s,a) 所对应的 Q 值，则用新的 Q 值更新规则表。

第五步，更新学习因子，令 $t=t+1$。

14.3.3　知识型员工－信息系统合作的模拟模型运行步骤

信息系统环境的优势在于使企业的业务流程更加简捷和方便，因此来自信息系统的任务比传统任务更强调时间的重要性。本章的任务离散事件模拟系统与传统排队系统的一个重要区别是，每项任务除了具备到达时间 T_arr、任务排队时间 T_que、处理时间 T_ser 的特性之外，还有超时时间 $T\_timeout$。当发生超时，信息系统往往采取直接跳过该任务处理结点或取消本次流程等做法，但是，员工往往会因为失职而带来物质上或心理上的成本，从而去调整与信息系统的合作水平。本章知识型员工－信息系统合作的模拟系统，其运行步骤可以归结如下：

第一步，系统初始化。初始时刻任务周期为 $t=0$。

第二步，重复第三步到第八步。

第三步，任务不断到达并在信息系统中排队。不断检查系统中是否存在超时的任务，如发现超时任务，则设置本周期超时任务数 $m=m+1$，并将该任务从待处理队列中删除。

第四步，根据当前的状态和 Q 矩阵，员工决策产生新的合作水平 T。

第五步，员工开始本周期任务处理，每完成一项任务，则将该任务从待处理队列中删除，并设置本周期正常处理完成任务数 $n=n+1$。

第六步，若待处理队列为空或者本处理周期结束，则员工退出任务处理。

第七步，根据 n 和 m 计算本周期的 $r(s_t,a_t)$ 和更新 $Q(s_t,a_t)$。

第八步，时间推进，令 $t=t+1$，重置 n 和 m 为 0。

第九步，对模拟输出进行统计和分析。

14.3.4　模拟系统开发

由于本模拟系统中包含了通过 Q-learning 算法实现的拖延心理和线上任务的排队系统，通过 Arena 等传统离散事件模拟软件不方便嵌入心理学模型。本章基于 Matlab 开发了知识型员工－信息系统合作的模拟系统，这样使得排队系统能够方便调用 Teknomo 开发的 Q-learning 程序包，实现拖延心理嵌入的业务处理流程。各参数的默认设置如表 14.1 所示，通过本模拟系统的控制界面输入（图 14.6），该系统界面还包含了系统的初始化、运行和暂停等控制按钮。

输出界面如图 14.7 所示，包含了四幅小图，分别表达每个决策期成功处理的任务数、每个决策期未成功处理的任务数、每个决策期员工合作水平和每项任务排队时间分布。其中，子图"每个决策期员工合作水平"代表员工处理信息系统任务的周期 T，图中的任务处理周期越小，员工合作越积极。

表 14.1　实验各参数默认设置

参　数	说　明	默　认　值
T_arr	任务到达分布	三角分布（0.2，1，1.8）
T_ser	任务处理时间分布	三角分布（0.02，0.2，0.28）
$T\_timeout$	任务超时时间分布	三角分布（6，8.5，10）
b	每项成功任务的收益	0.1
c	每项失败任务的惩罚	0.2
l	学习率	0.4
γ	折扣因子	0.8
T	合作水平/任务处理周期，T越小员工越积极合作	8
N_memory	记忆空间大小	8 * 8
$Time\_total$	最大时间	50 000

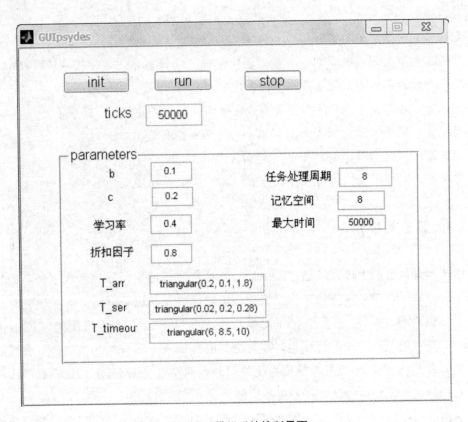

图 14.6　模拟系统控制界面

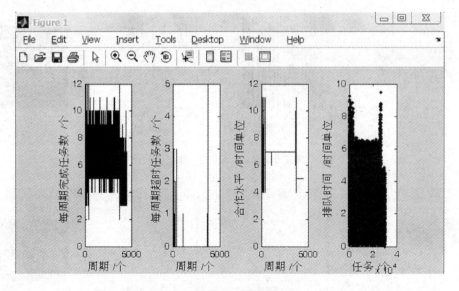

图 14.7　模拟系统输出界面

14.4　模 拟 实 验

通过改变各种参数设置，分别从记忆空间、决策心理和奖惩制度三个不同角度对员工处理信息系统任务的过程进行分析。

14.4.1　员工记忆对任务执行的影响

为了研究不同记忆水平对知识型员工－信息系统互动的影响，分别设置记忆空间大小为 5×5、10×10 和 15×15，并记录模拟结果如图 14.8、图 14.9 和图 14.10 所示，模拟结果的均值、方差及稳定时刻的统计量如表 14.2 所示。三组图的对比和表 14.2 表明，记忆空间大，会使员工－信息系统的博弈更快地趋于均衡解。在现实当中，记忆空间大，意味着员工能掌握更多的关于员工－信息互动的奖惩记录，从而能更准确地寻找到最优行为策略；而记忆空间小，最优的历史记录可能已经在员工决策时从员工的记忆中消失。因此记忆空间小的员工，任务合作水平总在不断震荡，由此造成的任务执行失败现象也不断发生。

图 14.8   cell = 5 * 5

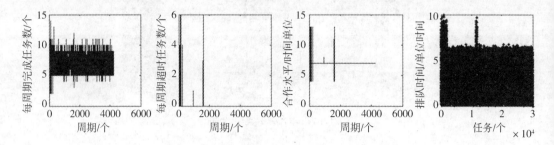

图 14.9   cell = 10 * 10

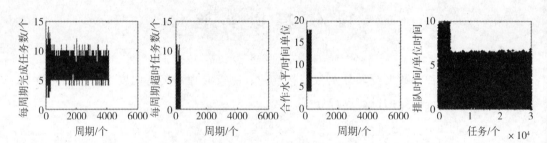

图 14.10   cell = 15 * 15

表 14.2   记忆的影响

	任务等待时间 (mean, *std*)	任务超时 (mean, *std*)	任务完成数 (mean, *std*)	合作水平 (*mean*, *std*)	稳定时刻
Cell=5	(3.400 3, 1.897 6)	(0.320 9, 0.144 7)	(7.610 5, 1.419 7)	(7.633 4, 0.677 7)	— — — —
Cell=10	(2.944 4, 1.838 2)	(0.068 9, 0.437 4)	(6.879 8, 1.408 1)	(6.233 7, 0.878 8)	1.3 * 10^4
Cell=15	(2.779 8, 1.706 0)	(0.056 4, 0.969 2)	(6.274 4, 1.386 6)	(5.344 9, 1.710 1)	0.4 * 10^4

从三组图对比，我们还可以发现，随着记忆空间的扩大，员工变得更加积极地合作（本章中，合作水平代表处理信息系统任务的周期 T，其值越低，则员工越密切合作）。当记忆空间较小时，员工的合作水平不断地在各种水平震荡，当记忆空间大小为 15 * 15 时，员工则很快从奖惩记录中通过自适应，找到最适合自身的合作水平，并保持不变。因此，记忆空间越大的员工保存的关于过去受到的奖惩的记录越多，因此，

为了实现个人自身的效用最大，他们往往表现出合作的兴趣越大。

另外，通过表 14.2 我们发现，虽然当记忆空间较小时，员工的任务执行失败和超时等现象时有发生，并且保持这种状态到所有任务执行完毕。但是，在整个过程中记忆空间越大，员工的平均任务执行失败或超时数量越小，记忆空间大的员工在初期明显超时任务数比较大，在整个过程的后期任务超时数量基本上为零。这就表明，在整个过程的初期，记忆空间大的员工为了学习到更好的经验，尝试了更多的合作策略，也就付出了更大的代价。

14.4.2 决策心理对任务执行的影响

1. 学习率 l 对任务执行的影响

学习率 l 代表了对最新的奖惩记录的敏感程度，也就说 l 较大，则员工对最新的奖惩记录敏感，l 较小，则员工对最新的奖惩记录不敏感。分别设定学习率为 $l=0.2$、$l=0.5$ 和 $l=0.9$，并记录模拟结果如图 14.11、图 14.12 和图 14.13 所示，模拟结果的均值、方差及稳定时刻的统计量如表 14.3 所示。

通过对比图 14.11、图 14.12 和图 14.13，我们容易发现，随着 l 的增大，员工与信息系统线上任务的博弈能以更快速度趋于均衡解。当 $l=0.2$ 时，员工在任务执行过程中，与信息系统之间的合作水平不断震荡；当 $l=0.9$ 时，员工在早期处于学习和摸索的状态，然后迅速地找到最适合自身的合作水平，并且保持这种合作水平；当 $l=0.5$ 时，各种情况则处于 $l=2$ 和 $l=0.9$ 的中间状态。

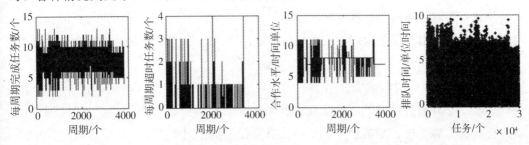

图 14.11 $l=0.2$

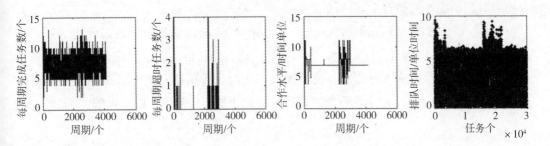

图 14.12 $l=0.5$

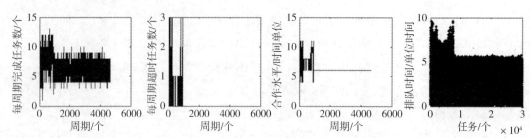

图 14.13　$l = 0.9$

表 14.3　l 的影响

	任务等待时间 （mean, *std*）	任务超时 （mean, *std*）	任务完成数 （mean, *std*）	合作水平 （mean, *std*）	稳定时刻
$l = 0.2$	(3.738 2, 3.538 2)	(0.079 8, 0.350 3)	(7.868 8, 1.484 1)	(7.934 0, 0.817 7)	————
$l = 0.5$	(3.296 5, 1.848 3)	(0.041 4, 0.262 9)	(7.310 3, 1.371 0)	(7.370 8, 0.743 7)	$2.1 * 10^{-4}$
$l = 0.9$	(3.145 9, 1.752 3)	(0.019 5, 0.179 9)	(6.443 5, 1.264 1)	(6.062 2, 0.529 3)	$0.9 * 10^{-4}$

　　通过三组图和表 14.3 我们发现，随着 l 的增大，员工最终的合作变得更加积极。当 $l = 0.2$ 时，员工的最终合作水平在 8 左右波动，整个过程平均合作水平为 7.934 0；当 $l = 0.5$，员工的最终合作水平为 7，偶尔增大，并迅速回归到 7，整个过程的平均合作水平为 7.370 8；当 $l = 0.9$ 时，员工的最终合作水平为 7，并保持这个稳定状态，整个过程的平均合作水平为 6.062 2。

　　此外，l 与企业的效率呈正的相关关系。从表 14.3 中我们发现，随着 l 的增加，每期平均执行失败或超时任务数逐渐减小；另外，随着 l 的增加，任务的平均等待时间逐渐降低。并且，由于任务执行失败或超时的数目降低，员工的最终收益也会大大增加，因此，l 的增加可以带来个人和企业的双赢。

　　2. γ 对任务执行的影响

　　参数 γ 是时间折扣因子，它代表了员工估计下一期预期最大收益折扣到当期的比例，代表员工的更新 Q 矩阵的不同特征。分别设定折扣因子为 $\gamma = 0.2$、$\gamma = 0.5$ 和 $\gamma = 0.9$，并记录模拟结果如图 14.14、图 14.15 和图 14.16 所示，模拟结果的均值、方差及稳定时刻的统计量如表 14.4 所示。

　　图 14.14、图 14.15 和图 14.16 表明，当 $\gamma = 0.2$ 时，员工很快通过强化学习，自适应找到个人最优的合作策略；当 $\gamma = 0.9$ 时，员工虽然也能够找到符合自身的较好的策略，但是员工过度重视对未来收益的预期，从而合作策略不断出现偏离最优策略的现象。表 14.4 说明，γ 越小，员工的合作策略越快地收敛到个人的最优解。

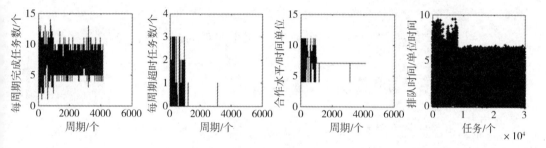

图 14. 14　γ＝0. 2

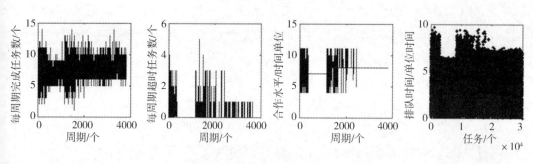

图 14. 15　γ＝0. 5

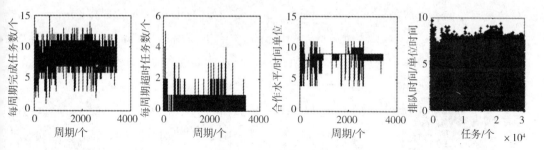

图 14. 16　γ＝0. 9

表 14.4　γ 的影响

	任务等待时间 (mean, std)	任务超时 (mean, std)	任务完成数 (mean, std)	合作水平 (mean, std)	稳定时刻
γ＝0.2	(3.221 3, 1.836 6)	(0.061 6, 0.331 5)	(7.099 5, 1.448 7)	(7.147 8, 0.898 6)	0.8 * 10^4
γ＝0.5	(3.731 5, 2.126 5)	(0.201 9, 0.500 4)	(8.106 9, 1.710 9)	(8.318 6, 1.175 4)	2 * 10^4
γ＝0.9	(4.106 6, 2.153 5)	(0.472 7, 0.487 5)	(8.338 7, 1.670 1)	(8.545 6, 1.076 7)	————

　　表 14.4 表明，γ 越小，越能够保持与信息系统的高度合作。结合图 14.14、图 14.15 和图 14.16，我们发现，出现这种现象的一个重要原因在于，当 γ＝0.2 时，员工很快掌握并维持着最优策略，而当 γ 增大之后，员工的合作策略不稳定，震动幅度较大，并且合作的积极性也降低。

　　另外，γ 越小，企业的效率越高。这是由于，当 γ 比较小时，员工合作的积极性提高，这使得每个决策期任务完成率大大提高，从而使企业的效率也有大幅度的提升，从表 14.4 中可以看到，当 $\gamma=0.2$ 时，任务平均排队时间的期望和方差都较小。

14.4.3 奖惩机制对任务执行的影响

本章知识型员工—信息系统之间的互动过程中，规则的建立和更新主要依据员工的收益和惩罚，因此，参数 b 和 c 对任务的执行过程有重要的影响。本章设置三组实验方案，$b=0.1$、$c=0.15$，$b=0.1$、$c=0.3$ 和 $b=0.1$、$c=0.4$，并记录模拟结果如图 14.17、图 14.18 和图 14.19 所示；模拟结果的均值、方差及稳定时刻的统计量如表 14.5 所示。

三组实验结论表明，惩罚力度与最优策略的收敛速度无显著的关系。表 14.5 表明，当 $b=0.1$、$c=0.15$ 时，员工的最优策略一直在震荡；当 $b=0.1$、$c=0.3$ 时，员工很快的寻找到了最优的合作策略，并持续保持这种行为；当 $b=0.1$、$c=0.4$ 时，员工则通过很长的时间才能寻找到适合自身的行为策略。

通过对比图 14.17、图 14.18 和图 14.19，我们发现，随着惩罚力度的增大，员工与信息系统的合作就越紧密。当 $b=0.1$、$c=0.15$ 时，员工的最终合作水平在 5 到 8 之间波动；当 $b=0.1$、$c=0.3$ 时，员工的最终合作水平保持在 7，偶尔发生波动，但迅速回归到最优的合作水平；当 $b=0.1$、$c=0.4$ 时，员工最终的合作水平等于 5。

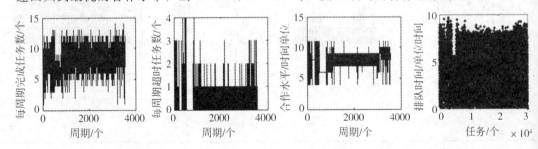

图 14.17 $b=0.1$、$c=0.15$

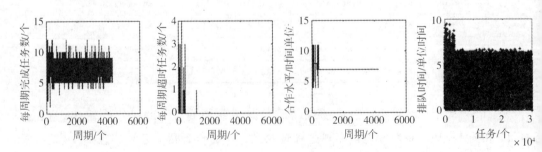

图 14.18 $b=0.1$、$c=0.3$

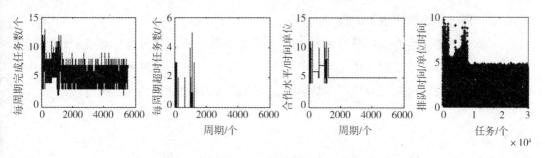

图 14.19 $b=0.1$、$c=0.4$

此外，三组图和表 14.5，都说明随着惩罚力度的增加企业的效率不断得到提升。当惩罚力度较小时，任务执行失败或超时的现象比较严重，当加大惩罚力度，这种现象得到改善。表 14.5 中，惩罚力度大小与任务排队时间呈反比关系，这明显是由于较强的惩罚措施，使得员工积极地合作，从而避免了任务执行失败和降低了任务排队时间。

表 14.5 b、c 的影响

	任务等待时间 (mean, std)	任务超时 (mean, std)	任务完成数 (mean, std)	合作水平 (mean, std)	稳定时刻
$b=0.1$, $c=0.15$	(3.513 7, 2.004 4)	(0.114 1, 0.393 6)	(7.719 2, 1.638 7)	(7.818 8, 1.103 8)	— — — —
$b=0.1$, $c=0.3$	(3.197 7, 1.793 2)	(0.026 0, 0.210 9)	(7.141 0, 1.341 6)	(7.168 7, 0.647 3)	$0.4*10^{-4}$
$b=0.1$, $c=0.4$	(2.948 7, 1.746 8)	(0.029 7, 0.214 1)	(6.370 8, 1.718 3)	(5.882 5, 1.321 8)	$0.9*10^{-4}$

14.5   本章小结

本章针对信息化带来的员工面临混合任务问题，开发了基于拖延心理和决策心理的知识型员工—信息系统互动的模拟系统，并分析了记忆、决策心理和奖惩机制等对任务执行过程的影响。本章的贡献主要包括：（1）信息化使员工面临着混合任务环境，我们提出了基于拖延心理的知识型员工—信息系统合作效率的科学问题；（2）对知识型员工—信息系统互动的过程进行了合理描述，并对拖延心理过程建立了计算模型，将计算模型嵌入到模拟系统，真实反映了拖延心理影响下员工与任务流的互动。

通过模拟实验，得到了如下结论：记忆空间的增大，有利于员工以更快的速度找到适合自身的最优合作水平，提高员工合作积极性，在任务执行的早期，员工为此付出了更高的代价，但是最终任务排队时间大大缩减，有利于企业最终效率；员工学习率 l 与员工寻求最优策略的速度、员工合作积极性和企业效率都呈正的相关关系，时间折扣因子 γ 则与员工寻求最优策略的速度、员工合作积极性和企业效率都呈负的相关关系；惩罚力度与员工最优策略寻求时间无显著相关关系，惩罚力度增加，员工表现

得更加合作，企业效率也大大提升。

本章的不足之处在于：没有对线下任务建立模型，从而实现线上任务和线下任务的并行处理，分析员工的整体工作效率；本章主要通过员工的任务处理周期来表达拖延心理本身，没有将拖延心理产生的前因变量也放入到计算模型中进行处理。

参考文献

［1］Vathanophas V，Liang S Y. Enhancing information sharing in group support systems ［J］. Computers in Human Behavior，2007，23（3）：1675-1691.

［2］杨文彩，易树平，熊世权. 企业信息化环境下人－信息系统交互效率的内涵与外延［J］. 管理工程学报，2007，21（3）：150-154.

［3］Milgram N，Mey-Tal G，Levison Y. Procrastination，generalized or specific in college students and their parents ［J］. Personality and Individual Differences，1998，25（2）：297-316.

［4］Norling E. Folk psychology for human modeling：Extending the BDI paradigm ［C］. Proceedings of the Third International Joint Conference on Autonomous Agents and Multi-agent Systems ［M］. New York，2004.

［5］Kahneman D. Maps of bounded rationality：A perspective on intuitive judgment and choice ［M］. The Nobel Prizes Lecture，2002.

［6］Zaller J，Stanley F. A simple theory of the survey response ［J］. American Journal of Political Science，1992，36（3）：579-616.

［7］Wang W X，Ren J，Chen G R，et al. Memory-based snowdrift game on networks ［J］. Physical Review E，2006，74（5）：056113.

［8］Kim S. A model of political judgment：An agent-based simulation of candidate evaluation ［J］. Journal of Artificial Societies and Social Simulation，2011，14（2）.

［9］Erve I，Roth A E. Predicting how people play games：Reinforcement learning in experimental games with unique mixed equilibrium ［J］. American Economic Review，1998，88（4）：848-881.

［10］Takadama K，Kawai T，Koyama Y. Micro- and macro-level validation in agent-based simulation：Reproduction of human-like behaviors and thinking in a sequential bargaining game ［J］. Journal of Artificial Societies and Social Simulationl，2008，11（20）.

［11］Harmon M E，Harmon S S. Reinforcement learning：A tutorial，1996. Available：http：//citeseer. ist. psu. edu/harmon96reinforcement. html.